# 電磁波工学の基礎

POD版

日本大学名誉教授　工学博士
細野敏夫 著



森北出版株式会社

# はしがき

電磁波利用の歴史は古いが，近年著しくその範囲が拡大されている．たとえば，物理学ではマイクロ波分光学，電波天文学など，光の領域から電波の領域への進出が見られ，工学においてはミリメートル波通信，レーザ工学など，電波領域から光の領域への移行が目立ち，電波と光の両領域にわたって電磁波という広いスペクトルが全体として連続的に利用され始めている．

これらはいわゆる情報革命の進行にともなう情報媒体としての利用であるが，このほか電磁波をエネルギー媒体として利用することも考えられ，マイクロ波電力工学，電磁波電力工学などの分野が開発されつつある．

このような利用範囲の拡大に対応して，電磁波をになう媒質も，いままでの等方，均一，静止という単純なものから，プラズマに代表される異方，不均一，分散，運動という多様なものへと向っている．

本書の目的は，このような拡大と多様化に対処して，電磁波の統一的基礎知識を提供することにある．急速に進行する拡大と多様化に対処させるためには，過去に発見された事実の単なる寄せ集めについて教えるだけでは不充分であって，新しい知識を創造するための方法を修得させなければならない．このために本書では，Maxwell の式を前提として，この前提からすべての電磁波現象を説明してゆくという公理的方法を採用している．

更に電磁波は波動現象の代表例であり，読者は電磁波について学ぶことにより，すべての波動現象に共通な知識，方法をも同時に，統一的に修得できることに注意すべきである．

本書を書くに際しては，数学的方法論に迷い込んで物理的内容の理解が害されることのないよう，ベクトルと初等微積分の範囲で説明してゆくことにつとめた．またいろいろの学派や単位系について述べることにより，初学者が無用の混乱に陥ることがないよう，Faraday→Maxwell→Lorentz→Einstein→Minkowski という正統的理論の展開に従い，もっぱら（**E**，**B**）表示と MKSA 単位系に統一した．

このほか，理解を助けるために多数の図を用い，特に電磁波の放射についての具体的イメージを与えるためアニメーションを挿入するという専門書では恐らく初めての試みを行なってみた．このような試みの成否は不明であり，これを含めた全体について読者のご批判，ご叱正を心より願う次第である．

上記アニメーションの作成には本学の日向隆助教授，大学院学生であった倉島徳幸氏（現在三菱電機株式会社勤務）の援助を受けたことを付記し，感謝の言葉に代えたい．

昭和 48 年 4 月

細　野　敏　夫

本書は，1973 年 6 月に昭晃堂から出版されたものを，森北出版から継続して発行することになったものです．

# 目　次

# 序　　論

物理学と工学でもっとも基礎になるものの一つは力学である．力学には二つの問題がある．一つは物体間に働く力の研究，もう一つは力により引起こされる物体の変化の研究である．まず後者について述べると力のつりあいを研究する静力学（statics）はギリシャ時代の昔から発達していたが，運動を調べる動力学(dynamics)の正しい発達は Galilei(1564～1642 伊)以後であり，Newton (1643～1727 英）が「運動の法則」を確立するに至って，いわゆる古典力学の基礎が完成した．Newton 以後は Lagrange (1736～1813 仏)，Hamilton (1805～1865 英)，Jacobi (1804～1851 独）ら多くの数学者，物理学者によって数学的に洗練され，かつ抱擁力の豊かな解析力学に仕上げられた．19 世紀末から 20 世紀初めにかけて力学と電磁気学との間に矛盾のあるがこと発見されたが，電磁気学は正しいことがわかってそのまま生き残り，力学の方が変革されて相対論的力学が建設された．一方同じ頃，原子・分子のいわゆるミクロの世界を古典力学と電磁気学で説明しようとする試みが致命的な困難にぶつかり，この場合にも力学が改変されて量子力学が建設された．量子力学は特殊相対論と結びつけられ，場の量子論に進んで原子・分子・原子核の性質を正しく説明することに成功したが，素粒子の研究においては更に量子力学の根本的変革が必要とされている．

次に力自身の研究について述べる．物体の運動状態に影響を及ぼす作用が力であり，自然界にはいろいろな力が存在する．しかし原理的には，ほとんどが万有引力，電磁力，核力の3種類に帰着できる．

万有引力は天体運動を引き起し，地球上では重力として現われ，大気圧や浮力や流水の力などの二次的な力を生み出し，日常生活にも関係が深いが，本来は他の力に比べてきわめて弱いものであって（電磁力の $10^{-37}$ 倍，核力の $10^{-40}$ 倍），二物体の少なくとも一方が天体である時に重要となるにすぎない．これに対して核力は一番強力であるが，その有効距離がきわめて短かく（$10^{-15}$m 程度），原子核内で陽子と中性子とを結合するような場合にだけ重要となる．

本書の主役である電磁力は核力の $10^{-3}$ 倍程度の強さであるが，核力とともに原子核内でも重要な役割を果すばかりでなく，原子核と電子を結合して原子を，原子同士を結合して分子や結晶を作っている．電磁力は更に電磁波（光）の形で数千 km も先の電子を動かし，数億光年も離れた星からの情報を伝えてくれる．

電磁力の研究成果が電磁気学であるが，これは電気，磁気および光の研究が総合されたものである．以下これらの研究の歴史をふりかえって見よう．

光は人間に直接知覚できるので応用や研究の歴史も比較的早くから始まっている．油ランプや青銅の鏡などは古代エジプトにおいてすでに使われていたし，古代ギリシャの Eukleides (—330～—275 希)，Heron (—130～—75 希) らは光の直進，反射，屈折などの現象に着目していた．しかし，近代科学としての光学が発展したのは17世紀以降で，レンズ，プリズム，望遠鏡，顕微鏡などが発明，改良されるにつれて，多くの重要な光学的現象が発見，究明された．こうした光の本性をめぐって粒子説と波動説とが対立し，Newton は「光は発光体から発射される微粒子である」として粒子説を支持した．これに対して波動説を唱えたのは Hooke (1635～1703 英) であるが，それを発展させたのは Huygens (1629～1695 蘭) で，彼は Descartes (1596～1650 仏) の考えたエーテルという媒体が光の波動を伝えるものとして，反射，屈折，複屈折を説明した．しかし波動説では光の直進，偏光の説明が困難であったのと，Newton の権威とのために，波動説は重んじられなかった．19 世紀になって Young (1773～1829 英) が光の干渉実験によって粒子説を否定し，さらに Fresnel (1788～1827 仏) が光は波長がきわめて短かい波動であるとして，光の直進，回折を説明するに及んで波動説が勝利をしめたけれども，エーテルの力学的性質という大問題をあとに残すことになった．このエーテルの問題は Maxwell (1831～1879 英) の光の電磁波説と Einstein (1879～1955 独) の相対性原理により解決を見たが，一方，光の電磁波説では光の放射，吸収の説明に困難が現われたので Einstein は光が物質に対して粒子のように作用するという光量子説を発表した．現在では光はある場合には波動として，またある場合には粒子として振舞うことが量子論により矛盾なく説明でき，粒子説と波動説の多年の対立は根本的に解決されている．

電気磁気も古くから人々の注目をひいた自然現象で，古代ギリシャの Thales (—624～—546 希) は磁鉄鉱[(1)]が鉄を引きつけることを観察し，また琥珀[(1)]を摩擦すると，軽いものを引きつける性質が現われること，すなわち摩擦電気を発見した．磁石の指南現象は中国では 11～12 世紀，欧州では 12～13 世紀に利用されていたが，当時は北極星のあたりに磁石を引きつける源があるものと考えられていた．地球が巨大な磁石なので，磁針が南北に向くということを最初に考えたのは英国の医師 Gilbert (1540～1603 英) である．彼はまたいろいろな物質の摩擦電気を研究し電気，磁気学の基礎をつくった．しかし本格的に電気，磁気学の研究が始まったのは 18，19 世紀になってからで，特に静電気の研究に一つの転機をあたえたのはライデン大学の数学者 Musschenbroek (1692～1761 蘭) によるライデンびんの発明と普及であった．この装置のおかげで電気の実験がたやすくできるようになり，人々の関心は電気の本性へと向けられた．Dufay (1698～1739 仏) は電気に 2 種類あることを発見し (1737)，電

---

(1) マグネチズム (磁気) ということばはマグネタイト (磁鉄鉱) に基づくもので，またマグネタイトというのはトルコのマグネシア (いまのマニサ) でその当時豊富に産出したことによる．エレクトリシティ (電気) ということばは琥珀のギリシャ語であるエレクトロンに語源をもつ．

気の2流体説を唱えた．これに対し避雷針の発明で有名なアメリカの政治家 Franklin (1706〜1790) は1流体説を唱え，電荷に対するプラス，マイナスという用語を提案した．電荷の間の力が，距離の2乗に逆比例することを最初に注意したのはスイスの物理学者 Bernoulli Daniel (1700〜1782) であるといわれているが，1785年に Coulomb (1736〜1806 仏) がねじり秤を使った精密な測定をすすめ電荷と磁極の両方について，いわゆる「Coulomb の法則」を確立した．1流体説と2流体説の論争は，この法則をめぐって一時盛んに行なわれたが，結局何らの結論も得られぬままにしだいに衰え，研究の主流は電気の本性の問題から離れて，Newton 力学的な電磁気学の建設へと動いていった．

18世紀の電気は静電気であったが，これと違った電気つまり電流を発見したのはイタリアの物理学者 Volta (1745〜1827) である (1799)．Volta 電池の発明により連続的に電流がつくりだされ，電気の研究は新しい段階に突入した．

1820年，デンマークの物理学者 Oersted (1777〜1851) は電流に近づけられた磁針の方向が変わることを発見し，これまで無関係と考えられていた電気と磁気の間に密接な関係のあることを示した．同年 Biot (1774〜1862 仏) と Savart (1791〜1841 仏) は，その実験を精密に行ない，電流の微少な要素と磁極との間の力が，距離の2乗に逆比例することを見いだした．さらに同年，Ampère (1775〜1836 仏) はやはり Oersted の実験を追試し，二つの微少電流間にやはり距離の2乗に逆比例する力がはたらくことを見いだした．このように電磁力の法則が万有引力の法則に類似していたため，電磁現象を，Newton 力学同様，点電荷間の遠隔作用に基づいて説明できるであろうという考えが広まり，特にフランスやドイツの研究者たちは終始一貫してその方向をとろうとした．

それに対し，イギリスでは，アカデミックな Newton 力学に関心をもたなかった天才的実験家 Faraday (1791〜1867 英) が電磁誘導の法則の発見(1831) に始まるおびただしい研究を通じて，電荷，電流，磁石などの間の力は，それらの間に存在する媒質が電気的緊張状態をとることを通じて伝達される近接作用であるとの着想を展開し，場の理論の先駆者となった．

この着想に対する数学的に厳密な取り扱いは Thomson, W.（Kelvin 卿 1824～1908 英）から Maxwell へと受け継がれた．Maxwell はこれまでに発見された電気の諸法則をもととし，Faraday の場の考え方を進めて，1864 年これらを微分方程式の形にまとめた．これは電磁気学の中でもっとも重要な式で Maxwell の方程式とよばれる．Maxwell はこの方程式を導くさい，数学的無矛盾性をつらぬくために，電界が時間的に変化すれば，それに伴なって磁界ができることを仮定し，電界の時間変化に変位電流という名をつけた．

Maxwell の方程式から演繹された重要な結論は，媒質内に起きた電界・磁界の周期的振動が波動として伝搬すること，そしてこの進行速度は Fizeau（1819～1896 仏）が得ていた光の速度に等しいということであった．光の本性が電気・磁気の波，電磁波であろうという Maxwell や Helmholtz（1821～1894 独）の予見は電磁波論の糸口となり，以後，電磁気学は光の電磁論，エーテル模型の問題などに発展した．他方，その実験的検証も多くの人々によって試みられたが，Hertz, H.（1857～1894 独）は 1886～87 年に変位電流の実在を確かめ，さらに Maxwell の死後 9 年をへた 1888 年，電磁波の存在を火花放電を用いて確認した．

19 世紀の後半に入ると，これまでにつちかわれてきた学問としての電磁気学が実際に応用されるようになった．Oersted による電流の磁気作用の発見は，ただちに有線通信に利用され，1835 年にはアメリカの画家 Morse（1791～1872）により実用的電信機がつくられた．Hertz の電磁波の実験は，1896年 Marconi（1874～1937 伊）によって無線通信に利用された．また Faraday の電磁誘導の法則の発見に続いて，発電機がつくられ 1873 年にはこれが電動機としても用いられることがわかった．1879 年ごろ Edison（1847～1931 米）により電灯が発明され，電気の応用は急速に広がった．一方 1874 年 Stoney（1826～1911 英）により導かれた電子の概念は，Thomson, J. J.（1856～1940 英）や Perrin（1870～1942 仏）により実証され，Lorentz, H. A.（1853～1928 蘭）による物質の電子論などがはじまりとなって，20 世紀にかけて電子，原子，分子についてその性質や構造がわかってきた．これとともに電気現象の本質も明らかになってきた．このころから電子工学と呼ばれる電子と電磁界の相互作用の応用分野が開けだした．

1904年，英国の Fleming (1849～1945) は2極管を発明し，続いて1907年，De Forest (1873～1961米) は3極管を発明した．ここに通信技術は高度に発展し，ラジオ，テレビなどを生んで真空管時代をもたらした．第二次大戦中レーダが発明され，マイクロ波が用いられるようになると，これを検波するのにふたたび鉱石検波器が注目されるようになり，量子論の援用を得て半導体の研究が盛んになった．この結果，1948年の Bardeen (1908～　米) らのトランジスタの発明をはじめとして IC，LSI などの開発が相つぎ，更にこれらを用いた．電子計算機の実用化などの限りない物性応用の分野が開かれたのである．

# 第 1 章

# Maxwell の方程式

## 1.1 微視的 Maxwell の方程式

真空中の 2 点 $P_1$，$P_2$ にそれぞれ点電荷 $Q$, $q$ が置かれているとき，電荷 $q$ に働く力は Coulomb の法則により

$$\boldsymbol{F}=A\cdot\frac{Qq}{r^3}\boldsymbol{r} \tag{1.1}$$

で与えられる．$\boldsymbol{r}$ は $P_1$ から $P_2$ に向う距離ベクトルであり，$A$ は単位系により決まる定数である．本書では，以下 MKSA 合理単位系を採用するので，$A=1/(4\pi\varepsilon_0)=9\times10^9$〔n・m$^2$・coul$^{-2}$〕である．

式(1.1) は二通りに解釈できる．一つは Newton の万有引力と同じに，電荷 $Q$ の作用が中間の真空を飛び越えて，途中何らの媒介物なしに直接 $q$ に働くと考えることで，このように解釈できる力を**遠隔作用** (action at a distance) という．もう一つは Faraday に始まる考え方で，式 (1.1) を分解して

$$\boldsymbol{e}\triangleq A\cdot\frac{Q\boldsymbol{r}}{r^3} \tag{1.2}$$

$$\boldsymbol{F}=q\boldsymbol{e} \tag{1.3}$$

と書き，これらを次のように解釈する．まず電荷 $Q$ のために，そのまわりの空間は，ふつうの状態と違った一種の緊張状態になり，この緊張状態が電界と呼ばれるベクトル $\boldsymbol{e}$ で表わされている．つぎに空間のある点が $\boldsymbol{e}$ で表わされる緊張状態にあるとき，この点に電荷 $q$ を置くと $q$ に $q\boldsymbol{e}$ なる力が働く．このように物体間に働く力が中間に存在する空間（媒質）の物理的状態の変化を通して伝達される場合，これを**近接作用**（action through medium）という．

電気的な力を遠隔作用と考えるか，近接作用と考えるかは，普通いわれているようにどちらが真かという問題ではなく，どちらが便利かという問題である．静的な（時間的に変化のない）場合を扱うには遠隔作用の考えで十分であるが，動的な（時間的に変化する）場合を扱うには一般に近接作用の考えの方が便利である[(1)]．したがって，本書は近接作用の考え方を採用する．

式（1.3）は2個の電荷が静止している場合に導びかれたが，一般に多数の電荷が相互運動をしている場合，そのうちの一つの電荷 $q$ に着目すると，$q$ に働く力は次式で与えられる．

$$\boldsymbol{f}=q\boldsymbol{e}+q\boldsymbol{v}\times\boldsymbol{b} \tag{1.4}$$

ここで $\boldsymbol{v}$ は電荷 $q$ の速度，$(\boldsymbol{e},\ \boldsymbol{b})$ は $q$ 以外のすべての電荷が $q$ の存在する点に作った緊張状態で，$\boldsymbol{e}$ を**電界**（electric field），$\boldsymbol{b}$ を**磁束密度**（mgnetic induction）と呼んでいる．式（1.4）の $\boldsymbol{f}$ を **Lorentz の力**という．

$(\boldsymbol{e},\ \boldsymbol{b})$ は試験電荷 $q$ 以外の電荷により真空に作られる緊張状態を表わすが，それを量的に示す式が Maxwell の方程式で，試験電荷 $q$ 以外の電荷の分布密度を $\rho$，電流密度を $\boldsymbol{j}$ とすれば次の4個の式で与えられる．

$$\nabla\cdot(\varepsilon_0\boldsymbol{e})=\rho \tag{1.5 a}$$

$$\nabla\times\left(\frac{\boldsymbol{b}}{\mu_0}\right)-\frac{\partial}{\partial t}(\varepsilon_0\boldsymbol{e})=\boldsymbol{j} \tag{1.5 b}$$

$$\nabla\times\boldsymbol{e}+\frac{\partial\boldsymbol{b}}{\partial t}=0 \tag{1.5 c}$$

---

（1） 動的な場合を遠隔作用の考えで扱った例としては J. A. Wheeler and R. P. Feynman : *Rev. Mod. Phys.*, **17** 157 (1945); **21**, 425 (1949) があり，便利さの点を別とすれば，近接作用の考え方と等価であることが示されている．

$$\nabla \cdot \boldsymbol{b} = 0 \qquad (1.5\,\mathrm{d})$$

$\varepsilon_0$ と $\mu_0$ は真空の誘電率と導磁率と呼ばれる真空の性質を表わす定数で次の値をもつ(2).

$$\varepsilon_0 = 8.854 \times 10^{-12} \quad [\mathrm{farad/m}] \qquad (1.6\,\mathrm{a})$$

$$\mu_0 = 4\pi \times 10^{-7} \quad [\mathrm{henry/m}] \qquad (1.6\,\mathrm{b})$$

式 (1.5 a) は Gauss の法則，式(1.5 b) は Ampère の法則を Maxwell が補正したもの，式 (1.5 c) は Faraday の電磁誘導の法則，式 (1.5 d) は自然界に真磁荷が存在しないことを示している．

式 (1.5 b) の $\partial(\varepsilon_0 \boldsymbol{e})/\partial t$ を真空の**変位電流** (displacement current) といい，磁界生成の原因として電荷の運動による電流と同じ役割をはたす．Maxwell が変位電流を考えついたのは次の理由による．Maxwell が補正する前の Ampère の法則は変位電流項を含まず

$$\nabla \times \left(\frac{\boldsymbol{b}}{\mu_0}\right) = \boldsymbol{j} \qquad (1.5\,\mathrm{b}')$$

と書ける．この式が矛盾していることを示そう．図 1.1 は無限に広い平板状導体が平行に置かれたもので，上下の導体にはそれぞれ面密度 $+\sigma$, $-\sigma$ の電荷があり，この電荷は電流密度 $\boldsymbol{j}$ で上から下へ運ばれているものとする．したがって $|\boldsymbol{j}| = \partial\sigma/\partial t$ である．また Gauss の定理により，両導体間には上から下に向かって大きさが $|\varepsilon_0 \boldsymbol{e}| = \sigma$ であるような電界 $\boldsymbol{e}$ ができている．式 (1.5b′) が正しいとすれば両導体の間の空間に磁界ができるはずである．しかしこの空間のすべての点は全く等価であるゆえ，特定の方向に磁界が向くことは矛盾である．すなわち，この磁界は方向をもたず，したがって存在しない．この矛盾は式 (1.5b) を採用すれば生じない．す

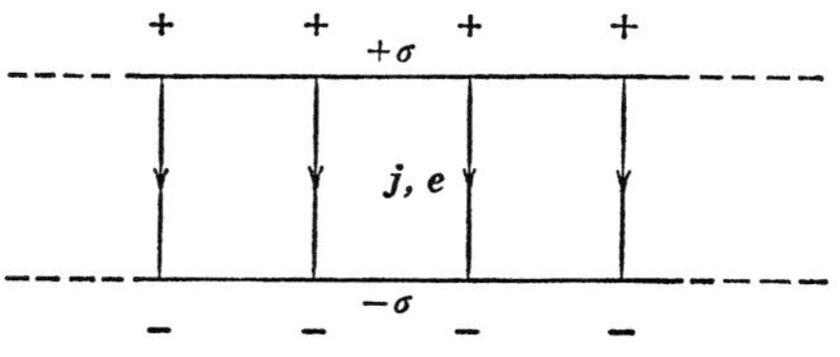


図 1.1 変位電流の説明図

(2) $\mu_0$ の値は実験から決めたのではなく，実験に先立って定義されたものである。これに対して $\varepsilon_0$ の値は実験から求められたものである．(付録 Ⅸ 参照)

なわち，電界 $\boldsymbol{e}$ のために偏位電流 $\partial(\varepsilon_0\boldsymbol{e})/\partial t$ が流れるが，いまの場合これは $\partial\sigma/\partial t$ に等しく，ちょうど $\boldsymbol{j}$ を打ち消してしまうからである．なお，上の説明で暗黙のうちに電荷の保存則（不生不滅）を仮定したが，これは

$$\nabla\cdot\boldsymbol{j}+\frac{\partial\rho}{\partial t}=0 \tag{1.7}$$

と書くことができ，実験的に確証されている．式（1.7）を電荷密度に対する**連続の方程式**（equation of continuity）という．これは Maxwell の方程式を認めるならば，式（1.5 a）の時間微分と式（1.5 b）の発散とから容易に導びける．

## 1.2 巨視的方程式

われわれは電荷の集まりにより作られる電磁場を考察することが多い．電荷の集まりのうち最も普通に現われるのは物質である．物質は原子からできているが，原子は電磁気の立場から見ると正電荷（原子核）とそれを取り巻く負電荷（電子）の分布により特徴づけられている．負電荷は原子核を中心として，原子，分子の大きさの程度まで広がっている．水素分子を例にとって電荷密度 $\rho$ の分布を図示すると図 1.2 のようである．

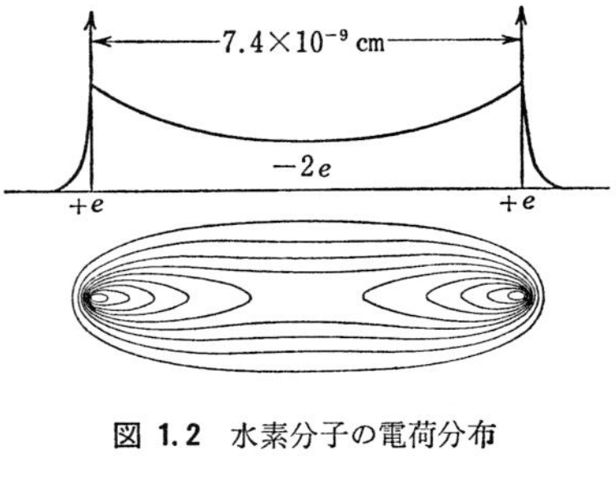


図 1.2 水素分子の電荷分布

電荷の速度を $\boldsymbol{v}$ とすると電荷密度と電流密度は次の関係にある．

$$\boldsymbol{j}=\rho\boldsymbol{v} \tag{1.8}$$

原子の大きさはきわめて小さく（$\fallingdotseq 10^{-8}$ cm），原子内の電子の速度はきわめて速い（$\fallingdotseq$1 000 km/s）から，物質による電荷，電流の密度は時間的にも空間的にも激しく不規則に変化する．したがって，これらに起因する微視的電磁界も同様に変化する．しかし，普通観測される電磁界は，このような微視的電

磁界ではなく，原子的な大きさや周期に比べてはるかに大きな空間，時間領域にわたって平均された巨視的電磁界である．

例を電界にとると，電界の微視的変化は $\boldsymbol{e}(x,\ y,\ z,\ t)$ で表わされる．いま任意の1点 $(x_0,\ y_0,\ z_0)$ を中心とする球形の体積 $V$ を考え，この体積は多数の原子を含む程度には大きいが，巨視的な立場からは無限小と見なし得る程度に小さく（たとえば半径を $10^{-4}$ cm 程度に選ぶ）選ばれているとする．このような体積 $V$ を**巨視的微小** (macroscopically infinitesimal) 体積と呼ぶ．$\boldsymbol{e}$ を体積 $V$ にわたり平均したベクトルを点 $(x_0,\ y_0,\ z_0)$ に与えて新しいベクトル場 $\boldsymbol{E}$ を作る．すなわち

$$\boldsymbol{E}(x_0,\ y_0,\ z_0,\ t)=\frac{1}{V}\int_V \boldsymbol{e}(x,\ y,\ z,\ t)dV \tag{1.9}$$

半径を一定にしたまま，$V$ の中心を移動させてゆくと，空間のすべての点で $\boldsymbol{E}$ が定義される．このようにして定義された新しいベクトル場 $\boldsymbol{E}$ を巨視的電界と呼び，$\boldsymbol{e}$ から $\boldsymbol{E}$ を求める操作を**巨視的平均** (macroscopic average) 操作という．同様にして微視的磁束密度 $\boldsymbol{b}$，電荷密度 $\rho$，電流密度 $\boldsymbol{j}$ を巨視的に平均して，巨視的な磁束密度 $\boldsymbol{B}$，電荷密度 $\rho_{\mathrm{mac}}$，電流密度 $\boldsymbol{J}_{\mathrm{mac}}$ が求まる．

次に微分係数の平均について考えよう．巨視的平均操作の大切な性質として，微分操作と平均操作の可換性がある．たとえば $g$ を微視的な量として，巨視的平均操作を $\langle\cdots\rangle$ で表わすと

$$\left\langle\frac{\partial g}{\partial x}\right\rangle_0=\frac{\partial\langle g\rangle_0}{\partial x_0} \tag{1.10}$$

が成り立つ．$\langle\ \ \rangle_0$ は $(x_0,\ y_0,\ z_0)$ における値を示す．

（証）
$$\left\langle\frac{\partial g}{\partial x}\right\rangle_0 \triangleq \frac{1}{V}\int_V \frac{\partial g}{\partial x}(x_0+x',\ y_0+y',\ z_0+z')dV'$$

$$\begin{aligned}\frac{\partial\langle g\rangle_0}{\partial x_0} &\triangleq \frac{\partial}{\partial x_0}\left\{\frac{1}{V}\int_V g(x_0+x',\ y_0+y',\ z_0+z')dV'\right\}\\ &=\frac{1}{V}\int_V \frac{\partial}{\partial x_0}g(x_0+x',\ y_0+y',\ z_0+z')dV'\\ &=\frac{1}{V}\int_V \frac{\partial g}{\partial x'}(x_0+x',\ y_0+y',\ z_0+z')dV'\end{aligned}$$

$$=\left\langle \frac{\partial g}{\partial x} \right\rangle_0 \qquad \text{(終)}$$

$\partial/\partial y$, $\partial/\partial z$, $\partial/\partial t$ についても同じことが成り立つから

$$\nabla \triangleq \boldsymbol{a}_x \frac{\partial}{\partial x} + \boldsymbol{a}_y \frac{\partial}{\partial y} + \boldsymbol{a}_z \frac{\partial}{\partial z}$$

についても可換性が成り立つ．

以上の定理に注意して式 (1.5) の巨視的平均をとり，$(x_0, y_0, z_0)$ の代りに $(x, y, z)$ と書くと

$$\nabla \cdot (\varepsilon_0 \boldsymbol{E}) = \rho_{\mathrm{mac}} \tag{1.11 a}$$

$$\nabla \times \left( \frac{\boldsymbol{B}}{\mu_0} \right) - \frac{\partial}{\partial t}(\varepsilon_0 \boldsymbol{E}) = \boldsymbol{J}_{\mathrm{mac}} \tag{1.11 b}$$

$$\nabla \times \boldsymbol{E} + \frac{\partial \boldsymbol{B}}{\partial t} = 0 \tag{1.11 c}$$

$$\nabla \cdot \boldsymbol{B} = 0 \tag{1.11 d}$$

が求まる．これを巨視的 Maxwell の方程式の第1形式という．

同様に微視的 Lorentz の力 (1.4) の平均をとれば巨視的な式

$$\boldsymbol{F} = q\boldsymbol{E} + q\boldsymbol{v} \times \boldsymbol{B} \tag{1.12}$$

が求まる．

## 1.3　現象論的 Maxwell の方程式

物質中には一般に2種類の電子が存在する．一つは特定の原子核に弾性的に結合されている電子で，**束縛電子** (bound electron) と呼ばれ，他は特定の原子核に属さず，物質中を自由に移動できる電子で，**自由電子** (free electron) と呼ばれている．

前節で定義した巨視的電荷，電流は束縛電子に起因する部分と，自由電子に起因する部分に分けられる．それぞれに添字 $b$, $f$ をつけると

$$\begin{cases} \rho_{\mathrm{mac}} = \rho_b + \rho_f \\ \boldsymbol{J}_{\mathrm{mac}} = \boldsymbol{J}_b + \boldsymbol{J}_f \end{cases} \tag{1.13}$$

次に $\rho_b$, $\boldsymbol{J}_b$ を物質の微視的構造に関係づけることが必要である．

電磁場が加わると束縛電子は平衡位置から変位する．簡単のために物質を1個の束縛電子をもつ原子の集まりと考えよう．原子の位置は原子核の位置で指定することができ，その空間分布は巨視的密度$N$により表わせる．ただし任意の点Pにおける$N$の値は，点Pを中心とする巨視的微小体積$V$をもつ球に含まれる原子の数を$V$で割ったものと定義する．各原子の内部状態は原子核に対する電子の位置と速度とにより決まる．

原子核を原点とした電子の位置をベクトル$\boldsymbol{s}$で表わすと，多数の原子間の相互作用のために$\boldsymbol{s}$と$\partial\boldsymbol{s}/\partial t$は原子ごとにかなり異なった値をとるだろう．しかし，ここでは巨視的微小体積$V$内の原子はすべて巨視的平均値に等しい同一の$\boldsymbol{s}$と$\dot{\boldsymbol{s}}(\triangleq\partial\boldsymbol{s}/\partial t)$をもつという理想化を行なう．

このように理想化された物質中の1点Pにおける巨視的電荷，電流密度を求めよう．図1.3のようにPを中心とする巨視的微小球$V$を考え，その表面積を$a$とする．図中いくつかの原子が示されているが，これらの原子は次の2種類に分類できる．（1）変位ベクトルが$a$と交わらないもの（原子核が領域Ⅰの内部にあるもの）．（2）変位ベクトルが$a$と交わるもの（原子核が領域Ⅱの内部にあるもの）．

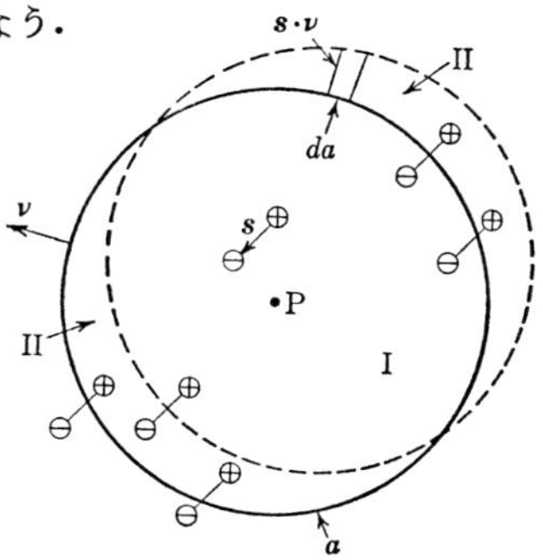

点線は球$a$を$-\boldsymbol{s}$だけ移動させたもの

図 1.3 巨視的電荷密度

$a$内の電荷の変化に寄与するのは第2種の原子である．面$a$の微小面積$da$を底として$a$に垂直な筒により領域Ⅱを切り取ると，この筒の高さは$\boldsymbol{s}\cdot\boldsymbol{\nu}$（$\boldsymbol{\nu}$は面$a$の単位法線ベクトル）となり，この筒に含まれる原子は同一の$\boldsymbol{s}$をもつと考えてよい．したがって$da$点における原子密度を$N$とすれば，$a$内の電荷の合計を$V$で割ったもの，つまり巨視的電荷密度は

$$\rho_b=\frac{e}{V}\int_a N\boldsymbol{s}\cdot\boldsymbol{\nu}da=e[\nabla\cdot(N\boldsymbol{s})]_P \tag{1.14}$$

となる．最後の式は Gauss の定理からでてくる．

$\boldsymbol{s}$ は変位ベクトルの巨視的平均であるから，式 (1.9) に関連して述べたのと同じ理由で，一種の巨視的場を形成している．$-Ne\boldsymbol{s}$ なるベクトル場を物質の**電気分極** (electric polarization) といい $\boldsymbol{P}$ で表わす．したがって式 (1.14) は

$$\rho_b = -\nabla\cdot\boldsymbol{P}, \quad \boldsymbol{P} \triangleq -Ne\boldsymbol{s} \tag{1.15}$$

となる．$\boldsymbol{P}$ は，原子の双極モーメント $\boldsymbol{p} \triangleq -e\boldsymbol{s}$ (双極モートントの正の向きは $\boldsymbol{s}$ とは逆で ⊖ から ⊕ に向かう) に原子の密度を乗じたものであるから，物質の単位体積当りの電気双極モーメントという物理的意味をもっている[3]．式 (1.15) からわかるように $\rho_b$ は $N$ または $\boldsymbol{s}$ が空間的に変化するときに限って零でなくなる．

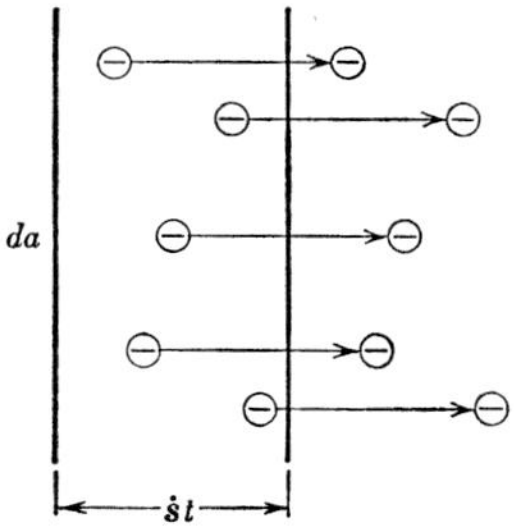


図 1.4　分極電流

巨視的電流密度を求めるのに図 1.4 を考える．$\dot{\boldsymbol{s}}$ に垂直な微小面積を $da$ とすると，$da$ を底として高さが $\dot{s}dt$ の筒内に存在する電子は $dt$ 時間後には $da$ を通って筒外に出てしまう．したがって $dt$ 時間に $da$ を通過する電荷量は $-eN\dot{s}\ dt\ da$ となり，単位時間に単位面積を通過する電荷量，つまり電流密度は

$$\boldsymbol{J}_P \triangleq -Ne\dot{\boldsymbol{s}} = \frac{\partial \boldsymbol{P}}{\partial t} \tag{1.16}$$

次に原子のもつ磁気的性質の効果を考えよう．原子中の束縛電子が閉じた軌道を回わっていることと，自転していることのために，原子は磁気モーメントをもっている．電気的性質の効果を調べたとき，原子1個の電気双極モーメント $-e\boldsymbol{s}$ の $N$ 倍を電気分極と名づけたと同様に，原子1個の磁気双極モーメント $\boldsymbol{m}$ の $N$ 倍，つまり単位体積当りの磁気モートントを，物質の**磁気分極**

(3)　ここでは $\boldsymbol{p}$ を原子の双極モーメントと考えたが，一般には物質を構成する要素（原子，分子など）の双極モーメントと考えてよく

$$\boldsymbol{P} \triangleq \Sigma \boldsymbol{p}$$

と書ける．和は単位体積について行なう．

(magnetic polarization, 磁化 magnetization ともいう）と名づけ，$\boldsymbol{M}$で表わす．$\boldsymbol{m}$は循環電流により生じたのであるから，物質を磁気的に見ると，図 1.5 のような循環電流の集まりと考えることができる．循環電流を$I$とし，これが囲む面積を$\boldsymbol{a}$とすると $\boldsymbol{m}=I\boldsymbol{a}$ の関係がある．$\boldsymbol{P}$が一様でないと $\rho_b=-\nabla\cdot\boldsymbol{P}$ だけの電荷密度を生じたのと同じように$\boldsymbol{M}$が一様でないと

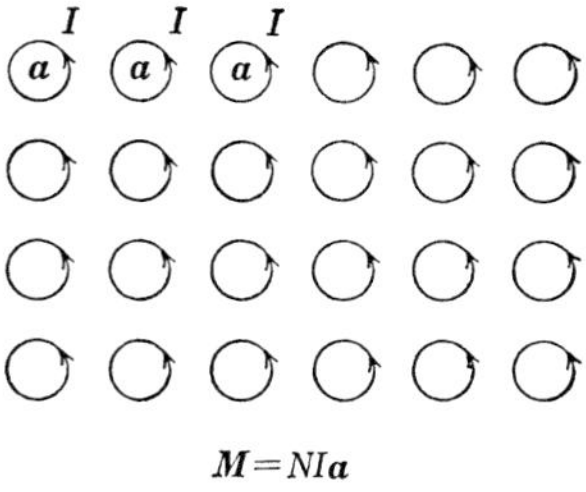


図 1.5 磁気モーメントに等価な循環電流

$$\boldsymbol{J}_m=\nabla\times\boldsymbol{M} \tag{1.17}$$

だけの巨視的電流密度が生ずる．このことを理解するために図 1.6 のように $M_z$ が$x$方向に増加してゆく場合を考える．$M_z=1$ と $M_z=2$ の境目では $M_z=1$ の電流は $+y$ 方向に流れ，$M_z=2$ の電流は $-y$ 方向に流れる結果，差引き 1 の電流が $-y$ 方向に流れることになる．$M_z=2$ と $M_z=3$ の境目でも同様である．

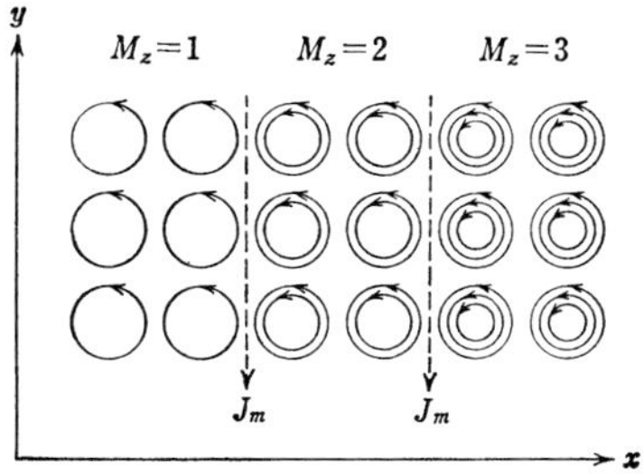


図 1.6 $\boldsymbol{M}$の変化による巨視電流

このことを一般的に書いたのが式 (1.17) である．

以上を総合すると束縛電子による巨視的電流密度は，電気分極に基づく式 (1.16) と，磁気分極に基づく式 (1.17) の和で与えられ

$$\boldsymbol{J}_b=\frac{\partial \boldsymbol{P}}{\partial t}+\nabla\times\boldsymbol{M} \tag{1.18}$$

と書くことができる．循環電流は電荷を発生することはないので，束縛電子による巨視的電荷密度は式 (1.15) の $\rho_b=-\nabla\cdot\boldsymbol{P}$ だけであり，この $\rho_b$ と式 (1.18) の $\boldsymbol{J}_b$ は連続の方程式を満足している．[$\nabla\cdot(\nabla\times\boldsymbol{M})\equiv 0$ だから]．

式 (1.13)，(1.15)，(1.18) を式 (1.11 a)，(1.11 b) に代入すると

$$\nabla\cdot(\varepsilon_0\boldsymbol{E})=-\nabla\cdot\boldsymbol{P}+\rho_f \tag{1.19 a}$$

$$\nabla\times\left(\frac{\boldsymbol{B}}{\mu_0}\right)-\frac{\partial}{\partial t}(\varepsilon_0\boldsymbol{E})=\frac{\partial \boldsymbol{P}}{\partial t}+\nabla\times\boldsymbol{M}+\boldsymbol{J}_f \tag{1.19 b}$$

となる．そこで新しいベクトル $\boldsymbol{D}$ と $\boldsymbol{H}$ を

$$\boldsymbol{D} \triangleq \varepsilon_0 \boldsymbol{E} + \boldsymbol{P} \tag{1.20 a}$$

$$\boldsymbol{H} \triangleq \frac{\boldsymbol{B}}{\mu_0} - \boldsymbol{M} \tag{1.20 b}$$

と定義すると，式（1.19）は

$$\nabla \cdot \boldsymbol{D} = \rho_f$$

$$\nabla \times \boldsymbol{H} - \frac{\partial \boldsymbol{D}}{\partial t} = \boldsymbol{J}_f$$

という簡単な形となる．これらの式と式（1.11 c），（1.11 d）を1組にした次式が，巨視的 Maxwell の方程式の第二形式と呼ばれ，物質中の電磁界を取り扱うのに最も適している．

$$\nabla \cdot \boldsymbol{D} = \rho_f \tag{1.21 a}$$

$$\nabla \times \boldsymbol{H} - \frac{\partial \boldsymbol{D}}{\partial t} = \boldsymbol{J}_f \tag{1.21 b}$$

$$\nabla \cdot \boldsymbol{B} = 0 \tag{1.21 c}$$

$$\nabla \times \boldsymbol{E} + \frac{\partial \boldsymbol{B}}{\partial t} = 0 \tag{1.21 d}$$

式（1.20）で定義された $\boldsymbol{D}$ と $\boldsymbol{H}$ はそれぞれ，**電束密度**（electric displacement）および**磁界**（magnetic field）と呼ばれる．これに対して $\boldsymbol{E}$ と $\boldsymbol{B}$ がそれぞれ，**電界**（electric field）および**磁束密度**（magnetic flux density）と呼ばれることは前に述べた．

なお式（1.21 a），（1.21 b）から［$\nabla \cdot (\nabla \times \boldsymbol{H}) \equiv 0$ に注意して］，自由電荷に対する連続の方程式

$$\nabla \cdot \boldsymbol{J}_f + \partial \rho_f / \partial t = 0 \tag{1.21 e}$$

が求まるが，物理的には当然の結果といえる．

## 1.4　媒質方程式

物質に電磁場を作用させると，物質中の電子は式（1.4）の Lorentz の力を受けて，複雑に運動状態を変える．式（1·21）の $\boldsymbol{D}$, $\boldsymbol{H}$, $\boldsymbol{J}_f$ は物質中の電子の

運動状態により決まるので，一般に $\boldsymbol{E}$ と $\boldsymbol{B}$ の複雑な関数となり，形式的に次のように書ける．

$$\begin{cases} \boldsymbol{D}=\boldsymbol{D}(\boldsymbol{E},\ \boldsymbol{B}) \\ \boldsymbol{H}=\boldsymbol{H}(\boldsymbol{E},\ \boldsymbol{B}) \\ \boldsymbol{J}_f=\boldsymbol{J}_f(\boldsymbol{E},\ \boldsymbol{B}) \end{cases} \tag{1.22}$$

上式を**媒質方程式**とか**構成方程式** (constitutive equations) と呼んでいる．

式 (1.22) は一般に複雑であるが，実際には多くの場合，簡単な次の近似式が成り立つ．

$$\boldsymbol{D}=\varepsilon\boldsymbol{E}, \quad \boldsymbol{H}=\frac{1}{\mu}\boldsymbol{B}, \quad \boldsymbol{J}_f=\sigma\boldsymbol{E} \tag{1.23}$$

上式に現われる比例定数 $\varepsilon$, $\mu$, $\sigma$ をそれぞれ物質の**誘電率** (dielectric constant), **透磁率**(magnetic permeability), **電気伝導率**(electric conductivity 導電率ともいう)という．

式 (1.23) が成り立つ場合には，$\boldsymbol{P}$ と $\boldsymbol{M}$ も電磁界に比例するので

$$\boldsymbol{P}=\varepsilon_0\chi_e\boldsymbol{E}, \quad \boldsymbol{M}=\chi_m\boldsymbol{H} \tag{1.24}$$

と書き，$\chi_e$ を**分極率** (electric susceptibility), $\chi_m$ を**磁化率** (magnetic susceptibility) という．このとき式 (1.20) からわかるように次の関係が成り立つ．

$$\varepsilon=\varepsilon_0(1+\chi_e), \quad \mu=\mu_0(1+\chi_m) \tag{1.25}$$

また

$$K_e \triangleq \frac{\varepsilon}{\varepsilon_0}=1+\chi_e, \quad K_m \triangleq \frac{\mu}{\mu_0}=1+\chi_m \tag{1.26}$$

をそれぞれ**比誘電率**，**比誘磁率**という(4)．

式 (1.23) が成り立つ物質を**線形** (linear), **非分散** (non-dispersive), **等方** (isotropic) な媒質という．以下式 (1.23) が成り立たない場合について簡単に述べておこう．

**( i ) 非線形媒質**　強誘電体や強磁性体では分極が電磁界に比例しないだけでなく，履歴現象を伴うので媒質方程式はきわめて複雑になる．普通の媒質でも

---

(4) 代表的な物質の定数表は東京天文台編：理科年表，丸善（毎年発行）にある．

電磁界をある限度以上に大きくすると同様な振舞をする．本書ではこのような媒質は考えないことにする．

**(ii)　分散性媒質**　誘電率などが周波数によって変わる媒質で，真空以外のすべての媒質はマイクロ波以上の周波数，特に可視光線の周波数で著しい分散性を示す．この場合でも電磁界が $\exp(j\omega t)$ に比例して正弦波状に変化しているならば式 (1.23) が成り立つ．ただし，このときには $\varepsilon$, $\mu$, $\sigma$ は一般に複素数で $\omega$ の関数になる．

**(iii)　非等方性媒質**　方向により性質の変わる媒質で，結晶とか一定磁界中に置かれたプラズマやフェライトがこれに当る．この場合には一般に $\boldsymbol{D}$ は $\boldsymbol{E}$ と平行にならず，次式のような形で結ばれる．

$$\begin{cases} D_x = \varepsilon_{11}E_x + \varepsilon_{12}E_y + \varepsilon_{13}E_z \\ D_y = \varepsilon_{21}E_x + \varepsilon_{22}E_y + \varepsilon_{23}E_z \\ D_z = \varepsilon_{31}E_x + \varepsilon_{32}E_y + \varepsilon_{33}E_z \end{cases} \tag{1.27}$$

$\varepsilon_{ij}$ を成分とするテンソルを $[\varepsilon]$ と書くと上式は $\boldsymbol{D}=[\varepsilon]\boldsymbol{E}$ と書ける．$\varepsilon_{ij}=\varepsilon\delta_{ij}$ という特別の場合[(5)]が等方性に当る．透磁率と導電率についても同様に書けるから，非等方性媒質の媒質方程式は一般に

$$\boldsymbol{D}=[\varepsilon]\boldsymbol{E},\quad \boldsymbol{B}=[\mu]\boldsymbol{H},\quad \boldsymbol{J}_f=[\sigma]\boldsymbol{E} \tag{1.28}$$

のように書ける．

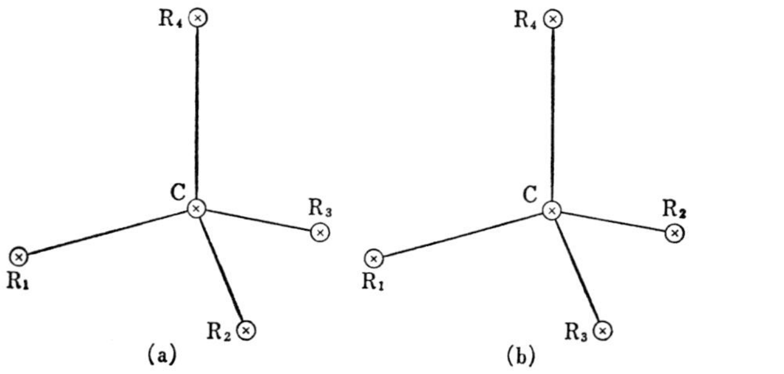


**図 1.7**　旋光性物質の分子

(5) $\delta_{ij}$ は $i=j$ のとき 1，$i\neq j$ のとき 0 となる記号で Kronecker の記号と呼ばれる．

**(iv) 等方性の旋光性媒質** 砂糖水のように等方性であるが，光の偏波面を回転する媒質で，図 1.7 のような不斉（非対称的）の立体構造をもつ分子の一方が多く含まれているとこの性質が現われる．$\boldsymbol{D}$ と $\boldsymbol{E}$ の関係は次の形となる．

$$\boldsymbol{D}=\varepsilon\boldsymbol{E}+\delta\nabla\times\boldsymbol{E} \tag{1.29}$$

$\varepsilon$，$\delta$ は物質の定数である．

**(v) 超伝導媒質** 液体ヘリウムで冷却された鉛のように電気抵抗が零である媒質で，Ohm の法則 $\boldsymbol{J}_f=\sigma\boldsymbol{E}$ の代りに

$$\nabla\times\boldsymbol{J}_f=-\Lambda^2\boldsymbol{H} \tag{1.30}$$

なる関係が成り立つ．ここで $\Lambda$ は物質の定数である．

**(vi) 運動媒質** 観測者に対して媒質が巨視的な運動をする場合で，**電磁流体力学** (magnetohydrodynamics) 的方程式や**相対性理論** (theory of relativity) の式を使わなければならない．

次章には等方性の誘電体と導体の媒質方程式について，やや詳細な考察を行なう．

## 1.5 強 制 電 流

前節では電流として，現在考察の対称となっている電磁界($\boldsymbol{E}$, $\boldsymbol{B}$)の Lorentz 力が原因となって流れるものだけを問題とした．しかし，電流としてはこのほかに（$\boldsymbol{E}$, $\boldsymbol{B}$）とは無関係な原因，たとえば化学力（電池）や機械力（イオン・ジェット），あるいは現在考察の対称となっていない別の電磁力（発電機，発振器）によって流されるものもある．このような電流を**強制電流** (impressed current) といい，$\boldsymbol{J}_i$ で表わす．もちろん $\boldsymbol{J}_i$ は連続の方程式 $\nabla\cdot\boldsymbol{J}_i+\partial\rho_i/\partial t=0$ を満足するような電荷分布 $\rho_i$ を伴なうから，強制電流の存在する場合の巨視的電磁場方程式は次のようになる．

$$\nabla\cdot\boldsymbol{D}=\rho_f+\rho_i \tag{1.31 a}$$

$$\nabla\times\boldsymbol{H}-\frac{\partial\boldsymbol{D}}{\partial t}=\boldsymbol{J}_f+\boldsymbol{J}_i \tag{1.31 b}$$

$$\nabla\times\boldsymbol{E}+\frac{\partial\boldsymbol{B}}{\partial t}=0 \tag{1.31 c}$$

$$\nabla\cdot\boldsymbol{B}=0 \tag{1.31 d}$$

そして（$\rho_i$, $\boldsymbol{J}_i$）が空間と時間の既知の関数として与えられると，式(1.31)と式（1.22）を連立させて電磁界が求まる．すなわち強制電流が原因となって電磁界が生じ，自由電流が流れると解釈できる．

# 第 2 章

# 誘電体と導体の媒質方程式

## 2.1 誘　電　体

式（1.20 a）で述べたとおり，物質中の電束密度は電気分極により

$$\boldsymbol{D} \triangleq \varepsilon_0 \boldsymbol{E} + \boldsymbol{P} \tag{2.1}$$

と定義された．また電気分極は，14頁の脚注で述べたように，物質を構成する要素の双極モーメント $\boldsymbol{p}$ を単位体積にわたり合計したものである．すなわち

$$\boldsymbol{P} \triangleq \sum \boldsymbol{p} = -\sum e\boldsymbol{s} \tag{2.2}$$

電気分極が現われる機構は，次の三つに大別できる．

（i） **電子分極**（electronic polarization） 分子，原子中の電子の分布が，印加電界により変形することによるもの．

（ii） **イオン分極**（ionic polarization） 印加電界により異種の原子やイオンが相対的に動くために生ずる分極．

（iii） **配向分極**（orientational polarization） 印加電界がないとき，すでに分子がモーメントをもっていて，平時は各分子がランダムの方向をもつために，$\boldsymbol{P}$ が 0 であるが，電界が加わると，双極子が電界方向に向きを揃えてくる

ために$\boldsymbol{P}$が0でなくなるもの．以下これらにつき詳しく考えてみる．

### 2.1.1 電　子　分　極

図2.1（a）は，電子分極を説明するための簡単なモデルである．全電荷 $-e$ の電子雲が，半径 $R_0$ の球内に一様の密度で分布しているものとする．電子雲の中心が原子核と一致しているときには，電子雲の全体と原子核の間には力が働かない．電子雲の中心と原子核が $\boldsymbol{s}$ だけ離れると，原子核には $\boldsymbol{E}'=+e\boldsymbol{s}/(4\pi\varepsilon_0 R_0{}^3)$

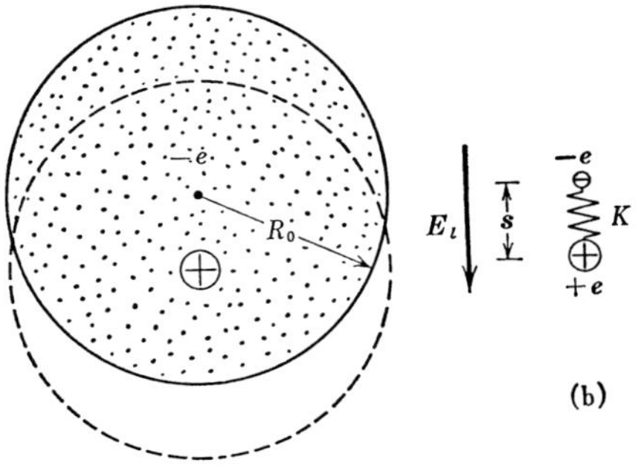

図 2.1　電子分極

という電界が作用する[(1)]．したがってこのようなことが起こるためには，外部から $\boldsymbol{E}'+\boldsymbol{E}_l=0$ となる電界 $\boldsymbol{E}_l$ が作用していなければならない．逆にいえば，外部電界 $\boldsymbol{E}_l$ が原子に作用すると，電子雲の中心が，原子核から

$$\boldsymbol{s}=-(4\pi\varepsilon_0 R_0{}^3/e)\boldsymbol{E}_l \tag{2.3}$$

だけ離れることになる．それゆえ図（a）のような原子は，遠くから見ると，図（b）のようなバネ定数$K$のバネで結合された $\pm e$ の点電荷と等価である．このとき $K\boldsymbol{s}=e\boldsymbol{E}_l$ であるから

$$K=e^2/(4\pi\varepsilon_0 R_0{}^3) \tag{2.4}$$

で与えられる．また$\boldsymbol{E}_l$が作用したときの双極モーメントは

$$\boldsymbol{p}\triangleq-e\boldsymbol{s}=4\pi\varepsilon_0 R_0{}^3\boldsymbol{E}_l \tag{2.5}$$

一般に

$$\alpha\triangleq\boldsymbol{p}/\boldsymbol{E}_l \tag{2.6}$$

を分極率（polarizability）といい，図（a）のモデルでは

$$\alpha_e=4\pi\varepsilon_0 R_0{}^3 \tag{2.7}$$

となる[(2)]．

---

（1）証明せよ．（2）量子力学的モデルにより，もっと正確に計算する方法については，たとえば L. Pauling and E. B. Wilson “Introduction to Quantum Mechanics” McGraw Hill 1935, p. 198を見よ．（参照文献）

以上は静電界に対する分極率であるが，正弦波電界に対しては，電子雲の慣性力と，摩擦力(3) を考慮しなければいけない．それで図 2.1（b）の振動系の運動方程式は

$$m\frac{d^2\boldsymbol{s}}{dt^2}+mg\frac{d\boldsymbol{s}}{dt}+m\omega_0{}^2\boldsymbol{s}=-e\boldsymbol{E}_l \tag{2.8}$$

となる．ここで $m$ は電子の質量，$mg$ は摩擦係数，$m\omega_0{}^2(\triangleq K)$ はバネ定数である．$\boldsymbol{E}_l\propto e^{j\omega t}$ とすると $d/dt=j\omega$ と置けるから

$$\boldsymbol{s}=\frac{-e\boldsymbol{E}_l/m}{\omega_0{}^2-\omega^2+jg\omega} \tag{2.9}$$

したがって

$$\boldsymbol{p}=\frac{e^2\boldsymbol{E}_l/m}{\omega_0{}^2-\omega^2+jg\omega} \tag{2.10}$$

$$\alpha_e=\frac{e^2/m}{\omega_0{}^2-\omega^2+jg\omega} \tag{2.11}$$

上式から $\omega_0$ が共振周波数を表わしていることがわかる．電子分極の $\omega_0$ は一般に紫外域にある．$\omega=\omega_0$ で $\alpha_e$ が虚数になるが，このことは電磁波が物質に吸収されることを意味し，電子分極の共振が物質の紫外線吸収を起こすことがわかる．

### 2.1.2　イ オ ン 分 極

イオン分極を説明するために図 2.2 に示す 1 次元のイオン結晶を考えよう．このような振動系は，多数の共振周波数をもち複雑であるが，ここでは，電界 $\boldsymbol{E}_l$ が作用して，⊕イオン（質量 $m^+$）と⊖イオン（質量 $m^-$）がそれぞれ $s^+$，$s^-$ だけ変位する場合を考えると，運動方程式は

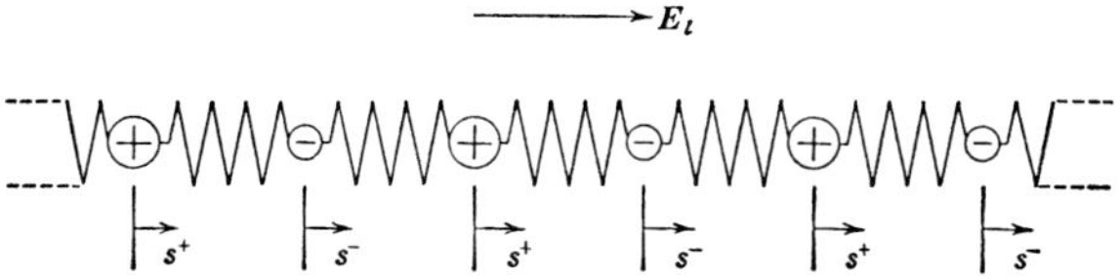


図 2.2　イ オ ン 分 極

(3)　振動する電荷は，電磁波を放射する．このように振動エネルギーが別のエネルギーに変わることは，等価的に摩擦があるものと考えられる．

$$\begin{cases} m^+\dfrac{d^2s^+}{dt^2}+m^+g^+\dfrac{ds^+}{dt}+2K(s^+-s^-)=eE_l \\ m^-\dfrac{d^2s^-}{dt^2}+m^-g^-\dfrac{ds^-}{dt}+2K(s^--s^+)=-eE_l \end{cases} \tag{2.12}$$

$s\triangleq s^+-s^-$ と置き，簡単のため $g^+=g^-\triangleq g'$ とすれば，両式から

$$\frac{d^2s}{dt^2}+g'\frac{ds}{dt}+\frac{4K}{m'}s=\frac{2}{m'}eE_l \tag{2.13}$$

ただし，$m'\triangleq 2m^+m^-/(m^++m^-)$ である．上式は，電子分極の式と同形であり，$\omega_0'^2\triangleq 4K/m'$ と置けば，$\omega_0'$ は共振周波数で，解は

$$s=\frac{2eE_l/m'}{\omega_0'^2-\omega^2+jg'\omega} \tag{2.14}$$

となる．$s=0$ のとき，$\boldsymbol{p}=0$ と仮定すれば

$$p=es=\frac{2e^2E_l/m'}{\omega_0'^2-\omega^2+jg'\omega} \tag{2.15}$$

$$\alpha_i=\frac{2e^2/m'}{\omega_0'^2-\omega^2+jg'\omega} \tag{2.16}$$

イオン分極の共振周波数 $\omega_0'$ は，一般に赤外部にあり，赤外線吸収の原因となる．

### 2.1.3 配向分極

分子の中には外部電界が作用しない自然の状態で双極子を形成しているものがあり，そのような分子は，有極性分子といわれる．これは，分子構造の非対称性に起因し，たとえば水の分子は，図2.3（a）に示す構造をもち，酸素は⊖に，水素は⊕に帯電している．それゆえ水分子を遠くから見ると，図（b）に示す双極子と等価で，$p_0\fallingdotseq 6\times10^{-30}$〔coul·m〕のモーメントをもつ．

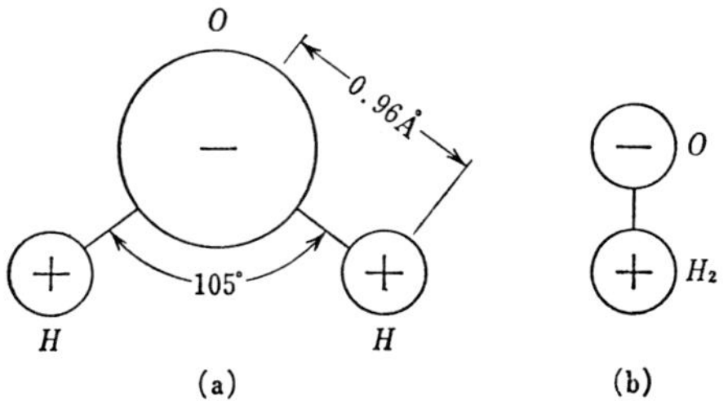

図 2.3　水の分子

もし熱運動がなければ，有極分子はわずかの電界の下でも整列す

るから，誘電率は無限大になるだろう．実際には熱運動が電界の整列作用をさまたげるので，誘電率は有限である．

自由な有極分子に対する熱運動の影響を考えよう．図 2.4 に示すように，永久双極モーメント $\boldsymbol{p}_0$ に静電界 $\boldsymbol{E}_l$ が作用すると，ポテンシャル・エネルギーは

$$V=-\boldsymbol{p}_0\cdot\boldsymbol{E}_l=-p_0E_l\cos\theta \qquad (2.17)$$

分極の電界方向成分の平均値は

$$p=p_0\langle\cos\theta\rangle \qquad (2.18)$$

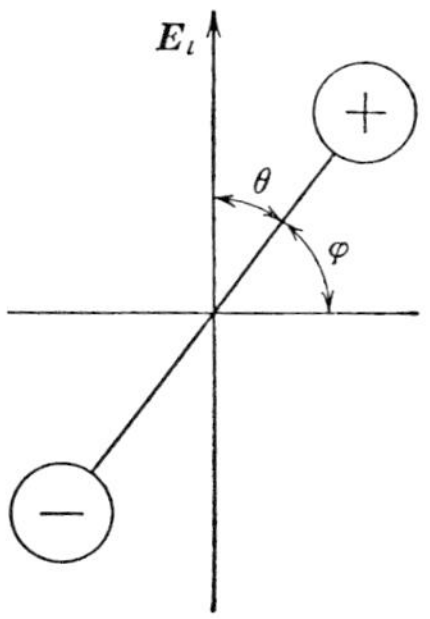


図 2.4 配向分極

ここでブラケット〈 〉は，熱平衡状態にある多数の分子の平均値を表わす．

Boltzmann の分布則によれば，熱平衡時において分子がポテンシャル・エネルギー $V$ をもつ確率は $\exp(-V/kT)$ に比例するゆえ

$$\langle\cos\theta\rangle=\int_0^\pi e^{-V/kT}\cos\theta\cdot 2\pi\sin\theta\,d\theta\Big/\int_0^\pi e^{-V/kT}\cdot 2\pi\sin\theta\,d\theta$$

$$=\coth\left(\frac{p_0E_l}{kT}\right)-\frac{kT}{p_0E_l}\triangleq L\left(\frac{p_0E_l}{kT}\right) \qquad (2.19)$$

$L(x)\triangleq\coth x-1/x$ は Langevin 関数（図 2.5）である．

$p_0\fallingdotseq 6\times10^{-30}$〔coul·m〕の程度であるから，$E_l=700$〔kV/m〕としても $p_0E_l=4.2\times10^{-24}$〔joule〕．また室温（300°K）で $kT=4.2\times10^{-21}$〔joule〕だから $p_0E_l/kT\fallingdotseq10^{-3}$．したがって実際に重要な場合は $p_0E_l/kT\ll1$ と考えられる．

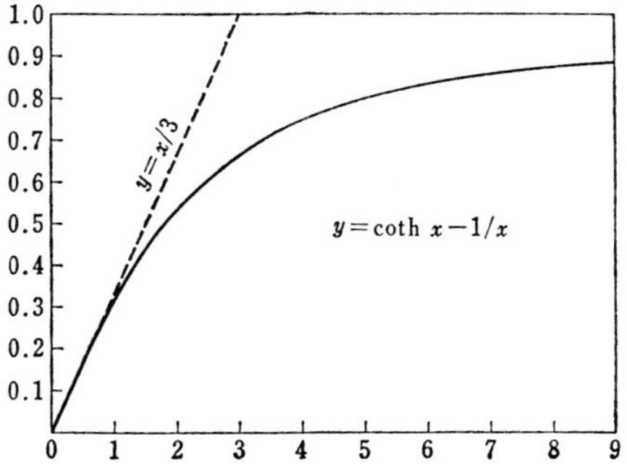


図 2.5 Langevin 関数

このとき $L(p_0E_l/kT)\fallingdotseq p_0E_l/3kT$ となるから，$\varphi\triangleq90^\circ-\theta$ と置くと

$$\langle\cos\theta\rangle=\langle\sin\varphi\rangle\fallingdotseq\langle\varphi\rangle=p_0E_l/3kT \qquad (2.20)$$

$p_0E_l$ は双極子に働くトルクであるから，熱運動は $K\triangleq3kT$ に等しい復元力と同じ働きをする．

$E_l$ が正弦波電界のときは，双極子の回転運動方程式は

$$I\frac{d^2\langle\varphi\rangle}{dt^2}+\zeta\frac{d\langle\varphi\rangle}{dt}+K\langle\varphi\rangle=p_0E_l \qquad (2.21)$$

と書ける．ここで $I$ は分子の回転モーメント，$\zeta$ は摩擦係数，$K(=3kT)$ は復元力のバネ定数である．

水のような液体の場合には，分子間の衝突が激しいので，熱運動に関係のある項だけが優勢で，$Id^2\langle\varphi\rangle/dt^2$ の項は無視できる．したがって $\tau\triangleq\zeta/K$ と置けば

$$\langle\varphi\rangle=\frac{p_0E_l}{3kT}\cdot\frac{1}{1+j\omega\tau} \qquad (2.22)$$

配向分極率は

$$\alpha_d=\frac{p}{E_l}=\frac{p_0\langle\varphi\rangle}{E_l}=\frac{p_0{}^2}{3kT}\cdot\frac{1}{1+j\omega\tau} \qquad (2.23)$$

この式は，$\omega>1/\tau$ のとき，分極率が急に低下することを意味している．分子を半径 $r_0$ の球形と仮定して，液体の粘性係数を $\eta$ とすると，Stokes の法則から $\zeta=8\pi\eta r_0{}^3$ となり

$$\tau=8\pi\eta r_0{}^3/3kT \qquad (2.24)$$

水の場合，室温で $\eta\fallingdotseq0.01$〔poise ポアズ$=\mathrm{g\cdot cm^{-1}\cdot sec^{-1}}$〕，$r_0\fallingdotseq10^{-8}$〔cm〕であるから $\tau\fallingdotseq10^{-11}$〔sec〕となり，水の誘電率がマイクロ波の領域で急変し，同時に誘電体損が異常に大きくなることがわかる．

### 2.1.4　局　所　場

いままでの説明で用いた電界 $\boldsymbol{E}_l$ は，分極した誘電体中の任意の1分子（中心分子という）に作用する電界で，これを**局所場**（local field）という．局所場は，中心分子以外の電荷が中心分子の位置に作る微視的電界

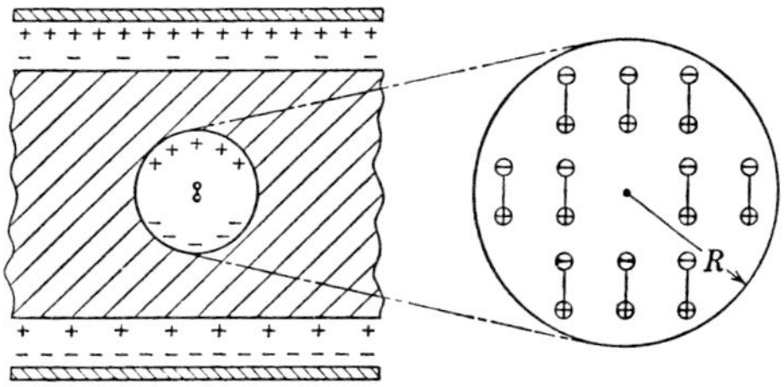


図 2.6　局所場の計算

であって，中心分子を含めた全電荷が作る巨視的（平均）電界 $\boldsymbol{E}$ とは異なる．

局所場を求めるために，立方晶系の固体誘電体を例にとろう．誘電体は平板状で，コンデンサ極板の間に置かれているものとする（図 2.6）．着目している分子を中心に，半径 $R$ の仮想球を考えると，中心分子に作用する局所場は次のように分解できる．

$$\boldsymbol{E}_l=\boldsymbol{E}_0+\boldsymbol{E}_1+\boldsymbol{E}_2+\boldsymbol{E}_3 \tag{2.25}$$

$\boldsymbol{E}_0$：極板上の電荷が作る電界

$\boldsymbol{E}_1$：極板に接する誘電体の表面電荷が作る電界

$\boldsymbol{E}_2$：誘電体の分極状態を凍結した仮想球を外部に取り出したとき，できる空洞の内面上の表面電荷が作る電界

$\boldsymbol{E}_3$：仮想球内の電荷が作る電界

$\boldsymbol{E}_1+\boldsymbol{E}_2+\boldsymbol{E}_3$ は，中心分子以外のすべての分子が中心分子の位置に作る電界であるから，分子の分極を $\boldsymbol{p}$ とすると

$$\boldsymbol{E}_1+\boldsymbol{E}_2+\boldsymbol{E}_3=\sum_i \frac{3(\boldsymbol{p}\cdot\boldsymbol{r}_i)\boldsymbol{r}_i-{r_i}^2\boldsymbol{p}}{{r_i}^5} \tag{2.26}$$

ただし，$\boldsymbol{r}_i$ は中心分子と第 $i$ 分子の間の距離である．

格子間隔に比べて $R$ を相当大きくとれば，仮想球外の分子の作る電界は，中心部でゆるやかに変化するので，巨視的平均値で近似できる．したがって $\boldsymbol{E}_1$ と $\boldsymbol{E}_2$ は表面電荷の巨視的平均値から計算してよい．すると $\boldsymbol{E}_0+\boldsymbol{E}_1=\boldsymbol{E}$ は誘電体内の巨視的電界に等しい．

次に $\boldsymbol{E}_2$ を求めるために，分極による空洞表面の電荷密度を考える（図 2.7）．$\boldsymbol{P}$ の方向と表面法線の方向のなす角を $\theta$ とすると表面の電荷密度 $\rho_s$ は，単位面積に入る $\boldsymbol{P}$ の本数に等しいから，次式で与えられる．

$$\rho_s=P\cos\theta \tag{2.27}$$

したがって図で $\theta$ と $\theta+d\theta$ の間にある表面電荷が中心に作る電界は

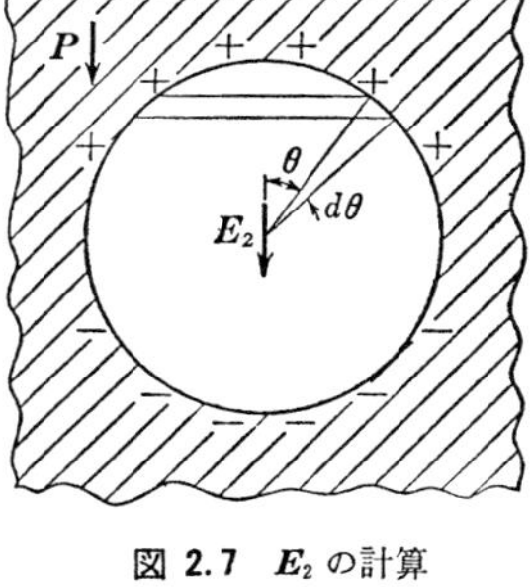

図 2.7　$\boldsymbol{E}_2$ の計算

$$dE_2=\frac{\rho_s\cos\theta}{4\pi\varepsilon_0R^2}(2\pi R\sin\theta)(Rd\theta)$$

この電界は$\boldsymbol{P}$に平行だから

$$\boldsymbol{E}_2=\frac{\boldsymbol{P}}{2\varepsilon_0}\int_0^\pi\cos^2\theta\sin\theta\,d\theta=\frac{\boldsymbol{P}}{3\varepsilon_0} \tag{2.28}$$

最後に$\boldsymbol{E}_3$を求めよう．

$$\boldsymbol{E}_3=\sum_{r_i\leqq R}\frac{3(\boldsymbol{p}\cdot\boldsymbol{r}_i)\boldsymbol{r}_i-\boldsymbol{r}_i^2\boldsymbol{p}}{\boldsymbol{r}_i^5} \tag{2.29}$$

ところで

$$\sum(\boldsymbol{p}\cdot\boldsymbol{r}_i)\boldsymbol{r}_i=\sum(p_xx_i+p_yy_i+p_zz_i)(x_i\boldsymbol{a}_x+y_i\boldsymbol{a}_y+z_i\boldsymbol{a}_z) \tag{2.30}$$

であるが，結晶格子の対称性と仮想球の対称性から，$x_i=-x_j$となる第$i$分子と第$j$分子が組で存在するから

$$\begin{cases}\sum x_iy_i=\Sigma y_iz_i=\Sigma z_ix_i=0\\ \sum x_i^2=\Sigma y_i^2=\Sigma z_i^2=\dfrac{1}{3}\Sigma \boldsymbol{r}_i^2\end{cases} \tag{2.31}$$

が成り立つ．この関係を使うと

$$\sum_{r_i=R}(\boldsymbol{p}\cdot\boldsymbol{r}_i)\boldsymbol{r}_i=\Sigma \boldsymbol{r}^2{}_i\boldsymbol{p}/3 \tag{2.32}$$

したがって

$$\boldsymbol{E}_3=0 \tag{2.33}$$

となる．

以上を総合すると結局

$$\boldsymbol{E}_l=\boldsymbol{E}+\boldsymbol{P}/(3\varepsilon_0) \tag{2.34}$$

これを **Lorentz の局所場**という．Lorentz の局所場は，式 (2.31) が成り立つときに正しく，立方晶系に限らず，面心立方，体心立方，または分子がランダムに分布して一様等方と考えられるときなどに適用できる．しかし六方晶系，四面体結晶のような非等方性結晶には適用できない．また，分子の大きさが，分子間隔に対して無視できないときにも，近接分子の影響を双極子で近似できないために Lorentz の局所場は適用できない．

### 2.1.5 誘　電　率

分子の分極は，配向分極，イオン分極，電子分極の和であるから

$$\begin{cases} \boldsymbol{p}=\alpha \boldsymbol{E}_l \\ \alpha \triangleq \alpha_d+\alpha_i+\alpha_e \end{cases} \tag{2.35}$$

と書ける．単位体積当りの分子数を $N$ とすると

$$\boldsymbol{P}=N\boldsymbol{p}=N\alpha\boldsymbol{E}_l \tag{2.36}$$

Lorentz の局所場が適用できるとすれば

$$\boldsymbol{P}=N\alpha\left(\boldsymbol{E}+\frac{\boldsymbol{P}}{3\varepsilon_0}\right) \tag{2.37}$$

一方，誘電率と分極の間には

$$\varepsilon\boldsymbol{E}=\boldsymbol{D}=\varepsilon_0\boldsymbol{E}+\boldsymbol{P} \tag{2.38}$$

の関係があるから式（2.37），（2.38）より

$$\frac{K_e-1}{K_e+2}=\frac{N\alpha}{3\varepsilon_0} \tag{2.39}$$

ここで

$$N=\rho_M N_A/M \tag{2.40}$$

$\rho_M$：誘電体の質量密度

$N_A$：$6.02\times10^{26}$：Avogadro 数

$M$：分子量〔kg〕（例 $O_2$ のとき $M=32$ kg）

の関係を用いると

$$\frac{M}{\rho_M}\cdot\frac{K_e-1}{K_e+2}=\frac{N_A\alpha}{3\varepsilon_0} \tag{2.41}$$

これを **Clausius-Mossotti** の式という．右辺は密度に無関係であるから，$(K_e-1)/(K_e+2)$ は密度に比例することがわかる（表 2.1 参照）．気体の場合には $N\alpha/\varepsilon_0\ll1$ であるから式（2.39）から

**表 2.1**　水素の誘電率と圧力の関係（24.9℃）

| 圧力（気圧） | 密　度 (kg/m³) | $K_e$ | $\frac{M}{\rho_M}\frac{K_e-1}{K_e+2}$ |
|---|---|---|---|
| 7.96 | 0.324 | 1.00192 | 3.946 |
| 30.03 | 1.206 | 1.00730 | 4.026 |
| 88.13 | 3.421 | 1.02083 | 4.030 |
| 255.04 | 8.984 | 1.05540 | 4.038 |
| 478.78 | 14.955 | 1.09310 | 4.026 |
| 814.62 | 21.755 | 1.13766 | 4.032 |
| 1425.36 | 30.357 | 1.19500 | 4.022 |

$$K_e \triangleq K_e' + jK_e'' \fallingdotseq 1 + \frac{N\alpha}{\varepsilon_0} = 1 + \frac{N}{\varepsilon_0}(\alpha_d + \alpha_i + \alpha_e) \qquad (2.42)$$

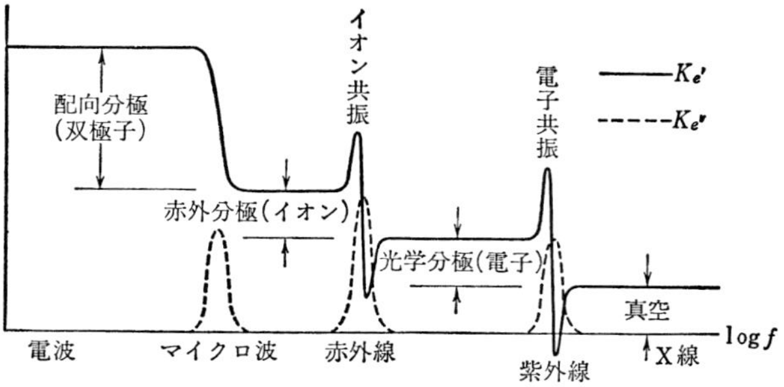


図 2.8　誘電率の分散特性

したがって誘電率は図2.8のような分散特性となる．液体や固体も同じような分散特性をもつ．実数部 $K_e'$ はマイクロ波領域で単調に減少する．これはマイクロ波以上では配向分極が起こり難くなるためである．イオン分極の共振が赤外部で起こり，電子分極の共振が紫外部で起こる，実数部が急に変わる周波数で虚数部 $K_e''$ が大きな値となるが，これはこの周波数で吸収（損失）が大きいことを示している．

### 2.1.6　金属とプラズマ

誘電体と異なり，金属とプラズマでは，自由電子が主役をつとめる．自由電子には復元力が働かないので，運動方程式は

$$m\frac{d\boldsymbol{v}}{dt} + mg\boldsymbol{v} = e\boldsymbol{E} \qquad (2.43)$$

自由電子は媒質内を自由に動き，媒質は平均として中性であるから，局所場は巨視的電界 $\boldsymbol{E}$ に等しいと考えられる．正弦波電界に対しては

$$\boldsymbol{v} = \frac{e\boldsymbol{E}/m}{j\omega + g} \qquad (2.44)$$

自由電子の密度を $N$ とすると，電流密度は

$$\boldsymbol{J} = Ne\boldsymbol{v} = \frac{Ne^2\boldsymbol{E}/m}{g + j\omega} \qquad (2.45)$$

したがって導電率は

$$\sigma=\frac{\boldsymbol{J}}{\boldsymbol{E}}=\frac{Ne^2/m}{g+j\omega} \tag{2.46}$$

$g$ の代表的な値は表 2.2 のとおりであり，二つの理想的な場合が実際上興味深い．

表 2.2 導伝性媒質の衝突周波数 $g$ とプラズマ周波数 $\omega_p$

| 媒　質 | $g(\mathrm{sec}^{-1})$ | $\omega_p(\mathrm{rad/sec})$ |
|---|---|---|
| Na, K<br>Cu, Ag | $\sim 10^{13}$ | $\sim 10^{15}$ |
| E　層 | $10^4 \sim 10^5$ | $\sim 2\times10^7$ |
| F　層 | $10^2 \sim 10^3$ | $\sim 5\times10^7$ |

(i) $\omega \ll g$ （導体的） $j\omega$ は $g$ に比べて無視でき，導電率は周波数に無関係な実数となる．これが金属の導電率で

$$\sigma_0=\frac{Ne^2}{mg} \tag{2.47}$$

で与えられる．

(ii) $\omega \gg g$ （プラズマ的） $g$ が無視できて

$$\boldsymbol{J}=-j\frac{Ne^2}{m\omega}\boldsymbol{E} \tag{2.48}$$

となる．この電流はリアクティブであるから，変位電流（真空および束縛電子による） $j\omega\varepsilon_0\boldsymbol{E}$ と合計して無損失プラズマの変位電流を与える．特に地球を取りまくイオン層のように束縛電子の影響が無視できるプラズマの場合，等価誘電率は次式で与えられる．

$$\varepsilon=\varepsilon_0\left\{1-\left(\frac{\omega_p}{\omega}\right)^2\right\} \tag{2.49}$$

ここで

$$\omega_p{}^2 \triangleq Ne^2/m\varepsilon_0$$

をプラズマ周波数（plasma frequency）という．したがって $g<\omega<\omega_p$ のとき $\varepsilon<0$ となって，金属やプラズマの表面で電磁波の全反射が起こる．金属の場合，可視光線が全反射されるので，金属光沢を呈する．

電波伝搬で重要な役割を果す大地，海水などは，自由電荷と束縛電荷を同時にもつため，誘電体としての性質と導体としての性質が組み合わさって，複雑であるが，だいたい表 3.1 (45頁) に示すような電気的特性を示す．

# 第 3 章

# 平　面　波

## 3.1　真空中の平面波

式 (1.31) に関連して述べたように，電磁界を発生するためには，強制電流 ($\rho_i$, $\boldsymbol{J}_i$) が存在しなければいけない．実際上，多くの場合，電磁界の源になる強制電流は，ある有限領域の内部だけに存在し，その外部媒質中に作られる電磁界が考察の対称になる．そこで，本章では $\rho_i=\boldsymbol{J}_i=0$ であるような領域中の電磁界を考えることにする．また簡単のため，媒質は真空と仮定する．この場合，自由電荷がないので $\rho_f=\boldsymbol{J}_f=0$ と置くことができ，$\boldsymbol{D}=\varepsilon_0\boldsymbol{E}$, $\boldsymbol{B}=\mu_0\boldsymbol{H}$ の関係が成り立つ．したがって式 (1.31) は次式となる．

$$\nabla\cdot\boldsymbol{E}=0 \tag{3.1 a}$$

$$\nabla\times\boldsymbol{H}-\varepsilon_0\frac{\partial\boldsymbol{E}}{\partial t}=0 \tag{3.1 b}$$

$$\nabla\times\boldsymbol{E}+\mu_0\frac{\partial\boldsymbol{H}}{\partial t}=0 \tag{3.1 c}$$

$$\nabla\cdot\boldsymbol{H}=0 \tag{3.1 d}$$

式 (3.1 c) に $\nabla\times$ を作用させ，式 (3.1 b) を用いて $\boldsymbol{H}$ を省去すると

$$\nabla\times\nabla\times\boldsymbol{E}+\mu_0\varepsilon_0\frac{\partial^2\boldsymbol{E}}{\partial t^2}=0$$

となるが，恒等式 $\nabla\times\nabla\times\boldsymbol{E}\equiv\nabla\nabla\cdot\boldsymbol{E}-\nabla^2\boldsymbol{E}$ を用い，かつ式（3.1 a）に注意すると

$$\nabla^2\boldsymbol{E}-\mu_0\varepsilon_0\frac{\partial^2\boldsymbol{E}}{\partial t^2}=0 \tag{3.2}$$

を得る．同様に式（3.1 b）から出発して，$\boldsymbol{E}$を省去すれば，次式が求まる．

$$\nabla^2\boldsymbol{H}-\mu_0\varepsilon_0\frac{\partial^2\boldsymbol{H}}{\partial t^2}=0 \tag{3.3}$$

式（3.2），（3.3）の解は波動現象を表わすので，この形の偏微分方程式を**波動方程式**（wave equation）という．

式（3.2），（3.3）は，ベクトル形で書いてあるが，たとえばデカルト座標系で式（3.2）の $x$ 成分を書くと

$$\frac{\partial^2 E_x}{\partial x^2}+\frac{\partial^2 E_x}{\partial y^2}+\frac{\partial^2 E_x}{\partial z^2}-\mu_0\varepsilon_0\frac{\partial^2 E_x}{\partial t^2}=0 \tag{3.4}$$

となる．他の成分についても同様であるから**電磁界のデカルト座標成分は波動方程式を満足することになる．**

波動方程式の解のうち，ある一方向に垂直な平面に沿っては変化がないものを**平面波**（plane wave）といい，その平面を**波面**（wave surface），その法線方向を**波法線**（wave normal）と呼ぶ．平面波は数学的に簡単なだけでなく，物理的にも重要である．すなわち，波源から非常に離れた所では，すべての波が平面波と考えられるし，また Fourier 解析の考えを使うと，平面波でない波もすべて平面波の集まりで表わせるからである．

波法線を $z$ 軸の方向にとり，波面が $x$-$y$ 面に平行となるように座標系を選ぶ．波面に沿っては，変化がないので，$\partial/\partial x=\partial/\partial y=0$ が成り立ち，式（3.1）は次のようになる．

$$\frac{\partial E_z}{\partial z}=0,\qquad \frac{\partial H_z}{\partial z}=0 \tag{3.5 a}$$

$$-\frac{\partial H_y}{\partial z}-\varepsilon_0\frac{\partial E_x}{\partial t}=0,\quad -\frac{\partial E_y}{\partial z}+\mu_0\frac{\partial H_x}{\partial t}=0 \tag{3.5 b}$$

$$\frac{\partial H_x}{\partial z} - \varepsilon_0 \frac{\partial E_y}{\partial t} = 0, \qquad \frac{\partial E_x}{\partial z} + \mu_0 \frac{\partial H_y}{\partial t} = 0 \tag{3.5 c}$$

$$-\varepsilon_0 \frac{\partial E_z}{\partial t} = 0, \qquad \mu_0 \frac{\partial H_z}{\partial t} = 0 \tag{3.5 d}$$

式（3.5 a）と式（3.5 d）によると，波法線方向成分 $E_z$ と $H_z$ は空間的にも時間的にも一定であり，波動現象に関係のない静電磁界である．それゆえ，波動現象を考えるときには次のように置く．

$$E_z = H_z = 0 \tag{3.6}$$

式（3.5 b），（3.5 c）の 4 式は，互いに独立な 2 組の連立方程式に分かれ，一方は $E_x$ と $H_y$ の関係を与え，他方は $E_y$ と $H_x$ の関係を与える．したがって，$z$ 方向を波法線とする平面電磁波は，$(E_x,\ H_y)$ を成分とする波と，$(E_y,\ H_x)$ を成分とする波に分解できる．

まず $(E_x,\ H_y)$ を成分とする波だけを考えると，式（3.5 b）の第 1 式と式（3.5 c）の第 2 式から

$$\varepsilon_0 \frac{\partial E_x}{\partial t} = -\frac{\partial H_y}{\partial z}, \quad \mu_0 \frac{\partial H_y}{\partial t} = -\frac{\partial E_x}{\partial z} \tag{3.7}$$

の関係が成り立ち，これから $E_x$ だけの式と $H_y$ だけの式を求めると

$$\frac{\partial^2 E_x}{\partial z^2} - \varepsilon_0 \mu_0 \frac{\partial^2 E_x}{\partial t^2} = 0 \tag{3.8 a}$$

$$\frac{\partial^2 H_y}{\partial z^2} - \varepsilon_0 \mu_0 \frac{\partial^2 H_y}{\partial t^2} = 0 \tag{3.8 b}$$

これらの式は，式（3.2），（3.3）で $\partial/\partial x = \partial/\partial y = 0$ と置けば，直接にでてくる．

式（3.8 a）の一般解は，付録の式（V.5）により

$$E_x = f(z - ct) + g(z + ct) \tag{3.9}$$

で与えられる．ただし，$f(\tau)$，$g(\tau)$ は $\tau$ の任意の関数であり，$c$ は次式で与えられる実数である．

$$c \triangleq 1/\sqrt{\varepsilon_0 \mu_0} \tag{3.10}$$

式（3.9）が解であることは式（3.8 a）に直接代入してもすぐわかる．

まず $g(\tau) \equiv 0$ の場合を考え，このとき $E_x$ を $E_x^+$ と書くと

$$E_x^+(z,\ t) \triangleq f(z-ct) \tag{3.11}$$

この式で $t=0$, $z=0$ のときと $t=t_1$, $z=z_1$ のときを比べてみると

$$E_x^+(0,\ 0)=f(0),\quad E_x^+(z_1,\ t_1)=f(z_1-ct_1)$$

となり，もし $z_1-ct_1=0$ ならば $E_x^+(z_1,\ t_1)=E_x^+(0,\ 0)$ となる．このことは $z=0$ における $t=0$ のときの電界強度が，$z=z_1$ という地点で $t=t_1(=z_1/c)$ という時刻に再現されることを意味している（図 3.1）．一般に空間の 1 点に起きた物理的状態の変化が，ある時間遅れで他の点に再生され，この時間遅れが 2 点間の距離と，空間の物理的性質で決まるとき，この現象を**波動**（wave）という．そして波動を伝える空間は**媒質**（medium）と呼ばれる．それゆえ $E_x^+$ は $+z$ 方向に速度 $c$ で伝わる波動を表わしている．式（3.10）に $\varepsilon_0$, $\mu_0$ の値を代入すると

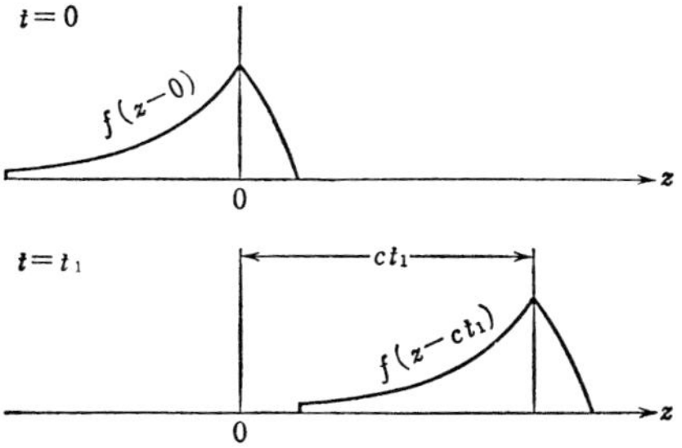

図 3.1 $+z$ 方向へ伝わる波動

$$c=\frac{1}{\sqrt{\varepsilon_0\mu_0}} \fallingdotseq 3\times10^8 \quad 〔\mathrm{m/s}〕 \tag{3.12}$$

この値は光が真空中を伝わる速度と一致する．積 $\varepsilon_0\mu_0$ は，静電磁気の測定から決定でき，光とは無関係に求まる定数である．電磁波と光が無関係であるならば，両者の伝搬速度が等しいということは偶然の一致と考えるより仕方がない．しかし，Maxwell はそのようには考えず，光が電磁波の一種であるから，このような一致が起こったのであると解釈した．この解釈は電磁波が光と同じ**横波**(1)（transverse wave）であり，光と同じ反射，屈折の法則に従うなどの事実により，現在では全面的に支持されている．

ここで磁界を考えよう．式（3.5c）から

$$-\mu_0\frac{\partial H_y}{\partial t}=\frac{\partial E_x}{\partial z} \tag{3.13}$$

（1） 進行方向に垂直に振動する波を横波と呼ぶ．$z$ 方向に進行する電磁波は $E_z=H_z=0$ であるから横波である．

が成り立ち，式 (3.11) を代入すると

$$H_y^+=\frac{1}{c\mu_0}f(z-ct)=\frac{E_x^+}{c\mu_0} \tag{3.14}$$

このことから，電界の波には，全く同形の磁界の波が付随し，両者は一体となって伝わることがわかる．それで電波のことを正式には**電磁波** (electromagneitc wave) という．式 (3.13) に現われた $c\mu_0(=\sqrt{\mu_0/\varepsilon_0})$ という量は，真空中を伝わる電磁波の電界と磁界の比をきめる大切な量で，インピーダンスの次元をもつので，**電波インピーダンス** (intrinsic impedance) といわれ，普通$Z_0$で表わされる．すなわち

$$Z_0\triangleq\sqrt{\frac{\mu_0}{\varepsilon_0}}=120\pi\fallingdotseq376.7 \quad [\Omega] \tag{3.15}$$

次に式 (3.9) の第2項

$$E_x^-=g(z+ct) \tag{3.16}$$

を考える．$E_x^+$ と比べると $E_x^-$ は $+z$ 方向に $-c$ の速度で伝わる波動つまり $-z$ 方向に $c$ の速度で伝わる波動を表わしている．これに付随する磁界は，式 (3.13) に式 (3.16) を代入して

$$H_y^-=-\frac{1}{c\mu_0}g(z+ct)=-\frac{E_x^-}{Z_0} \tag{3.17}$$

である．

($E_x^+$, $H_y^+$) を正方向**進行波** (travelling wave)，($E_x^-$, $H_y^-$) を負方向進行波といい，いずれの進行波に対しても電界振幅と磁界振幅の比は $Z_0$ に等しく，電界，磁界および進行方向は，互いに直交し，右手直角座標系をなしている (図 3.2)．

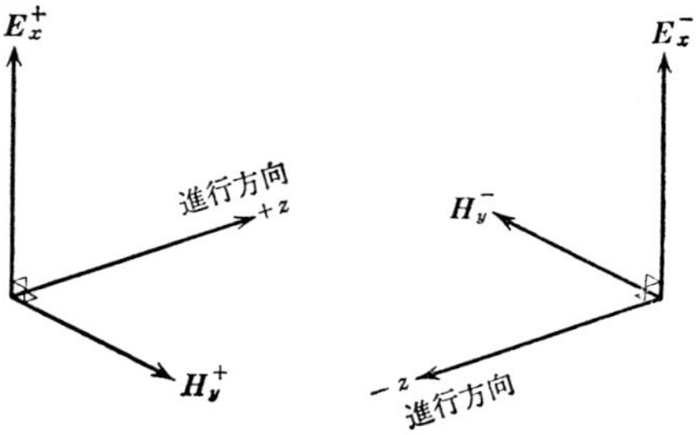

**図 3.2 電界，磁界および進行方向の関係**

## 3.2 正弦電磁波

物理や工学で最も重要な電磁波は，時間的に正弦波状に変化するものである．これは通信に使う電波や自然光が正弦波にきわめて近いというだけでなく，Fourier 解析を使うと正弦波以外の複雑な波が，すべていろいろな周波数の正弦波の和で表わせるからで，このことは回路網理論において交流理論が重要な役割を果しているのと全く同じである．正弦波を扱う場合には交流理論と同じように複素数表示をするのが便利である．たとえば角周波数(2) $\omega$ で変化する電界ベクトル場を

$$\boldsymbol{E}(\boldsymbol{r},\ t)=\boldsymbol{E}(\boldsymbol{r})e^{j\omega t} \tag{3.18}$$

のように表わす．ここで $\boldsymbol{E}(\boldsymbol{r})$ は一般に複素数で，空間だけの関数である．もちろん，実際の電界ベクトルは式 (3.18) の実数分 $\mathrm{Re}[\boldsymbol{E}(\boldsymbol{r})e^{j\omega t}]$ で与えられることは，交流理論の場合と同じである．特に混乱が起こらない場合には $\boldsymbol{E}(\boldsymbol{r},\ t)$ も $\boldsymbol{E}(\boldsymbol{r})$ も共に $\boldsymbol{E}$ と書くことにする．

式 (3.18) のような複素表示に対しては

$$\frac{\partial}{\partial t} \rightarrow j\omega \tag{3.19}$$

と置くことができるから，式 (3.2) は

$$\nabla^2\boldsymbol{E}+k^2\boldsymbol{E}=0,\quad k\triangleq\omega\sqrt{\mu_0\varepsilon_0}=\frac{\omega}{c} \tag{3.20}$$

となる．式 (3.20) の形の式を **Helmholtz の方程式**という．

式 (3.8 a) は

$$\frac{d^2E_x(z)}{dz^2}+k^2E_x(z)=0 \tag{3.21}$$

となり，一般解は

$$E_x(z)=E_{0x}^{+}e^{-jkz}+E_{0x}^{-}e^{+jkz} \tag{3.22}$$

ただし，$E_{0x}^{+}$，$E_{0x}^{-}$ は定数である．これから

---

(2) 今後は角周波数のことを単に周波数ともいうことにする．

$$E_x(z,\ t)=E_{0x}^{+}e^{j(\omega t-kz)}+E_{0x}^{-}e^{j(\omega t+kz)} \tag{3.23}$$

となり，式（3.22）の第1項は正方向進行波成分に，第2項は負方向進行波成分に対応することがわかる．正方向進行波成分の実数分をとると

$$E_x=\mathrm{Re}[E_{0x}^{+}e^{j(\omega t-kz)}]=|E_{0x}^{+}|\cos(\omega t-kz+\varphi_x) \tag{3.24}$$

ただし $|E_{0x}^{+}|$ と $\varphi_x$ はそれぞれ，複素数 $E_{0x}^{+}$ の絶対値および位相角である．式（3.24）の電界をある二つの時刻について画くと図3.3のようになり，確かに正弦波状の進行波になっている．相隣る山の間隔を波長（wave length）といい，$\lambda$ で表わす．$z_1$ から $z_2$ に移ると cos の位相は $2\pi$〔rad〕だけ増加するから

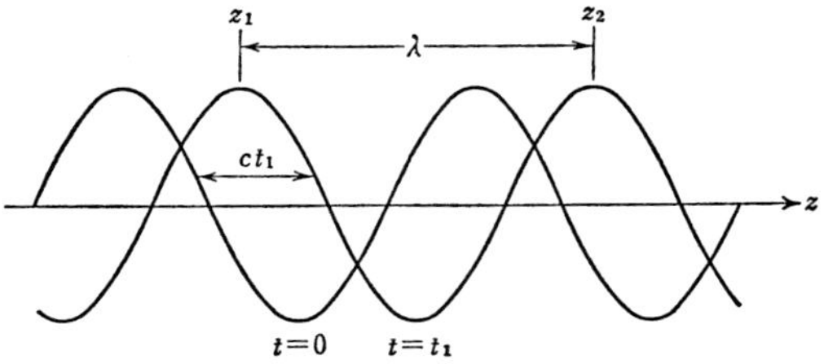

図 3.3　正弦進行波

$$k(z_2-z_1)=k\lambda=2\pi$$

これから有名な

$$\lambda=2\pi/k=c/f \quad \text{あるいは} \quad \lambda f=c \tag{3.25}$$

の関係が求まる．

式（3.24）の電界に対応して

$$H_y=\frac{|E_{0x}^{+}|}{Z_0}\cos(\omega t-kz+\varphi_x) \tag{3.26}$$

なる磁界が存在し，両者は互いに直交している．それゆえ，正弦電磁波は図3.4のように伝わってゆく．

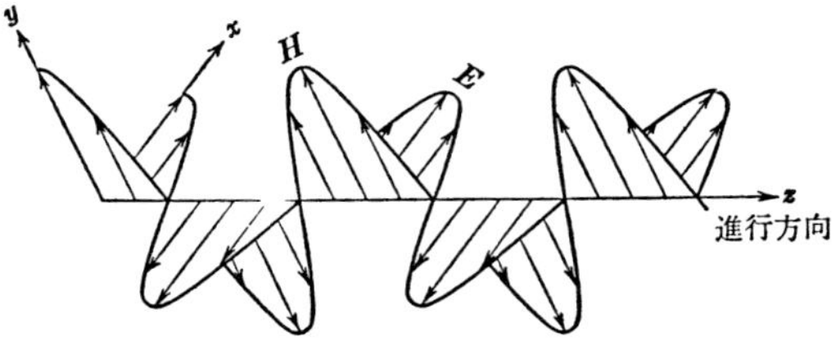

図 3.4　電界，磁界，進行方向の関係

Maxwell の方程式は周波数（波長）に関係なく成り立ち，あらゆる周波数の電磁波の存在を予

言している．現在までに知られている電磁波のスペクトルは波長の長い電波 ($f<10^4$Hz, $\lambda>3\times10^4$m) から宇宙線中の高エネルギー $\gamma$ 線（$f>10^{24}$Hz, $\lambda<3\times10^{-16}$m) に及んでおり，その間には放送用電波，マイクロ波，熱線，可視光線，X線などが含まれる．そしてこれらは図3.5のようにすべて電磁波のあるスペクトル部分にすぎないのである．

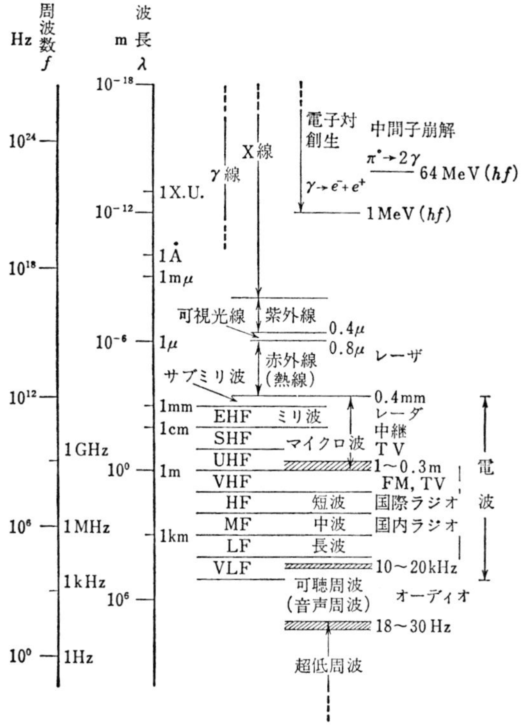


図 3.5　電磁波のスペクトル

## 3.3　偏　　波

前節では電界ベクトルが常に一定の直線（$x$ 軸）に平行な電波を考えた．このような電波を**直線偏波** (linearly polarized wave) といい，電界の方向と進行方向の作る平面を**偏波面**（plane of polarization）という[3].

つぎに電界の $y$ 成分も零でない場合を考えると，$y$ 成分も $x$ 成分と同じに波動方程式の解であるから正方向進行波成分は式（3.24）と同様に

$$E_y=\mathrm{Re}[E_{0y}^{+}e^{j(\omega t-kz)}]=|E_{0y}^{+}|\cos(\omega t-kz+\varphi_y) \tag{3.27}$$

となる．したがって角周波数 $\omega$ の平面電波の電界ベクトルは一般に

$$\begin{aligned}\boldsymbol{E}=&\boldsymbol{a}_x|E_{0x}^{+}|\cos(\omega t-kz+\varphi_x)\\&+\boldsymbol{a}_y|E_{0y}^{+}|\cos(\omega t-kz+\varphi_y)\end{aligned} \tag{3.28}$$

となる．ただし $\boldsymbol{a}_x$，$\boldsymbol{a}_y$ はそれぞれ $x$，$y$ 方向の単位ベクトルである．

簡単のために $|E_{0x}^{+}|=|E_{0y}^{+}|=|E_0|$ として $\varDelta\varphi\triangleq\varphi_x-\varphi_y$ が 0，$\pi/2$，$-\pi/2$ のときの $\boldsymbol{E}$ を画くと図3.6のようになり，$\varDelta\varphi=0$ のときは偏波面が 45° に傾いた直線偏波にすぎないが，$\varDelta\varphi=\pi/2$ のときは電界ベクトルは進行するにつれて右ねじの方向に円を画く．それでこのような電波を**円偏波**（circularly polarized wave）という．$\varDelta\varphi=-\pi/2$ のときも円偏波となるが，これは左ねじの方向に回る．両者を区別するため前者を右ねじまたは左回り円偏波，後者を左ねじまたは右回り円偏波と呼ぶ[4].

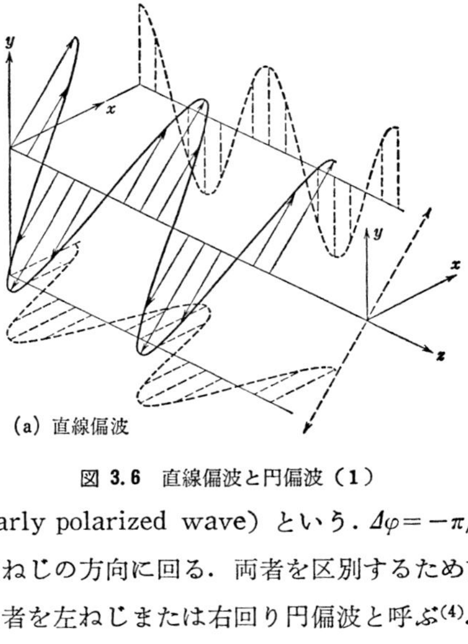


(a) 直線偏波

図 3.6　直線偏波と円偏波（1）

一般に $|E_{0x}^{+}|\neq|E_{0y}^{+}|$ であったり，$|\varDelta\varphi|\neq\pi/2$ であると電界ベクトルの軌跡は楕円を画くので，このときには**楕円偏波**（elliptically polarized wave）という．

なお図3.6の（b）と（c）を合成すると電界の $y$ 成分が打消し合って $x$ 成分のみが残る．このことから逆に**直線偏波は逆回りの二つの円偏波の和である**

（3） 光学ではこれと直角な面を偏波面と呼ぶことがある．

（4） $E_0=|E_0|e^{j\varphi}$ とすると $\mathrm{Re}[E_0(\boldsymbol{a}_x\pm j\boldsymbol{a}_y)e^{j(\omega t-kz)}]=\boldsymbol{a}_x|E_0|\cos(\omega t-kz+\varphi)\pm\boldsymbol{a}_y|E_0|\sin(\omega t-kz+\varphi)$ だから円偏波の複素表示は $E_0[\boldsymbol{a}_x\pm j\boldsymbol{a}_y]e^{j(\omega t-kz)}$ の形となる．

ことが理解できる．等方性媒質中では直線偏波を基本にとる方が便利であるが，異方性媒質中では円偏波を基本にとる方が便利である．

## 3.4　物質中の平面波

前節までは真空中の平面波について述べた．本節では物質中の平面波について考える．ここで扱う物質は等方，線形，一様なものでその媒質方程式は式(1.23)で与えられるものとする．式(1.23)から $\nabla\cdot\boldsymbol{J}_f=\sigma\nabla\cdot\boldsymbol{E}=(\sigma/\varepsilon)\nabla\cdot\boldsymbol{D}$．式(1.21a)を代入すると $\nabla\cdot\boldsymbol{J}_f=(\sigma/\varepsilon)\rho_f$．これを式(1.21e)に代入すると $\partial\rho_f/\partial t=-(\sigma/\varepsilon)\rho_f$．これから $\rho_f=\rho_0\exp(-\sigma/\varepsilon)t$ となって $\rho_f$ は指数関数的に減少してゆく．ゆえに外部から特別に電荷を注入しない限り，$\rho_f=0$ と考えてよい．

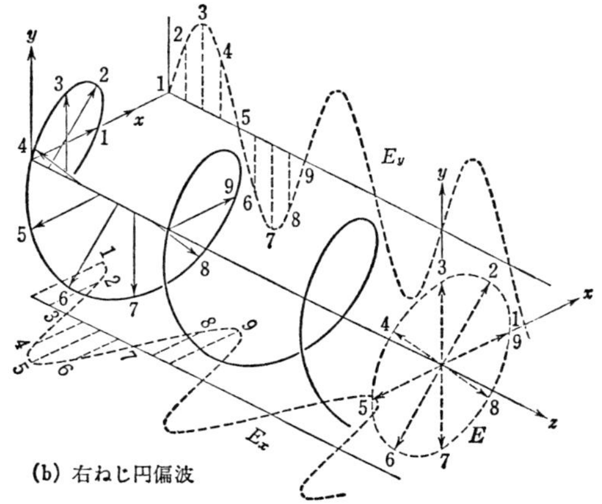

(b) 右ねじ円偏波

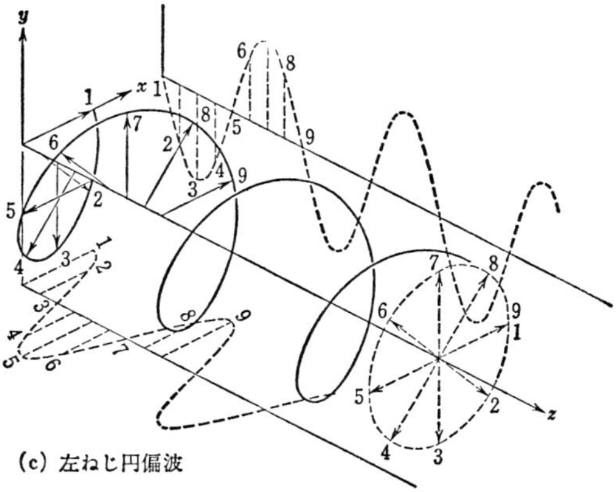

(c) 左ねじ円偏波

図 3.6　直線偏波と円偏波（2）

以下 3.2 節で述べたのと同じ理由で，正弦電磁波のみを考えると $\partial/\partial t\to j\omega$ としてよいから式(1.21)は

$$\begin{cases} \nabla \cdot \boldsymbol{E} = 0 \\ \nabla \times \boldsymbol{H} - (j\omega\varepsilon + \sigma)\boldsymbol{E} = 0 \\ \nabla \cdot \boldsymbol{H} = 0 \\ \nabla \times \boldsymbol{E} + j\omega\mu \boldsymbol{H} = 0 \end{cases} \tag{3.29}$$

となる．真空の場合には上式で $\varepsilon \to \varepsilon_0$，$\mu \to \mu_0$，$\sigma \to 0$ と置けばよいから

$$\begin{cases} \nabla \cdot \boldsymbol{E} = 0 \\ \nabla \times \boldsymbol{H} - j\omega\varepsilon_0 \boldsymbol{E} = 0 \\ \nabla \times \boldsymbol{E} + j\omega\mu_0 \boldsymbol{H} = 0 \\ \nabla \cdot \boldsymbol{H} = 0 \end{cases} \tag{3.30}$$

逆に真空に対する式（3.30）において

$$\begin{cases} \varepsilon_0 \to \varepsilon + \sigma/j\omega \\ \mu_0 \to \mu \end{cases} \tag{3.31}$$

の書換えをすれば物質に対する式（3.29）が得られる．ゆえに真空に対して得られた結果に式（3.31）の書換えをすれば物質に対する結果が求まる．

まず式（3.20）に対応して

$$\nabla^2 \boldsymbol{E} + k^2 \boldsymbol{E} = 0 \tag{3.32}$$

$$k = \omega\sqrt{\mu\varepsilon + \mu\sigma/j\omega}$$

$k$ は第4象限上の複素数になるので

$$k \triangleq \beta - j\alpha$$

と置くと $\alpha$，$\beta$ は次のようになる．

$$\begin{cases} \alpha = \omega\sqrt{\mu\varepsilon/2}\sqrt{\sqrt{1+(\sigma/\omega\varepsilon)^2} - 1} \\ \beta = \omega\sqrt{\mu\varepsilon/2}\sqrt{\sqrt{1+(\sigma/\omega\varepsilon)^2} + 1} \end{cases} \tag{3.33}$$

$+\boldsymbol{z}$ 方向に進行する平面電磁波の $x$ 成分は式（3.24）に対応して

$$\begin{aligned} E_x &= \mathrm{Re}[E_{0x}^{+} e^{j(\omega t - \beta z)} \cdot e^{-\alpha z}] \\ &= |E_{0x}^{+}| e^{-\alpha z} \cos(\omega t - \beta \boldsymbol{z} + \varphi_x) \end{aligned} \tag{3.34}$$

となる．式（3.24）との違いは，進行波の振幅が一定でなく $\exp(-\alpha \boldsymbol{z})$ に比例して減衰してゆくことと，速度や波長を決める定数が，$k$ ではなく $\beta$ となったことである．そこで $\alpha$ を**減衰定数**（attenuation constant），$\beta$ を**位相定数**

(phase constant), $k=\beta-j\alpha$ を**伝搬定数** (propagation constant) と呼ぶ. 進行波の波長は式 (3.25) の代りに

$$\lambda=2\pi/\beta \tag{3.35}$$

で, 波の進行速度は

$$u=\omega/\beta \tag{3.36}$$

で与えられる. $\beta z$ は三角関数の位相角でラジアン〔radian〕で測られるから, $\beta$ の単位は rad/m である. 式 (3.35) の $\lambda$ は無限に広い一様な誘電体中の波長であるから, **自由空間波長** (free space wavelength) と呼ぶことがある. 電波の振幅が $\exp(-\alpha z)$ に比例して減衰するのは, 電界 $E_x$ が $J_x=\sigma E_x$ なる電流を流すとき, 電波エネルギーの一部が熱エネルギーに変換してゆくためである. 振幅が $1:\exp(-\alpha z)$ に減衰することを $\alpha z$ ネーパ〔neper〕の減衰というので $\alpha$ の単位は nep/m である. この $\alpha$ の逆数を $\delta(\triangleq 1/\alpha)$ と書くと, $\alpha\delta=1$ となることから, 電波が物質中を距離 $\delta$ だけ進むと 1 nep の減衰を受けることになる. $\delta$ の 3 倍も進むと電波の振幅は約 1/20 になるので, 真空中から物質へ電波が浸入するとき, どのくらい深く電波が浸入してゆくかを表わすのに $\delta$ を用いる. この意味で $\delta$ のことを電磁波の**浸入の深さ** (depth of penetration), あるいは**表皮の厚さ** (skin depth) などという.

物質の電波インピーダンスは式 (3.15) に式 (3.31) の書換えを行なって

$$Z_0=\sqrt{\frac{\mu}{\varepsilon-j\sigma/\omega}}\triangleq R_0+jX_0$$

$$R_0=\sqrt{\frac{\mu}{2\varepsilon}}\,\frac{\sqrt{\sqrt{1+(\sigma/\omega\varepsilon)^2}+1}}{\sqrt{1+(\sigma/\omega\varepsilon)^2}}$$

$$X_0=\sqrt{\frac{\mu}{2\varepsilon}}\,\frac{\sqrt{\sqrt{1+(\sigma/\omega\varepsilon)^2}-1}}{\sqrt{1+(\sigma/\omega\varepsilon)^2}} \tag{3.37}$$

となる. $Z_0$ の位相角は正であるから, 物質中の電磁波の電界と磁界は同相でなく, 一般に磁界の位相は電界の位相より遅れている.

$\alpha$, $\beta$, $R_0$, $X_0$ の式は複雑であるが, 実際上重要な誘電体と導体に対しては次のように簡単な近似式が成り立つ.

**( i ) 誘電体の場合** 式 (1.21b) を見ると磁界の源となる電流は $\boldsymbol{J}_f+\partial\boldsymbol{D}/$

$\partial t$ である．$\boldsymbol{J}_f(=\sigma\boldsymbol{E})$ は物質の自由電荷の運動による電流であって，伝導電流 (conduction current) と呼ばれ，$\partial\boldsymbol{D}/\partial t(=\varepsilon_0\partial\boldsymbol{E}/\partial t+\partial\boldsymbol{P}/\partial t=j\omega\varepsilon\boldsymbol{E})$ は真空の変位電流 $\varepsilon_0\partial\boldsymbol{E}/\partial t$ と物質の束縛電子の運動による**分極電流** (polarization current) $\partial\boldsymbol{P}/\partial t$ の和で，媒質の変位電流と呼ばれる．誘電体においては通常，変位電流に比べて伝導電流が非常に小さく，$(\sigma/\omega\varepsilon)^2\ll1$ であるから式 (3.33), (3.37) は

$$\begin{cases}\alpha\fallingdotseq(\sigma/2)\sqrt{\mu/\varepsilon}\\ \beta\fallingdotseq\omega\sqrt{\mu\varepsilon}\end{cases}\tag{3.38}$$

$$\begin{cases}R_0\fallingdotseq\sqrt{\mu/\varepsilon}\\ X_0\fallingdotseq\dfrac{\sigma}{2\omega\varepsilon}\sqrt{\dfrac{\mu}{\varepsilon}}\end{cases}\tag{3.39}$$

と近似できる．したがって波の速度は

$$u=\frac{1}{\sqrt{\varepsilon\mu}}=\frac{c}{\sqrt{K_eK_m}}\tag{3.40}$$

となる．ただし $K_e$, $K_m$ は比誘電率と比透磁率である．真空中の光速度と物質中の光速度の比を**屈折率** (refractive index) といい，これを $\boldsymbol{n}$ で表わすと式 (3.40) から

$$n=\sqrt{K_eK_m}\tag{3.41}$$

の関係が求まる．ただし $K_e$, $K_m$ は周波数により変わるので，屈折率も周波数により変わる．普通の誘電体では $\mu\fallingdotseq\mu_0$ であるから

$$Z_0\fallingdotseq\sqrt{\mu_0/\varepsilon}=120\pi/\sqrt{K_e}\tag{3.42}$$

としてよい．

**(ii)　導体の場合**　導体においては変位電流に比べて伝導電流がはるかに大きく，$(\sigma/\omega\varepsilon)^2\gg1$ であるから，式 (3.33), (3.37) は

$$\alpha\fallingdotseq\beta\fallingdotseq\sqrt{\omega\mu\sigma/2}\tag{3.43}$$

$$R_0\fallingdotseq X_0\fallingdotseq\sqrt{\frac{\omega\mu}{2\sigma}}\tag{3.44}$$

と近似できる．$Z_0$ の位相角は $\pi/4$〔rad〕となるから，導体中では電界の位相角は磁界より $\pi/4$〔rad〕だけ進んでいる．これは導体中では磁界を作る電流が変

位電流ではなく，伝導電流であるためである．$Z_0$ の大きさは $\sqrt{\omega\mu/\sigma}$ で一般に真空中の電波インピーダンスよりはるかに小さい．たとえば物質を銅とし，周波数を 1MHz とすると $E/H \fallingdotseq 10^{-3}$ となり，これは真空中の $E/H \fallingdotseq 377$ に比べて非常に小さい．また導体中では $\alpha \fallingdotseq \beta$ であるために $\lambda = 2\pi/\beta = 2\pi/\alpha = 2\pi\delta$ となり，電波は1波長ごとに $2\pi$〔nep〕だけ減衰する．$\exp(-2\pi) \fallingdotseq 2\times10^{-3}$ であるから，これはかなり大きな減衰で，その様子は図 3.7 に示すとおりである．

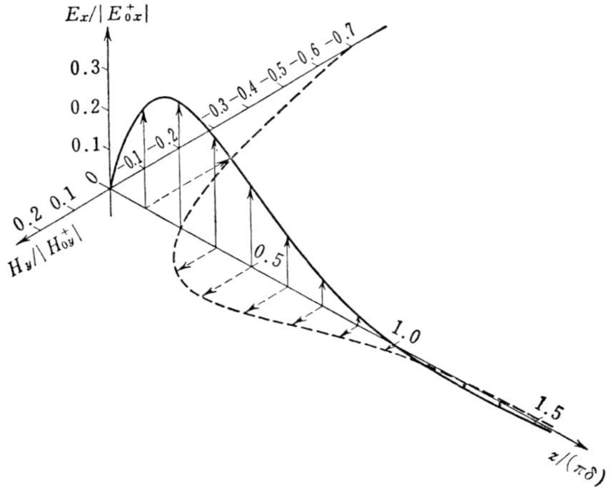


図 3.7 導体中の電磁波

もう一つ興味深い点は，導体中の電波の速度で，これは $u = \omega/\beta = (2\omega/\mu\sigma)^{1/2}$

表 3.1 導体の表皮の深さ $\delta$

| 導体 | $K_e$ | $K_m$ | $\sigma$(℧/m) | $\sigma/\varepsilon$ | $\delta f^{1/2}$ | $\delta$ 60 Hz | 1kHz | 1 MHz | 3 GHz |
|---|---|---|---|---|---|---|---|---|---|
| Al | ~1 | 1 | $3.5\times10^7$ | $4\times10^{18}$ | 0.085 | 1.1cm | 2.7mm | 0.085mm | 1.6 μ |
| Cu | ~1 | 1 | $5.8\times10^7$ | $7\times10^{18}$ | 0.066 | 0.85cm | 2.1mm | 0.066mm | 1.2 μ |
| 珪素鋼 | ~1 | ~200 | $1.0\times10^7$ | $1\times10^{18}$ | 0.011 | 0.14cm | 0.35mm | 0.011mm | 0.2 μ |
| 乾　土 | ~4 | 1 | $\sim10^{-5}$ | $3\times10^5$ | $2\times10^5$ | $2\times10^4$m | $5\times10^3$m | × | × |
| 湿　土 | ~10 | 1 | $\sim10^{-3}$ | $1\times10^7$ | $2\times10^4$ | $2\times10^3$m | $5\times10^2$m | 20m | × |
| 淡　水 | ~80 | 1 | $\sim10^{-3}$ | $1\times10^6$ | $2\times10^4$ | $2\times10^3$m | $5\times10^2$m | 20m | × |
| 海　水 | ~80 | 1 | ~4 | $6\times10^8$ | $3\times10^2$ | 30m | 8m | 0.3m | × |

金属の $K_e$ は正確に測定できないが 1 ~10 の程度と推定されている．
×（$\sigma/\varepsilon$）の値から，この周波数では誘電体的である．

で与えられ，周波数の平方根に比例して大きく変化するだけでなく，真空中の光速に比べて非常に遅くなっている．たとえば銅の中で，1 MHz の電波の速度は約 500 m/s であり，このときの波長は 0.5 mm，浸入の深さは 0.066 mm である．

$\sigma/\omega\varepsilon=1$ となる周波数（$\omega=\sigma/\varepsilon$）は物質にとって大切な値で，この周波数より高い周波数では，物質は誘電体と考えてよく，低い周波数では導体と考えてよい．表 3.1 に代表的な導体に対する各種の数値を示す．

# 第 4 章

# 電磁エネルギー

## 4.1 電磁エネルギー密度

図 4.1 に示すような波長に比べてきわめて小さいコンデンサを充電する問題を考えよう．コンデンサ板の一辺を $l$ ($\ll\lambda$)，間隔を $d$ ($\ll\lambda$, $l$) とし，板間の誘電体の誘電率を $\varepsilon$ とする．時刻 $t$ における充電電圧，電流を $v, i$ とし，板間の電界，電束密度を $E, D$ とすると

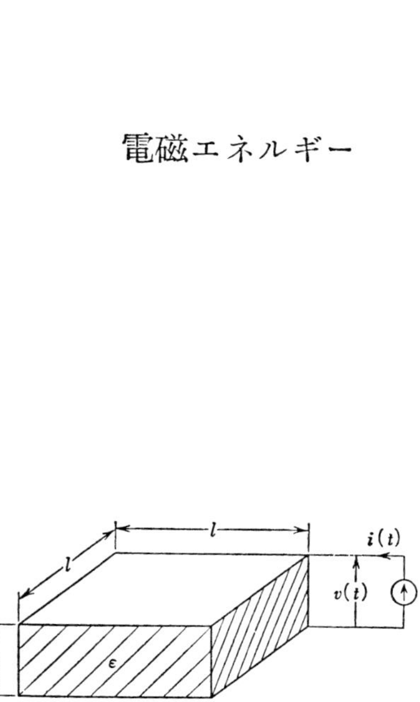


図 4.1 電界エネルギーの蓄積

$$v = Ed,\quad i = \partial(Dl^2)/\partial t$$

の関係がある．ゆえにコンデンサに蓄えられている電気エネルギーを $w_e$ とすれば

$$\frac{\partial w_e}{\partial t} = v \cdot i = (l^2 d) E \partial D/\partial t$$

$(l^2 d)$ は誘電体の体積であるから，誘電体の単位体積当りの電気エネルギーを

$W_e$ と書くと

$$\frac{\partial W_e}{\partial t}=E\cdot\frac{\partial D}{\partial t} \tag{4.1}$$

の関係が求まる．

コンデンサの代りにソレノイドを用いて同様の思考実験を行なうと，媒質に蓄えられる磁気エネルギーの密度 $W_m$ と磁界の間に

$$\frac{\partial W_m}{\partial t}=H\cdot\frac{\partial B}{\partial t} \tag{4.2}$$

の関係があることがわかる．

$\varepsilon$ が周波数に無関係ならば式 (4.1) から

$$\int_0^t \frac{\partial W_e}{\partial t'}dt'=\varepsilon\int_0^t \boldsymbol{E}\cdot\frac{\partial \boldsymbol{E}}{\partial t'}\cdot dt'$$

となり，$t'=0$ で $\boldsymbol{E}=0$, $W_e=0$ と仮定すれば任意の時刻 $t$ で

$$W_e=\frac{\varepsilon}{2}|\boldsymbol{E}(t)|^2 \tag{4.3}$$

というよく知られた関係が求まる．磁気エネルギー密度についても同様に，$\mu$ が周波数に無関係ならば

$$W_m=\frac{\mu}{2}|\boldsymbol{H}(t)|^2 \tag{4.4}$$

となる．式 (4.3) と式 (4.4) の関係は $\varepsilon$, $\mu$ が周波数に無関係に一定であるような媒質に対してのみ成り立つことは注意すべきである．真空以外の媒質は必ず $\varepsilon$, $\mu$ が周波数の関数となるので式 (4.3), (4.4) の関係は厳密には成り立たない．しかし $\varepsilon$, $\mu$ が近似的に一定であるような周波数帯のみに限れば近似的に正しい関係であるといえる．$\varepsilon$, $\mu$ が周波数の関数となる媒質で式(4.3), (4.4) がどのように修正されるかは後に述べる．

## 4.2 電磁エネルギーの流れ

式 (1.21 b) に $-\boldsymbol{E}$ をスカラ乗積し，式 (1.21 d) に $\boldsymbol{H}$をスカラ積乗したものに加えると

$$\boldsymbol{H}\cdot(\nabla\times\boldsymbol{E})-\boldsymbol{E}\cdot(\nabla\times\boldsymbol{H})+\left(\boldsymbol{E}\cdot\frac{\partial\boldsymbol{D}}{\partial t}+\boldsymbol{H}\cdot\frac{\partial\boldsymbol{B}}{\partial t}\right)=-\boldsymbol{E}\cdot\boldsymbol{J}_f$$

となるが，付録の恒等式（I.10）と式（4.1），（4.2）を考慮すると

$$\nabla\cdot(\boldsymbol{E}\times\boldsymbol{H})+\frac{\partial}{\partial t}(W_e+W_m)=-\boldsymbol{E}\cdot\boldsymbol{J}_f \tag{4.5}$$

となる．この式を任意の体積 $V$ にわたって積分すると，〔付録の式（I.11）を用いて〕次式をうる．

$$-\frac{\partial}{\partial t}\int_V(W_e+W_m)dV=\int_V\boldsymbol{E}\cdot\boldsymbol{J}_f dV+\int_a(\boldsymbol{E}\times\boldsymbol{H})\cdot d\boldsymbol{a} \tag{4.6}$$

この式の左辺は，体積 $V$ に蓄えられている電磁エネルギーの単位時間当りの減少量を表わしている．右辺の第1項は，体積 $V$ 内で発生する単位時間当りのジュール熱エネルギーであり，電磁エネルギーが熱エネルギーに変換して失われることを表わしている．エネルギー保存の法則に従えば，体積 $V$ 内の電磁エネルギーの減少量は，その体積内で他種のエネルギーに変換した量と，その体積の表面積を通して外部に流出した量との和に等しいはずである．したがって式（4.6）の右辺第2項は単位時間当り $V$ の外部に流出する電磁エネルギーを表わしているに違いない．このようにしてわれわれは次のような重要な結論をうる．任意の閉曲面上で

$$\boldsymbol{S}\triangleq\boldsymbol{E}\times\boldsymbol{H}\quad[\mathrm{W/m^2}] \tag{4.7}$$

なるベクトルの外向垂直成分を積分したものは，その閉曲面の内部から外部に向い流出する単位時間当りの電磁エネルギーを与える．更にこのことから $\boldsymbol{S}$ は $\boldsymbol{S}$ に垂直な単位面積当りの電力流を表わすものと解釈できる(1)．$\boldsymbol{S}$ を **Poynting** ベクトルといい，式（4.7）は回路理論における電力関係式 $P=vi$ に相当する重要な式である．

## 4.3 正弦波に対するエネルギー関係

正弦波を扱う場合にはエネルギーや電力の瞬時値より時間平均値の方が便利

（1） 一般的には $\nabla\cdot\boldsymbol{S}'=0$ なる任意のベクトル $\boldsymbol{S}'$ を $\boldsymbol{S}$ に加えて $\boldsymbol{E}\times\boldsymbol{H}+\boldsymbol{S}'$ を電力流と考えてよいわけであるが，このような一般化を必要とすることはほとんど起こらない．

である．したがってわれわれは以下に平均値を求めよう．まず電気エネルギー密度については

$$\boldsymbol{E}(t)=\mathrm{Re}[\boldsymbol{E}e^{j\omega t}]=\boldsymbol{E}_0\cos(\omega t+\varphi)$$

とすると式（4.3）は

$$W_e=\frac{\varepsilon}{2}E_0{}^2\cos^2(\omega t+\varphi)=\frac{\varepsilon}{4}E_0{}^2\{1+\cos2(\omega t+\varphi)\}$$

となるので，電気エネルギー密度の時間平均は

$$\overline{W_e}=\frac{\varepsilon}{4}E_0{}^2=\frac{\varepsilon}{4}\boldsymbol{E}\cdot\boldsymbol{E}^* \tag{4.8}$$

となる．ただし $\boldsymbol{E}^*$ は $\boldsymbol{E}$ の共役複素ベクトルである．同様に磁界エネルギーについては

$$\boldsymbol{H}(t)=\mathrm{Re}[\boldsymbol{H}e^{j\omega t}]=\boldsymbol{H}_0\cos(\omega t+\phi)$$

とすると，磁界エネルギー密度の時間平均は

$$\overline{W_m}=\frac{\mu}{4}H_0{}^2=\frac{\mu}{4}\boldsymbol{H}\cdot\boldsymbol{H}^* \tag{4.9}$$

となる．

次に Poynting ベクトルは

$$\boldsymbol{S}=\boldsymbol{E}(t)\times\boldsymbol{H}(t)=\boldsymbol{E}_0\times\boldsymbol{H}_0\cos(\omega t+\varphi)\ \cos(\omega t+\phi)$$
$$=\frac{1}{2}\boldsymbol{E}_0\times\boldsymbol{H}_0\{\cos(\varphi-\phi)+\cos(2\omega t+\varphi+\phi)\}$$

となるから，Poynting ベクトルの時間平均は

$$\overline{\boldsymbol{S}}=\frac{1}{2}\boldsymbol{E}_0\times\boldsymbol{H}_0\cos(\varphi-\phi)$$

で与えられる．ところで，$\boldsymbol{E}=\boldsymbol{E}_0e^{j\varphi}$，$\boldsymbol{H}^*=\boldsymbol{H}_0e^{-j\phi}$ であるから上式は

$$\overline{\boldsymbol{S}}=\frac{1}{2}\mathrm{Re}(\boldsymbol{E}\times\boldsymbol{H}^*) \tag{4.10}$$

とも書ける．

この結果を別の面からながめるために式（4.5）を得たと同様の手続を複素表示で行なえば

$$\boldsymbol{H}^*\cdot(\nabla\times\boldsymbol{E})-\boldsymbol{E}\cdot(\nabla\times\boldsymbol{H}^*)+(-j\omega\varepsilon\boldsymbol{E}\cdot\boldsymbol{E}^*+j\omega\mu\boldsymbol{H}\cdot\boldsymbol{H}^*)=-\boldsymbol{E}\cdot\boldsymbol{J}^*$$

より

$$\frac{1}{2}\int(\boldsymbol{E}\times\boldsymbol{H}^*)\cdot d\boldsymbol{a}=\frac{1}{2}\int\boldsymbol{E}\cdot\boldsymbol{J}^*dV+j2\omega\int\left(\frac{\mu\boldsymbol{H}\cdot\boldsymbol{H}^*}{4}-\frac{\varepsilon\boldsymbol{E}\cdot\boldsymbol{E}^*}{4}\right)dV \tag{4.11}$$

となる．ただし，上式の $d\boldsymbol{a}$ は体積の内部に向かうものとする．したがって

$$\frac{1}{2}\mathrm{Re}\int(\boldsymbol{E}\times\boldsymbol{H}^*)\cdot d\boldsymbol{a}=\text{平均消費電力}=\text{有効電力}$$

$$\frac{1}{2}\mathrm{Im}\int(\boldsymbol{E}\times\boldsymbol{H}^*)d\boldsymbol{a}=2\omega(\text{平均磁気エネルギー}-\text{平均電気エネルギー})$$
$$=\text{無効電力}$$

したがって $1/2\int(\boldsymbol{E}\times\boldsymbol{H}^*)\cdot d\boldsymbol{a}$ は，交流理論における複素電力と同じものである．$1/2\,\boldsymbol{E}\times\boldsymbol{H}^*$ は複素 **Poynting** ベクトルといい，複素電力密度を与えるものと考えられる．

## 4.4 平面波のエネルギー関係

第2章で述べたように，平面波の電界，磁界，進行方向は互いに垂直で，右手直角座標系の $x$，$y$，$z$ 軸と同じ関係にあり，電界と磁界の比は媒質の電波インピーダンスに等しい．進行方向を $z$ 軸として，このことを式に書くと

$$\begin{cases}\boldsymbol{a}_z\times\boldsymbol{E}=Z_0\boldsymbol{H}\\ \boldsymbol{H}\times\boldsymbol{a}_z=\boldsymbol{E}/Z_0\end{cases} \tag{4.12}$$

となる．簡単のため媒質は無損失，非分散性とすると，$Z_0=\sqrt{\mu/\varepsilon}$ は実定数となり，Poynting ベクトルは

$$\boldsymbol{S}=\boldsymbol{E}\times\boldsymbol{H}=\frac{\boldsymbol{a}_z}{Z_0}E^2=\boldsymbol{a}_zZ_0H^2 \tag{4.13}$$

図 10.3 受 信
(p. 51～p. 249)

したがって平面電磁波の電力は電界あるいは磁界の2乗に比例し，波の進行方向に運ばれる．電界と磁界のエネルギー密度は式 (4.8)，(4.9) で与えられるが，式 (4.12) の関係があるために $(1/2)\mu H^2=(1/2)(\mu/Z_0{}^2)E^2=(1/2)\varepsilon E^2$ となって，両者は相等しい．それゆえ，この場合，平面波のエネルギー密度は $W_e+W_m=\varepsilon E^2$ となり，式 (4.13) は

$$S = a_z u(W_e + W_m) \tag{4.14}$$

となる．この式は平面波の電磁エネルギーが $u$ なる速度で移動していることを示している．

## 4.5 無損失分散性媒質中の電磁エネルギー

誘電体の電磁エネルギー密度と電界の関係は式（4.1）

$$\frac{\partial W_e}{\partial t} = \boldsymbol{E}\cdot\frac{\partial \boldsymbol{D}}{\partial t} \tag{4.15}$$

で与えられるが，分散性媒質では周波数により誘電率が変わるために $\partial \boldsymbol{D}/\partial t = \varepsilon\partial \boldsymbol{E}/\partial t$ と置くことができず，式（4.3）や式（4.4）は成り立たない．

したがって一般の時間変化電界に対する電気エネルギー密度は求めにくいので，以下正弦波電界のエネルギー密度を求めよう．それには

$$\boldsymbol{E}(t) = \boldsymbol{E}_0 \cos\Omega t \cos\omega t \tag{4.16}$$

という電界を考え，$\Omega \ll \omega$ とすると，これは図 4.2 のような唸り波形である．$t = -\pi/(2\Omega)$ の近くでは電界振幅が非常に小さいから，電界エネルギーも 0 と考えてよい．そこで式（4.16）の電界に対して

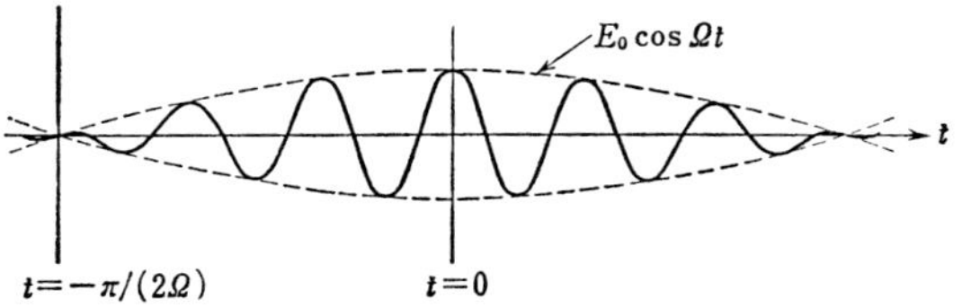

図 4.2　$E_0 \cos\Omega t \cos\omega t$

$$W_e = \int_{-\pi/2\Omega}^{t} \boldsymbol{E}\cdot\frac{\partial \boldsymbol{D}}{\partial t}\,dt \tag{4.17}$$

を計算すると，時刻 $t$ におけるエネルギー密度が求まる．次に $\Omega \to 0$ とすれば，正弦波電界に対するエネルギー密度が求まる．式（4.16）を書き直すと

$$\boldsymbol{E}(t) = \frac{\boldsymbol{E}_0}{2}\{\cos(\omega+\Omega)t + \cos(\omega-\Omega)t\} \tag{4.18}$$

電界が $\cos\omega t$ のとき電束密度は $\varepsilon(\omega)\cos\omega t$ であるから，式（4.18）に対する電束密度は

$$\boldsymbol{D}(t)=\frac{\boldsymbol{E}_0}{2}\{\varepsilon(\omega+\Omega)\cos(\omega+\Omega)t+\varepsilon(\omega-\Omega)\cos(\omega-\Omega)t\} \quad (4.19)$$

したがって

$$\frac{\partial \boldsymbol{D}}{\partial t}=-\frac{\boldsymbol{E}_0}{2}\{(\omega+\Omega)\varepsilon(\omega+\Omega)\sin(\omega+\Omega)t$$
$$+(\omega-\Omega)\varepsilon(\omega-\Omega)\sin(\omega-\Omega)t\} \quad (4.20)$$

$\Omega\ll\omega$ であるから

$$(\omega\pm\Omega)\varepsilon(\omega\pm\Omega)\fallingdotseq\omega\varepsilon\pm\frac{\partial\omega\varepsilon}{\partial\omega}\Omega \quad (4.21)$$

と書け，式 (4.20) は

$$\frac{\partial \boldsymbol{D}}{\partial t}=-\boldsymbol{E}_0\left\{\omega\varepsilon\cos\Omega t\sin\omega t+\Omega\frac{\partial(\omega\varepsilon)}{\partial\omega}\sin\Omega t\cos\omega t\right\} \quad (4.22)$$

となる．したがって

$$\int_{-\pi/2\Omega}^{t}\boldsymbol{E}\cdot\frac{\partial \boldsymbol{D}}{\partial t}dt=-\boldsymbol{E}_0{}^2\omega\varepsilon\int_{-\pi/2\Omega}^{t}\cos^2\Omega t\cos\omega t\sin\omega t\,dt$$
$$-\Omega\boldsymbol{E}_0{}^2\frac{\partial(\omega\varepsilon)}{\partial\omega}\int_{-\pi/2\Omega}^{t}\cos\Omega t\sin\Omega t\cos^2\omega t\,dt \quad (4.23)$$

ゆえに上式で $\Omega\to 0$ とすれば $\boldsymbol{E}=\boldsymbol{E}_0\cos\omega t$ に対する電気エネルギー密度は次式で与えられる．

$$W_e=\frac{\varepsilon}{4}\boldsymbol{E}_0{}^2\cos(2\omega t)+\frac{1}{4}\frac{\partial(\omega\varepsilon)}{\partial\omega}\boldsymbol{E}_0{}^2 \quad (4.24)$$

$\varepsilon$ が $\omega$ に無関係なら $\partial(\omega\varepsilon)/\partial\omega=\varepsilon$ であるから

$$W_e=\frac{\varepsilon}{4}\boldsymbol{E}_0{}^2[\cos(2\omega t)+1]=\frac{\varepsilon}{2}\boldsymbol{E}_0{}^2\cos^2\omega t=\frac{1}{2}\varepsilon\boldsymbol{E}^2 \quad (4.25)$$

で式 (4.3) と一致するが，一般には式 (4.24) は式 (4.25) と違う．式 (4.24) の第1項の時間平均は 0 であるから，分散性媒質中の電気エネルギー密度の平均値は

$$\overline{W_e}=\frac{1}{4}\frac{\partial(\omega\varepsilon)}{\partial\omega}|\boldsymbol{E}_0|^2 \quad (4.26)$$

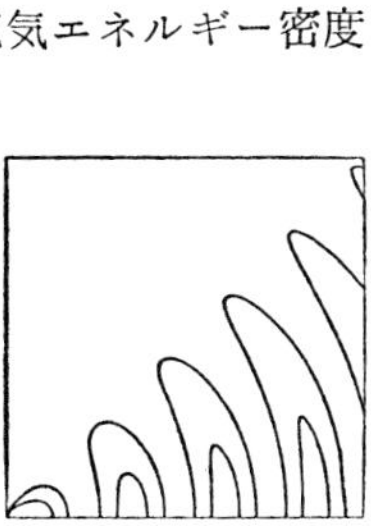

となり，式 (4.8) の $\varepsilon$ の代りに $\partial(\omega\varepsilon)/\partial\omega$ を代入したもので与えられる．

同様に $\boldsymbol{H}=\boldsymbol{H}_0\cos\omega t$ に対する無損失分散性磁性体の磁

気エネルギー密度は

$$W_m=\frac{\mu}{4}\boldsymbol{H}_0^2\cos(2\omega t)+\frac{1}{4}\frac{\partial(\omega\mu)}{\partial\omega}\boldsymbol{H}_0^2 \qquad (4.27)$$

で与えられ，時間平均値は

$$\overline{W_m}=\frac{1}{4}\ \frac{\partial(\omega\mu)}{\partial\omega}|\boldsymbol{H}_0|^2 \qquad (4.28)$$

となる．損失がある場合は式 (4.17) の $W_e$ は熱に変換される部分を含むので，この方法では蓄積エネルギーは計算できない．

なお，式 (4.24)，(4.26) は蓄積エネルギーを表わし負になり得ないから，物理的に可能な無損失誘電体に対しては

$$\frac{\partial(\omega\varepsilon)}{\partial\omega}\geqslant 0,\quad \frac{\partial(\omega\varepsilon)}{\partial\omega}\geqslant|\varepsilon| \qquad (4.29)$$

等の関係が成り立つ必要がある．このことは $\omega\varepsilon$ が図 4.1 の 2 端子のリアクタンスであることからも証明できる．一般に損失のある誘電体の場合には $j\omega\varepsilon$ が正実関数の性質をもつことが必要である．

以上は巨視的な考察であるが，微視的考察をすれば損失のある場合でも電気エネルギー密度が求まる．例として電子分極のときを考えよう．式 (2.8) にしたがって運動をしている電子の運動エネルギーは $\frac{1}{2}m\left(\frac{ds}{dt}\right)^2$，位置エネルギーは $\frac{1}{2}m\omega_0^2s^2$ である．ゆえに電子のエネルギーの時間平均は

$$\frac{m}{2}\left\{\overline{\left|\frac{ds}{dt}\right|^2}+\omega_0^2\overline{|s|^2}\right\}=\frac{1}{4}\ \frac{(\omega_0^2+\omega^2)}{(\omega_0^2-\omega^2)^2+(g\omega)^2}\ \frac{e^2}{m}|\boldsymbol{E}_l|^2 \qquad (4.30)$$

誘電体の単位体積の電気エネルギーは真空の電気エネルギーと電子のエネルギーの和であるから

$$\overline{W_e}=\frac{\varepsilon_0}{4}|\boldsymbol{E}|^2+\frac{1}{4}\ \frac{\omega_0^2+\omega^2}{(\omega_0^2-\omega^2)^2+(g\omega)^2}\ \frac{Ne^2}{m}|\boldsymbol{E}_l|^2 \qquad (4.31)$$

簡単のため，電子密度は小さいとして $\boldsymbol{E}_l=\boldsymbol{E}_0$ と置き，無損失 $g=0$ のときを考えれば $\varepsilon=\varepsilon_0+\dfrac{Ne^2/m}{\omega_0^2-\omega^2}$ であるから，式 (4.31) が式 (4.26) と一致することはすぐわかる．

## 4.6 群　　速　　度

正弦進行波

$$\boldsymbol{E}=\boldsymbol{E}_0\cos(\omega t-\beta z) \tag{4.32}$$

の位相速度 $v_p$ は $\omega$ と $\beta$ により

$$v_p=\frac{\omega}{\beta} \tag{4.33}$$

と表わされることはすでに述べた．$v_p$ は波の山や谷つまり位相の進む速度であるが，一般にエネルギーの進む速度とはいえない．その理由は非分散性媒質中では電界エネルギーが式（4.25）で与えられ，図 4.3（a）のように電界の0の所で $W_e=0$ となるから，ハッチした部分のエネルギーは確かに位相速度と同じ速度であるが，分散性媒質では $W_e$ が式(4.24)で与えられ，図（b）のように電界が0でも $W_e \neq 0$ で，ハッチの部分は $v_p$ で進むとしてもその下の部分は目印がないのでどういう速度で進んでいるのかわからないからである．

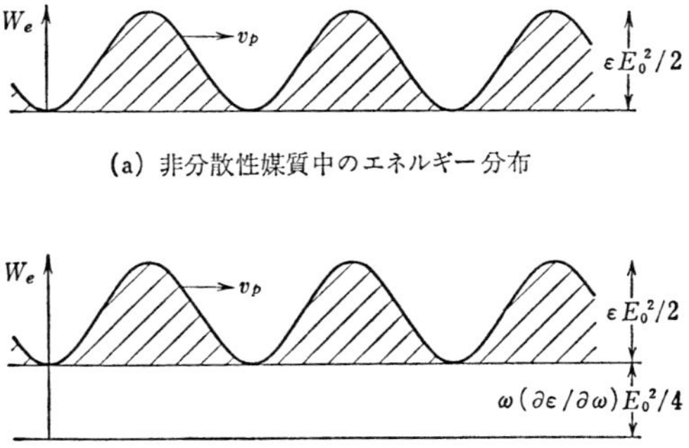

(a) 非分散性媒質中のエネルギー分布

(b) 分散性媒質中のエネルギー分布

**図 4.3**　正弦波のエネルギー分布

分散性媒質中のエネルギー速度を求めるには，図 4.4 のような唸り波形の包絡線の位相速度を求めればよい．唸りは周波数がわずかに異なる二つの正弦波の和である．すなわち

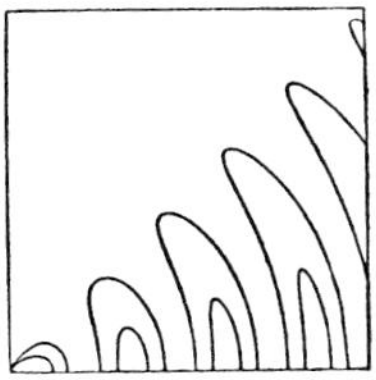

$$\begin{aligned}\boldsymbol{E}&=\boldsymbol{E}_0\cos\{(\omega-\Delta\omega)t-(\beta-\Delta\beta)z\}\\&\quad+\boldsymbol{E}_0\cos\{(\omega+\Delta\omega)t-(\beta+\Delta\beta)z\}\\&=2\boldsymbol{E}_0\cos(\Delta\omega t-\Delta\beta z)\cos(\omega t-\beta z)\end{aligned} \tag{4.34}$$

包絡線 $\cos(\Delta\omega t-\Delta\beta z)$ の位相速度は $\Delta\omega/\Delta\beta$ で与えられ，

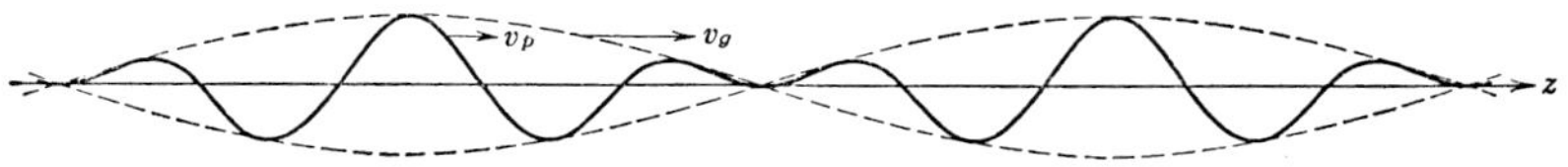


(a) 電 界 振 幅

(b) 電界エネルギーの分布 (分散性媒質)

図 4.4　唸り波の位相速度と群速度

これが図 4.4 の波形の平均のエネルギー速度である．$\Delta\omega \to 0$ とすると，式 (4.34) は純粋な正弦波に近づくが，このときエネルギー速度は

$$v_g \triangleq \lim_{\Delta\omega \to 0} \frac{\Delta\omega}{\Delta\beta} = 1 \Big/ \frac{\partial\beta}{\partial\omega} \tag{4.35}$$

で与えられる．$v_g$ を**群速度** (group velocity) といい，減衰がない波動の平均エネルギー速度を表わしている．一般に $\beta \propto \omega$ でない限り $v_g \fallingdotseq v_p$ である．

無損失媒質中の平均エネルギー速度が式 (4.35) で与えられることは，次の考察からも説明できる．正弦平面波は単位面積当り，$|\overline{\boldsymbol{S}}|$ だけの平均電力を運ぶ．一方，平均電磁エネルギー密度は式 (4.26)，(4.28) から

$$\overline{W} = \frac{1}{4} \frac{\partial(\omega\varepsilon)}{\partial\omega} |\boldsymbol{E}_0|^2 + \frac{1}{4} \frac{\partial(\omega\mu)}{\partial\omega} |\boldsymbol{H}_0|^2$$

である．それゆえ，平均エネルギー速度を $v_e$ と書けば

$$v_e \overline{W} = |\overline{\boldsymbol{S}}|$$

が成り立つ．そこで $1/v_e$ を計算すると $\boldsymbol{H}_0 = \sqrt{\varepsilon/\mu}\,\boldsymbol{E}_0$ に注意して

$$\begin{aligned}
\frac{1}{v_e} &= \frac{1}{4}\left\{\frac{\partial(\omega\varepsilon)}{\partial\omega} E_0{}^2 + \frac{\partial(\omega\mu)}{\partial\omega}\,\frac{\varepsilon}{\mu} E_0{}^2\right\} \Big/ \frac{1}{2}\sqrt{\frac{\varepsilon}{\mu}}\boldsymbol{E}_0{}^2 \\
&= \frac{1}{2}\sqrt{\frac{\mu}{\varepsilon}}\,\frac{\partial(\omega\varepsilon)}{\partial\omega} + \frac{1}{2}\sqrt{\frac{\varepsilon}{\mu}}\,\frac{\partial(\omega\mu)}{\partial\omega} \\
&= \frac{\partial(\omega\sqrt{\varepsilon\mu})}{\partial\omega} = \frac{\partial\beta}{\partial\omega}
\end{aligned}$$

となって $v_e = v_g$ を得る．

# 第 5 章

# 反射と屈折

## 5.1 任意の方向に進行する平面波の表示

いままでは無限に広い一様な媒質中の平面波について考えてきた．本章では図 5.1 に示すような 2 種類の媒質の境界面における電磁波の反射と屈折について考察する．

まず準備として任意の方向に進行する平面波の表示を求めておく．$+z$ 方向に進行する正弦平面波は式（3.23）に示したように

$$E=E_0e^{j(\omega t-kz)} \tag{5.1}$$

と表わせる．もっと一般に（図 5.2 参照）方向余弦が（$\cos\theta_x$, $\cos\theta_y$, $\cos\theta_z$）の$\zeta$方向に進行する平面波は式（5.1）の $z$ の代りに$\zeta$と書けばよいから

$$E=E_0e^{j(\omega t-k\zeta)} \tag{5.2}$$

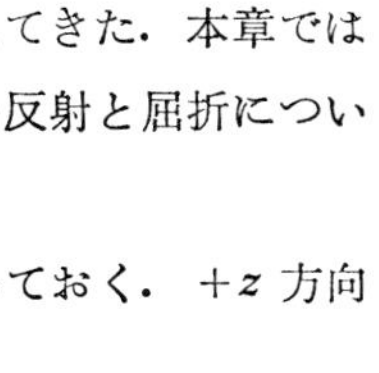

と書ける．$\zeta$は原点から$\zeta$軸に沿って測った長さで，点$\zeta$の座標を（$x$, $y$, $z$）とすると

$$\zeta=x\cos\theta_x+y\cos\theta_y+z\cos\theta_z \tag{5.3}$$

の関係がある．したがって式（5.2）は

$$E = E_0 e^{j(\omega t - kx\cos\theta_x - ky\cos\theta_y - kz\cos\theta_z)} \tag{5.4}$$

となる.

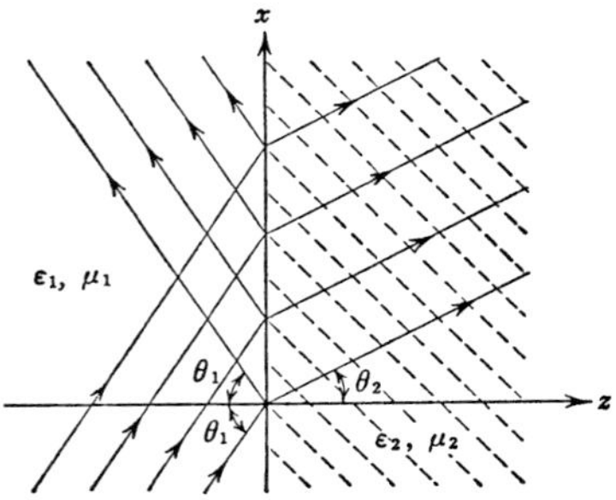


図 5.1 反射と屈折

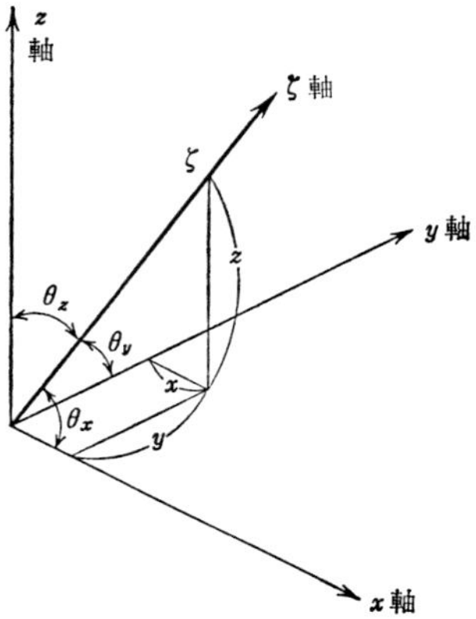


図 5.2 ζ方向に進む平面波

## 5.2 境界条件

Maxwell の方程式は二媒質の境界面を含むすべての空間で満足されなければならない. 境界面では媒質定数が不連続に変わるので微分形式で書かれた Maxwell の方程式の代りに, 境界面の両側における電磁界成分の間の関係を直接書き下しておく方が便利である.

図 5.3 に示す境界面の両側を通る幅 $l_1$, 奥行 $l_2$ の面積にわたって式 (1.21 d) を積分すると, 付録の恒等式 (I-12) により

$$\oint_C \boldsymbol{E}\cdot dl = -\int_a \frac{\partial \boldsymbol{B}}{\partial t}\cdot d\boldsymbol{a} \tag{5.5}$$

$\lambda \gg l_1 \gg l_2$ とすると $\boldsymbol{E}$ は積分範囲で一定と考えてよく, $l_2$ に沿っての積分は無視できるから, 上式は

$$(\boldsymbol{E}_{/\!/1} - \boldsymbol{E}_{/\!/2})\cdot \boldsymbol{l}_1 = -\int_a \frac{\partial \boldsymbol{B}}{\partial t}\cdot d\boldsymbol{a}$$

となる. ただし, 添字 // は境界面に平行な成分を表わす. $l_2 \to 0$ の極限で面積 $a \to 0$ となるから, 右辺の

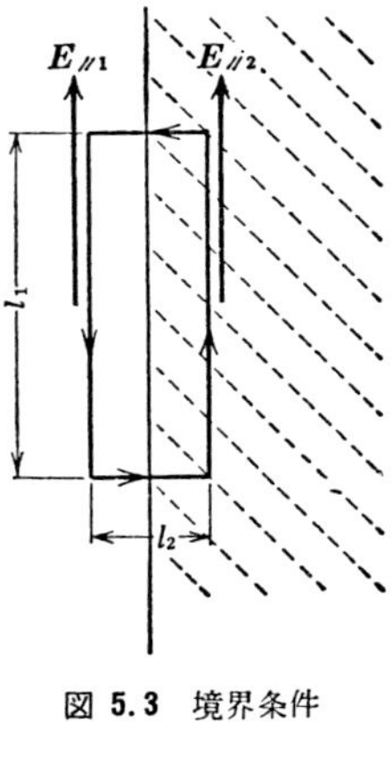


図 5.3 境界条件

面積分は零となる．したがって $(\boldsymbol{E}_{/\!/1}-\boldsymbol{E}_{/\!/2})\cdot\boldsymbol{l}_1=0$ で，$\boldsymbol{l}_1$ の方向は境界面に平行な限り任意であるから，次式が成り立たねばならない．

$$\boldsymbol{E}_{/\!/1}=\boldsymbol{E}_{/\!/2} \tag{5.6}$$

すなわち，二媒質の境界面においては電界の接線成分は連続である．同様に式 (1.21 b) から磁界の接線成分についても

$$\boldsymbol{H}_{/\!/1}=\boldsymbol{H}_{/\!/2} \tag{5.7}$$

という境界条件が求まる．

次に式 (1.21 a) と式 (1.21 c) とから

$$\begin{cases} D_{\nu1}-D_{\nu2}=\rho_s \\ B_{\nu1}-B_{\nu2}=0 \end{cases} \tag{5.8}$$

が求まる．ただし，添字 $\nu$ は媒質 2 から 1 に向かう境界面の垂線方向であり，$\rho_s$ は境界面上の電荷の面密度を表わす．しかし，正弦波に対しては式 (5.8) の条件は式 (5.6)，(5.7) を式 (1.21 b)，(1.21 d) に代入することによっても得られるので，二媒質の境界面における境界条件としては式 (5.6)，(5.7) が同時に成り立つことだけで充分である．

## 5.3 Snell の法則

図 5.1 で両媒質は無損失，等方性とし，境界面 ($x$-$y$ 面) に向かい媒質 1 の方から入射角 $\theta_i$ で周波数 $\omega$ の正弦平面波が入射してくるものとする．境界面上のすべての点は，一定の時間遅れを別とすれば，全く同一の状態にあるから，反射波も透過波もまた平面波になることが予想できる．そこで入射面を $x$-$z$ 面に選ぶと入射波の進行方向は $(\sin\theta_1,\ 0,\ \cos\theta_1)$ となる．反射波と透過波の周波数と進行方向をそれぞれ $\omega'$，$\omega''$；$(\cos\theta_x',\ \cos\theta_y',\ -\cos\theta_1')$，$(\cos\theta_x'',\ \cos\theta_y'',\ \cos\theta_2)$ と仮定すると，式 (5.4) により，各電界は次のように書ける．

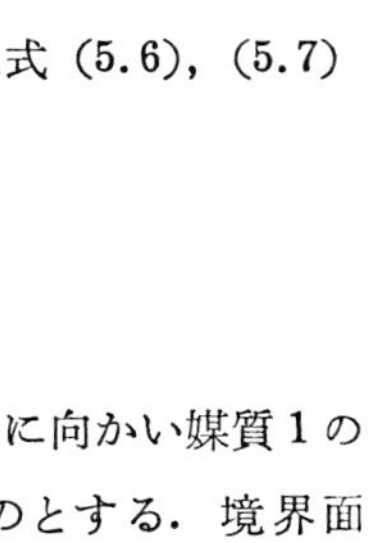

入射波 $$\boldsymbol{E}=\boldsymbol{E}_0 e^{j(\omega t-k_1 x\sin\theta_1-k_1 z\cos\theta_1)} \tag{5.9 a}$$

反射波 $$\boldsymbol{E}'=\boldsymbol{E}_0' e^{j(\omega' t-k_1' x\cos\theta_x'-k_1' y\cos\theta_y'+k_1' z\cos\theta_1')} \tag{5.9 b}$$

透過波 $\boldsymbol{E}'' = \boldsymbol{E}_0'' e^{j(\omega'' t - k_2 x \cos\theta_{x}'' - k_2 y \cos\theta_{y}'' - k_2 z \cos\theta_2)}$ (5.9 c)

ただし　$k_1 \triangleq \omega\sqrt{\varepsilon_1\mu_1}$，$k_1' \triangleq \omega'\sqrt{\varepsilon_1\mu_1}$，$k_2 \triangleq \omega''\sqrt{\varepsilon_2\mu_2}$

媒質1の中の電界は入射波と反射波の和であり，媒質2の中の電界は透過波だけだから，境界面（$z=0$）における境界条件は式（5.6）から

$$\boldsymbol{E}_{0/\!/} e^{j(\omega t - k_1 x \sin\theta_1)} + \boldsymbol{E}_{0/\!/}' e^{j(\omega' t - k_1' x \cos\theta_{x}' - k_1' y \cos\theta_{y}')}$$
$$= \boldsymbol{E}_{0/\!/}'' e^{j(\omega'' t - k_2 x \cos\theta_{x}'' - k_2 y \cos\theta_{y}'')} \tag{5.10}$$

となる．上式がすべての $t$，$x$，$y$ で成り立つためには，各項が $t$，$x$，$y$ の同一関数でなければならない．したがって

$$\omega' = \omega'' = \omega,\quad k_1' = k_1 \tag{5.11 a}$$

$$k_1 \cos\theta_x' = k_2 \cos\theta_x'' = k_1 \sin\theta_1 \tag{5.11 b}$$

$$k_1 \cos\theta_y' = k_2 \cos\theta_y'' = 0 \tag{5.11 c}$$

式（5.11 a）は反射波と透過波の周波数が入射波の周波数に等しいことを示している．これは境界面が静止しているためで，移動境界面の場合には一般に周波数が異なってくる（Doppler 効果）．式（5.11 c）は反射波と透過波の進行方向が入射面に平行であることを示している．このとき $\cos\theta_x' = \sin\theta_1'$，$\cos\theta_x'' = \sin\theta_2$ であり，式（5.11 b）から

$$\theta_1' = \theta_1 \tag{5.12 a}$$

$$\frac{\sin\theta_1}{\sin\theta_2} = \frac{k_2}{k_1} = \frac{n_2}{n_1} \tag{5.12 b}$$

を得る．式（5.12 a）は反射角が入射角に等しいという**反射の法則**（law of reflection）である．式（5.12 b）は**屈折の法則**（law of refraction）であり，確立者にちなんで **Snell**（1591〜1626 蘭）**の法則**ともいう．

## 5.4　反射係数と透過係数

本節では入射波，反射波，透過波の振幅の関係を考える．前節で述べたように式（5.10）の指数関数部はすべて同一の関数となるので，これを除くと次式になる．

$$E_{0\parallel}+E_{0\parallel}'=E_{0\parallel}'' \tag{5.13}$$

磁界についても同様に

$$H_{0\parallel}+H_{0\parallel}'=H_{0\parallel}'' \tag{5.14}$$

以下の解析は入射電界の方向が入射面に対してどういう角度にあるかで異なってくる．一番簡単な場合は，入射電界が入射面に垂直な場合（これを TE 波と呼ぶ）と平行な場合（これを TM 波と呼ぶ）である．そして一般の入射波は TE 波と TM 波を適当な比で混合すれば表わせるから，TE 波と TM 波の場合がわかれば一般の場合も容易に計算できる．そこでこの二つの場合を以下に考える．

### 5.4.1 TE 波入射の場合

電界は $y$ 成分のみをもつから[1] 式 (5.13) は

$$E_0+E_0'=E_0'' \tag{5.15}$$

となる．そして $E_0$，$E_0'$，$E_0''>0$ のとき磁界は，図 3.4 の関係から，図 5.4 のように向く．したがって，式 (5.14) は $x$ 成分のみとなって次式を得る．

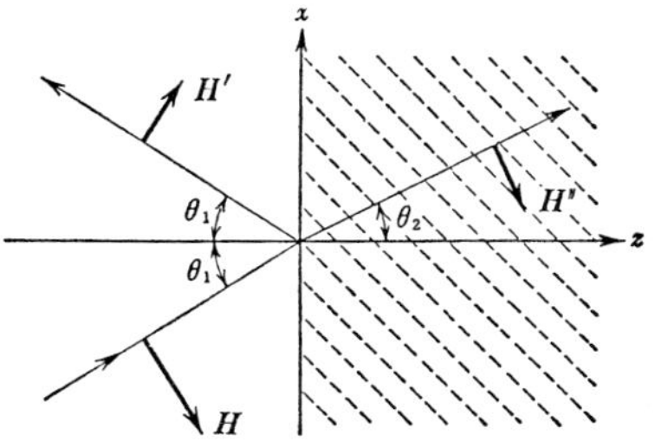


図 5.4　TE 波の入射

$$-H_0\cos\theta_1+H_0'\cos\theta_1=-H_0''\cos\theta_2 \tag{5.16}$$

電界と磁界の間には

$$\begin{cases}\dfrac{E_0}{H_0}=\dfrac{E_0'}{H_0'}=\sqrt{\dfrac{\mu_1}{\varepsilon_1}}\quad(\triangleq Z_1)\\[2ex]\dfrac{E_0''}{H_0''}=\sqrt{\dfrac{\mu_2}{\varepsilon_2}}\quad(\triangleq Z_2)\end{cases} \tag{5.17}$$

の関係があるから式 (5.16) は次式となる．

（1）　厳密にいうと反射波と透過波の電界が $y$ 成分のみになることは自明のことではないので，$x$ 成分と $z$ 成分が零となることを証明しなければいけない．異方性媒質や運動する媒質による反射現象の場合は，一般に $x$ 成分と $z$ 成分が零とならない．

$$\left(\frac{E_0}{Z_1}-\frac{E_0'}{Z_1}\right)\cos\theta_1=\frac{E_0''}{Z_2}\cos\theta_2 \tag{5.18}$$

さらに

$$\begin{cases} Z_{1\mathrm{TE}} \triangleq Z_1/\cos\theta_1 \\ Z_{2\mathrm{TE}} \triangleq Z_2/\cos\theta_2 \end{cases} \tag{5.19}$$

と書くと式 (5.18) は

$$(E_0-E_0')/Z_{1\mathrm{TE}}=E_0''/Z_{2\mathrm{TE}} \tag{5.20}$$

となり，式 (5.15) と式 (5.20) から次式が求まる．

$$R_{TE} \triangleq \frac{E_0'}{E_0}=\frac{Z_{2\mathrm{TE}}-Z_{1\mathrm{TE}}}{Z_{2\mathrm{TE}}+Z_{1\mathrm{TE}}} \tag{5.21 a}$$

$$T_{TE} \triangleq \frac{E_0''}{E_0}=\frac{2Z_{2\mathrm{TE}}}{Z_{2\mathrm{TE}}+Z_{1\mathrm{TE}}} \tag{5.21 b}$$

$R_{TE}$ と $T_{TE}$ は入射電界に対する反射電界と透過電界の割合であって，それぞれ電界の反射係数 (reflection coefficient) と**透過係数** (transmission coefficient) という．

### 5.4.2 TM 波入射の場合

磁界が $y$ 成分のみをもつから式 (5.14) は

$$H_0+H_0'=H_0'' \tag{5.22}$$

となる．そして $H_0$, $H_0'$, $H_0''>0$ のとき電界は図 5.5 のように向く．したがって，式 (5.13) は $x$ 成分のみとなって次式を得る．

$$E_0\cos\theta_1-E_0'\cos\theta_1=E_0''\cos\theta_2 \tag{5.23}$$

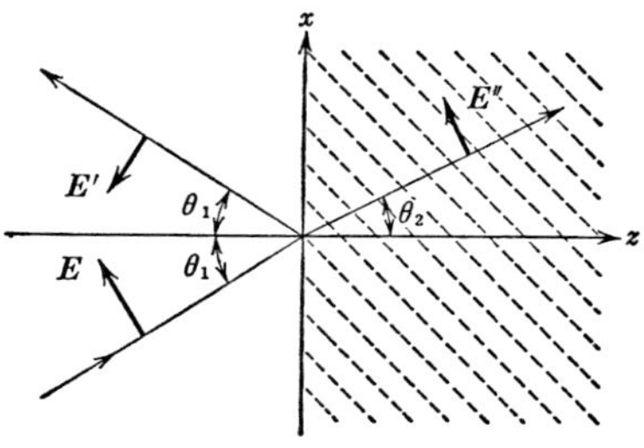


図 5.5 TM 波の入射

ここで

$$\begin{cases} Z_{1\mathrm{TM}} \triangleq Z_1\cos\theta_1 \\ Z_{2\mathrm{TM}} \triangleq Z_2\cos\theta_2 \end{cases} \quad \begin{cases} Y_{1\mathrm{TM}} \triangleq 1/(Z_1\cos\theta_1) \\ Y_{2\mathrm{TM}} \triangleq 1/(Z_2\cos\theta_2) \end{cases} \tag{5.24}$$

と置けば，この場合にも式（5.17）と同様の関係が成り立つので TE 波の場合と同じようにして次式を得る．

$$R_{\mathrm{TM}} \triangleq \frac{E_0'}{E_0} = -\frac{H_0'}{H_0} = -\frac{Y_{2\mathrm{TM}} - Y_{1\mathrm{TM}}}{Y_{2\mathrm{TM}} + Y_{1\mathrm{TM}}} \tag{5.25 a}$$

$$T_{\mathrm{TM}} \triangleq \frac{H_0''}{H_0} = \frac{2Z_{2\mathrm{TM}}}{Z_{2\mathrm{TM}} + Z_{1\mathrm{TM}}} \tag{5.25 b}$$

式（5.21）と式（5.25）は次の形の式である．

$$R = \frac{W_{\mathrm{II}} - W_{\mathrm{I}}}{W_{\mathrm{II}} + W_{\mathrm{I}}} \tag{5.26 a}$$

$$T = \frac{2W_{\mathrm{II}}}{W_{\mathrm{II}} + W_{\mathrm{I}}} \tag{5.26 b}$$

ただし，$W_{\mathrm{I}}$，$W_{\mathrm{II}}$ は特性イミッタンス．

この形の式は波の反射現象を記述するときに必ず現われる式で，最も簡単な例は図 5.6 のように特性インピーダンスがそれぞれ $Z_{\mathrm{I}}$，$Z_{\mathrm{II}}$ である 2 種類の伝送線路の接続部における電圧反射係数と電圧透過係数である．このことから $Z_{TE}$ や $Z_{TM}$ を伝送線路の特性インピーダンスに対応させれば，平面電磁波の反射現象を等価的に伝送線路の反射現象に翻訳できる．伝送線路の反射現象は詳しく研究されているので，この翻訳は思考の節約に役立つ．たとえば図 5.7（a）のように 3 種類の媒質が平行に並んでいるとき，TE 波が入射する場合を考えると，面 I，II の間で多重反射が起こり，境界が一つの場合に比べてはるかに複雑となるが，図（b）のような等価回路で考えれば伝送線路の理論がそのまま使える．したがって，たとえば $d=\lambda_2/4$，$Z_{2\mathrm{TE}}=\sqrt{Z_{1\mathrm{TE}}Z_{3\mathrm{TE}}}$ の関係が同時に成り立つと，媒質 1 の中の反射波は零となる．このことはレンズ表面の反射を減少させるためのコーティングの設計に利用されている．ただし，ここで注意を要するの

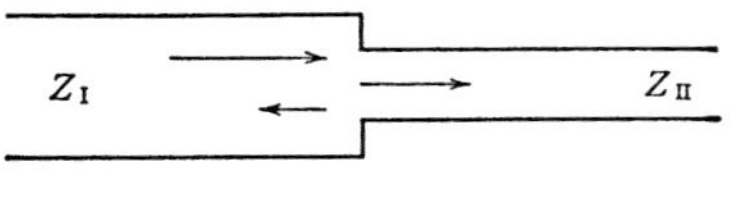

図 5.6 伝送線路における反射現象

は $d=\lambda_2/4$ という式に現われる波長 $\lambda_2$ である．図（b）は図（a）の $z$ 方向の伝搬だけを抽象したものであるから，伝搬定数も $z$ 方向の伝搬定数を用いるべきで，これは式 (5.4)の $k\cos\theta_z$ に当り，媒質2に対しては $k_2\cos\theta_2$ である．ゆえに式（3.25）に対応して $\lambda_2=2\pi/(k_2\cos\theta_2)=\lambda_{02}/\cos\theta_2$ となる．ここで $\lambda_{02}\triangleq 2\pi/k_2$ は媒質2の中の普通の意味での波長（自由空間波長）である．

なお，反射電力と透過電力の和は入射電力に等しく，このことは

$$R^2+T^2\left(\frac{W_{\mathrm{I}}}{W_{\mathrm{II}}}\right)=1$$

からもわかる．

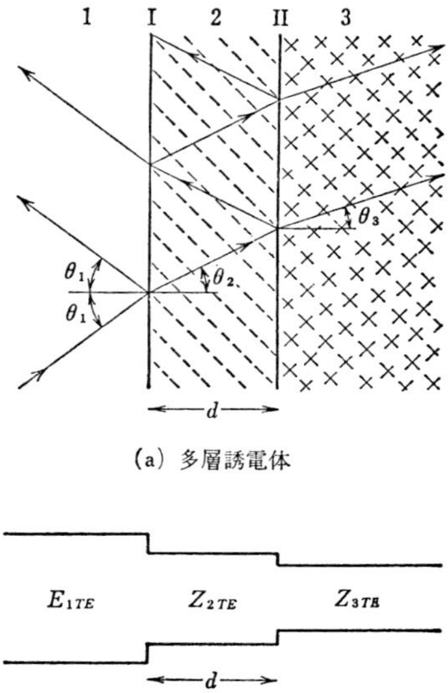


(a) 多層誘電体

(b) 等価回路

図 5.7 多層誘電体の反射現象

### 5.4.3 Fresnel の式

式（5.21）を実際に計算するには $Z_{1\mathrm{TE}}$, $Z_{2\mathrm{TE}}$ を $n_1$, $n_2$, $\theta_1$ で書き換える方がよい．式（5.19）を式（5.21 a）に代入すると

$$R_{TE}=\frac{Z_2\cos\theta_1-Z_1\cos\theta_2}{Z_2\cos\theta_1+Z_1\cos\theta_2}$$

Snell の法則から

$$\cos\theta_2=\sqrt{1-(n_1/n_2)^2\sin^2\theta_1} \tag{5.27}$$

であり，普通の誘電体では $\mu_1\fallingdotseq\mu_2\fallingdotseq\mu_0$ と置いてよいから，結局

$$R_{TE}=\frac{\cos\theta_1-\sqrt{(n_2/n_1)^2-\sin^2\theta_1}}{\cos\theta_1+\sqrt{(n_2/n_1)^2-\sin^2\theta_1}} \tag{5.28}$$

を得る．同様に式（5.24）と式（5.25 a）とから

$$R_{TM}=-\frac{(n_2/n_1)^2\cos\theta_1-\sqrt{(n_2/n_1)^2-\sin^2\theta_1}}{(n_2/n_1)^2\cos\theta_1+\sqrt{(n_2/n_1)^2-\sin^2\theta_1}} \tag{5.29}$$

を得る．これらの関係は，光の電磁説がでる前に，Fresnel (1821) が弾性波

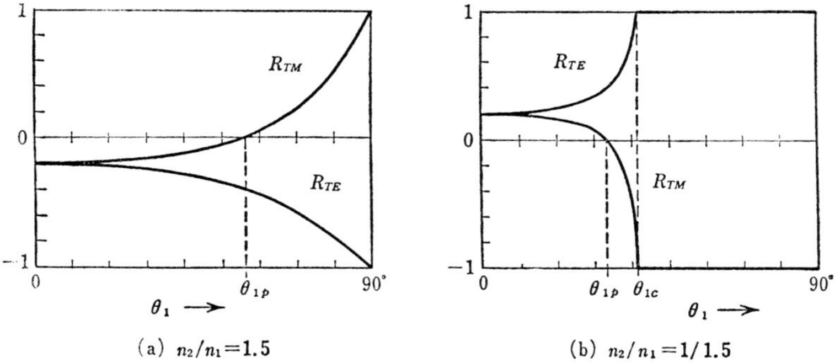


(a) $n_2/n_1=1.5$　　(b) $n_2/n_1=1/1.5$

図 5.8 反射係数と入射角の関係

説に基づいて導いたので，**Fresnel** の式といわれる．代表的な $(n_2/n_1)$ の値に対して，反射係数 $R_{TE}$, $R_{TM}$, を入射角 $\theta_1$ の関数として画くと図 5.8 (a), (b) のようになる．

## 5.5 Brewster の法則

図 5.8 を見ると $R_{TE}$ はいかなる入射角に対しても零とならないが，$R_{TM}$ は特定の入射角 $\theta_{1p}$ で零となる．

太陽や電灯の光は，ランダムに向いた多数の原子から放射されるために，あらゆる偏波方向をもつ波の集まりである．このような光を**自然光** (natural light) というが，自然光が誘電体で反射されると，その TE 波成分と TM 波成分の反射係数が異なるために，部分偏光となる．特に入射角が $\theta_{1p}$ のときは，TM 波成分が反射しないから，反射光は TE 波成分のみで，入射角に垂直な完全偏光となる．このことは 1815 年に Brewster (1781 ～1868 英) によって発見されたので，Brewster の法則といい，$\theta_{1p}$ を**偏光角**(polazizing angle)または **Brewster 角**という．このとき，透過光も部分的に偏波してくるので，図 5.9 のようなガラス板の組を用いると，簡単に自然光か

ら偏光が作れる．

偏光角は式（5.29）の分子を零とするような $\theta_1$ であるから

$$\theta_{1p} \triangleq \tan^{-1}(n_2/n_1) \tag{5.30}$$

で与えられる．

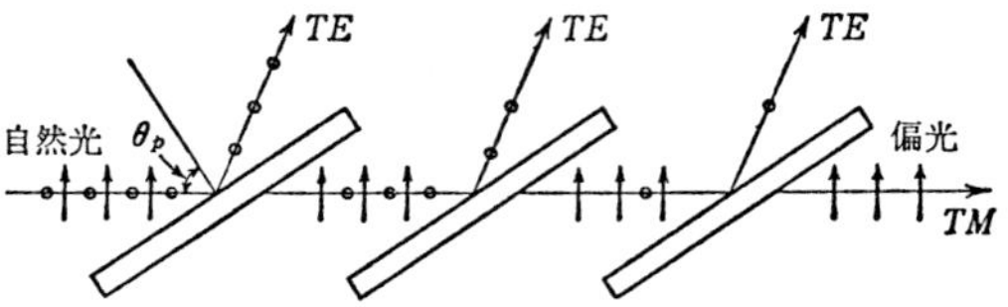


図 5.9 偏光を作る簡単な方法

偏光角に対応する屈折角 $\theta_{2p}$ は Snell の法則により

$$\frac{\sin\theta_{1p}}{\sin\theta_{2p}} = \frac{n_2}{n_1}$$

の関係にある．式（5.30）を代入すると

$$\cos\theta_{1p} = \sin\theta_{2p}$$

の関係を得る．この式は

$$\theta_{1p} + \theta_{2p} = 90^\circ \tag{5.31}$$

を意味しているので，図5.10のように透過波の進行方向は反射波の進行方向（反射波の強さは零であるが）と直角になっている．いま第1媒質を真空第2媒質を誘電体とすると，誘電体中の電子は透過波によってその電界の方向に励振される．後章のアンテナの理論によれば，このような電子から放射される電波の強さは図5.10に示すようになり，励振電界方向には電波を出さない．励振電界方向は反射波の方向と一致するので，反射波が生じないものと解釈できる(2)．

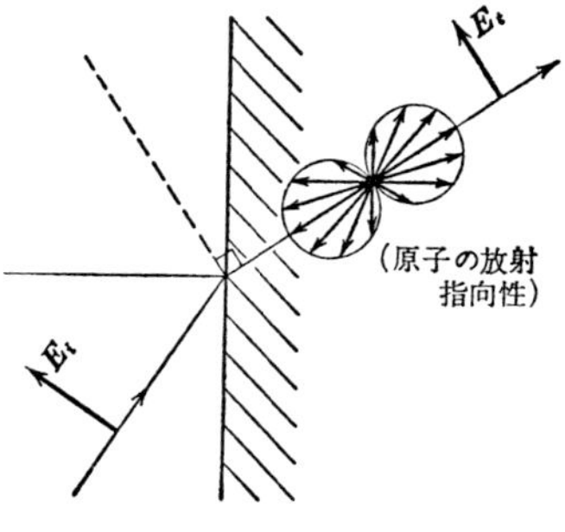


図 5.10 Brewster 角の起こる理由

通常のガラス面（屈折率1.52～1.60）に空気中から入射する光に対しては $\theta_{1p} \fallingdotseq 56.7 \sim 58^\circ$, $\theta_{2p} \fallingdotseq 33.3 \sim 32^\circ$ である．

（2） しかし，第1媒質が誘電体で第2媒質が真空の場合にはこの解釈は適当でない．

## 5.6 全　反　射

図 5.8 (b) の場合を見ると入射角 $\theta_1$ がある角度 $\theta_{1c}$ より大きいときに反射係数が 1 になっている．この現象を**全反射** (total reflection) といい，$\theta_{1c}$ を全反射角という．式 (5.28)，(5.29) で $\sqrt{(n_2/n_1)^2-\sin^2\theta_1}$ が純虚数になると $R$ は $(ja-b)/(ja+b)$ の形になり，$|R|=\sqrt{a^2+b^2}/\sqrt{a^2+b^2}=1$ となって全反射が起こる．それゆえ全反射は

$$\sin\theta_1 \geqq n_2/n_1 \tag{5.32}$$

のときに起こり，全反射角は次式で与えられる．

$$\theta_{1c}=\sin^{-1}(n_2/n_1) \tag{5.33}$$

$\sin\theta_1 \leqq 1$ であるから，全反射は $n_2<n_1$ のときにだけ起こる．屈折率 1.6 のガラスから空気中に向かう光に対しては $\theta_{1c}\fallingdotseq\sin^{-1}(1/1.6)=38.7^\circ$ である．

全反射では全入射エネルギーが反射されるために第 2 媒質中には電磁界が存在しないのではないかと考えるかもしれないが，第 2 媒質中に電磁界が存在しなければ，境界条件が満足されないので，これは誤りである．

実際には第 2 媒質中にも電磁界が存在するが，ただこの電磁界は，境界面に垂直なエネルギー流をもたないということである．このことを定量的に考えるために，まず式 (5.11) の関係を式 (5.9 c) に代入すると透過波は

$$\boldsymbol{E}''=\boldsymbol{E}_0''e^{j(\omega t-k_1x\sin\theta_1-k_2z\cos\theta_2)}$$

となる．更に式 (5.27) により $\cos\theta_2=\sqrt{1-(n_1/n_2)^2\sin^2\theta_1}$ であって，全反射が起こる場合にはこの値は純虚数になる．そこで

$$\cos\theta_2=-j\sqrt{(n_1/n_2)^2\sin^2\theta_1-1}\triangleq -ja$$

と書くと ($+ja$ を採用すると電磁界が $z=\infty$ で発散する) 全反射が起きている場合の透過波は

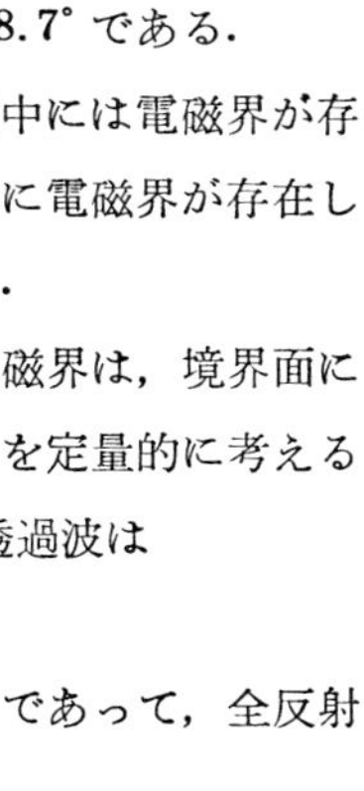

$$\begin{cases}\boldsymbol{E}''=\boldsymbol{E}_0''e^{-\alpha' z}e^{j(\omega t-k_1x\sin\theta_1)}\\ \alpha'\triangleq k_2a=(2\pi/\lambda_2)\sqrt{(n_1/n_2)^2\sin^2\theta_1-1}\end{cases} \tag{5.34}$$

と書ける．したがって透過波は境界面に平行に進行し，そ

の振幅は境界面から離れるにしたがって $\exp(-\alpha' z)$ に比例して減少してゆく．すなわち，全反射における透過波は境界面の近傍でのみ比較的大きな値をもち，境界面から少し（第2媒質中の自由空間波長 $\lambda_2$ の程度）離れると無視できる程度に小さくなる．それでこのような波を**表面波**（surface wave）と呼ぶことがある．境界面付近におけるエネルギーの流れ方は図5.11のようになっている．したがって，図5.12のように全反射の起こっているプリズムの境界面にもう一つのプリズム面を近づけてゆくと，表面波が第2のプリズムを通り抜けるようになって，反射係数は1より小さくなる(3)．そして間隔をせばめるにしたがって反射係数は零に近づき，間隔が零のとき反射係数も零になる．

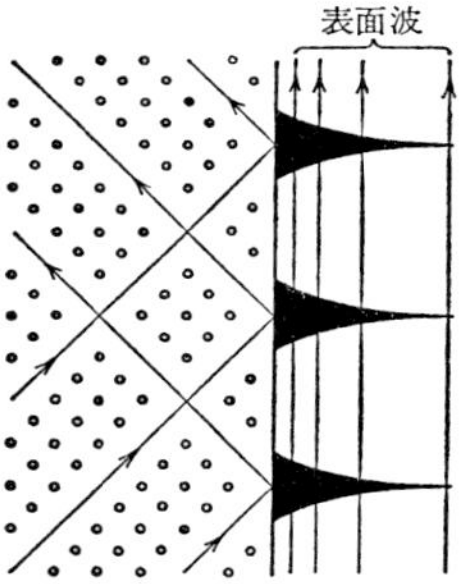


図 5.11 全反射における エネルギー流

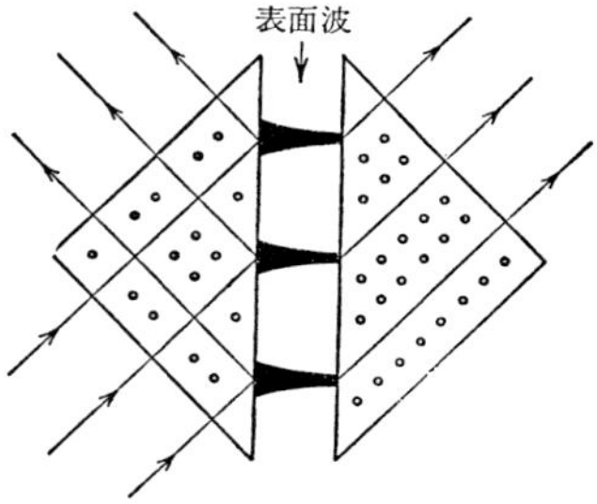


図 5.12 トンネル効果

## 5.7 導電性媒質による反射

前節までに求めた Snell の法則や Fresnel の公式は，誘電率や屈折率を複素数と考えることによって，導電性媒質表面における反射屈折の計算にも使える．しかし，この場合屈折角も複素数になるので，具体的な式はかなり複雑である．媒質1は無損失で，媒質2が導電度 $\sigma_2$ をもつという実用上大切な場合を考えると，式（3.31）と同じ理由で，前節までの式に次の置き換えをすればよい．

（3） これは量子力学における**トンネル効果**（tunnel effect）と同じ種類の現象である．

$$\varepsilon_2 \longrightarrow \varepsilon_2 + \sigma_2/j\omega \quad (5.35)$$

このようにして計算した大地による反射係数の例を図 5.13 に示す．

第 2 媒質が金属の場合には普通の周波数で $\sigma_2 \gg \omega\varepsilon_2$ であるから式（5.35）の置き換えは

$$\varepsilon_2 \longrightarrow \sigma_2/j\omega \quad (5.36)$$

となる．このとき $|k_1| \ll |k_2|$ だから式（5.12 b）により

$$\cos\theta_2 \fallingdotseq 1 \quad (5.37)$$

ゆえに透過電界は

$$\boldsymbol{E}'' \fallingdotseq \boldsymbol{E}_0'' e^{j(\omega t - k_1 x \sin\theta_1 - k_2 z)} \quad (5.38)$$

となり，$|k_1| \ll |k_2|$ であるために透過波は $z$ 方向に進んでゆく平面波であると考えてさしつかえない．このことから導体の表面における電界と磁界の間に簡単な関係があることがわかる．すなわち，導体表面で外側の電磁界を（$\boldsymbol{E}_1$, $\boldsymbol{H}_1$），内側の電磁界を（$\boldsymbol{E}_2$, $\boldsymbol{H}_2$）とすると後者は表面に平行であると考えられ，境界条件から

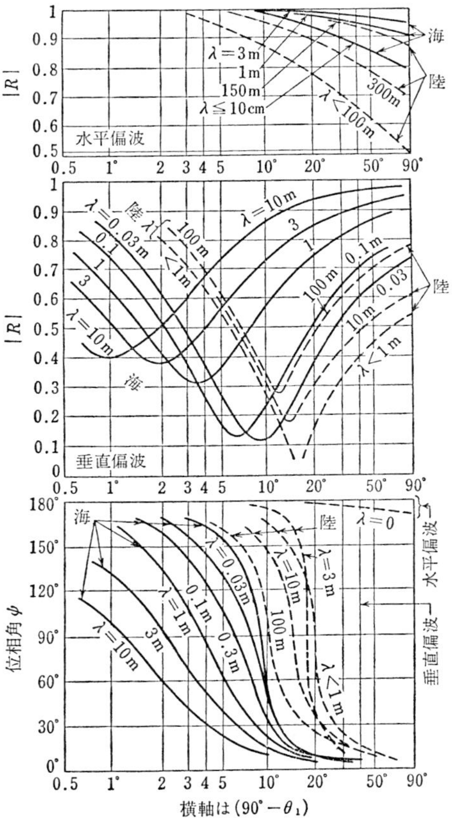


図 5.13 大地の反射係数 $R = |R|e^{j\psi}$

$$\boldsymbol{E}_{1/\!/} \fallingdotseq \boldsymbol{E}_2, \qquad \boldsymbol{H}_{1/\!/} \fallingdotseq \boldsymbol{H}_2$$

したがって

$$\frac{E_{1/\!/}}{H_{1/\!/}} \fallingdotseq \frac{E_2}{H_2} = Z_2$$

そして $Z_2 \fallingdotseq (1+j)\sqrt{\omega\mu_2/2\sigma_2} = (1+j)\omega\mu_2\delta/2$ であるから

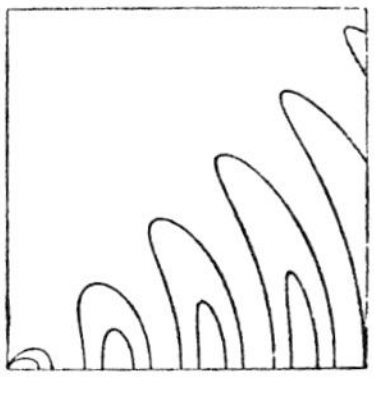

$$
\begin{cases}
\dfrac{E_{1/\!/}}{H_{1/\!/}} \fallingdotseq (1+j)R_s \triangleq Z_s \\
\text{ただし}\quad R_s \triangleq \omega\mu_2\delta/2
\end{cases}
\tag{5.39}
$$

$R_s$ を導体の表面抵抗 (surface resistance), $Z_s \triangleq (1+j)R_s$ を表面インピーダンスという.

($\boldsymbol{E}_1$, $\boldsymbol{H}_1$) は入射波の電磁界と反射波のそれとの和であるが，式 (5.39) の関係は入射角に無関係であるので，いろいろの入射角で入射する多数の平面波があるときでも，その合成値に対して成り立つ．任意の電磁界は入射角の異なる平面波の和で表わせるので，式 (5.39) は導体表面の任意の電磁界に対して成り立つ．更に，表面が曲面であっても，その曲率半径が $\delta$ に比べて非常に大きいならば，式 (5.39) が成り立つ.

このとき反射係数は式 (5.37) と $|Z_2| \ll |Z_1|$ に注意して

$$
R_{TE} \fallingdotseq \frac{Z_2 - Z_1/\cos\theta_1}{Z_2 + Z_1/\cos\theta_1} \fallingdotseq -1 + 2\cos\theta_1 \frac{Z_2}{Z_1}
\tag{5.40 a}
$$

$$
R_{TM} \fallingdotseq \frac{Z_1\cos\theta_1 - Z_2}{Z_1\cos\theta_1 + Z_2} = +1 - 2\frac{1}{\cos\theta_1}\cdot\frac{Z_2}{Z_1}
\tag{5.40 b}
$$

第2項はきわめて小さい ($R_{TM}$ で $\theta_1 \fallingdotseq 90^\circ$ のときを除き) から磁界に対する反射係数は TE, TM いずれの場合も $+1$ と考えてよい．これは $Z_2=0$ と置いたことであるから，良導体表面の磁界は完全導体と仮定して計算した値でよく近似できることになる.

次に式 (5.39) が成り立つ場合の透過電力，つまり導体に吸収される電力を求めよう．導体表面の単位面積当りの吸収電力は Poyntingベクトルを用いて

$$
P_L = \frac{1}{2}\mathrm{Re}(E_{1/\!/}H_{1/\!/}{}^*)
$$

で与えられるが，これは式 (5.39) により

$$
P_L = \frac{1}{2}\mathrm{R}_s|H_{1/\!/}|^2
\tag{5.41}
$$

となる．この式は後述の空洞共振器や導波管などの減衰定数を算出するのに用いられる.

# 第 6 章

# 空 洞 共 振 器

短波帯以下では，図 6.1（a）に示す $LC$ の並列接続を共振回路として使う．マイクロ波帯に共振周波数をもつ共振回路を図（a）の形で組もうとすると，$L$ と $C$ が非常に小さいので図（b）のようになるが，この形では導体損や放射損が大きいので $Q$ が小さく実用的でない．導体損は，主として $L$ で起こるから図（c）のようにすれば $Q$ を大きくでき，この考えを押し進めると図（d）のような導体で囲まれた箱になる．この形にすると放射損もなくなり，非常に $Q$ の大きい（数千以上）共振回路ができる．

一般に，方形の箱に限らず，導体で囲まれた任意の形の空間はすべて共振現象を示し，共振回路の性質をもつ．これを**空洞共振器**（cavity resonator）と呼び，マイクロ波帯での波長計，フィルタ，誘電体測定器，荷電粒子加速器などに利用される．

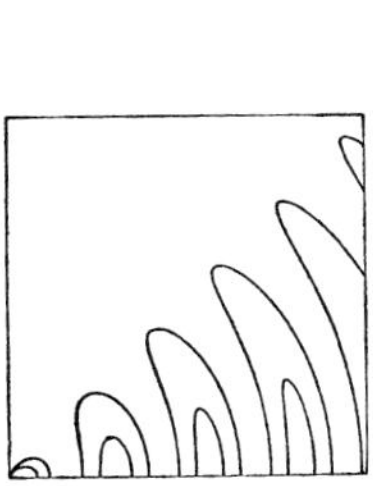

## 6.1　1 次元の空洞共振器

空洞共振器の一般的解析を行なう前に，まず図 6.2 に示すような平行に置かれた 2 枚の完全導体平面で仕切られた媒質中の電磁界を考えよう．

導体面に垂直に $x$ 軸をとり，導体間隔を $L$ とする．簡単のために電界は $y$ 成分のみで，$y$, $z$ 方向には変化しないものとすると，$E_y$ は次式を満足する．

$$\frac{\partial^2 E_y}{\partial x^2}-\varepsilon\mu\frac{\partial^2 E_y}{\partial t^2}=0,\quad 0<x<L \tag{6.1 a}$$

$$[E_y]_{x=0}=[E_y]_{x=L}=0 \tag{6.1 b}$$

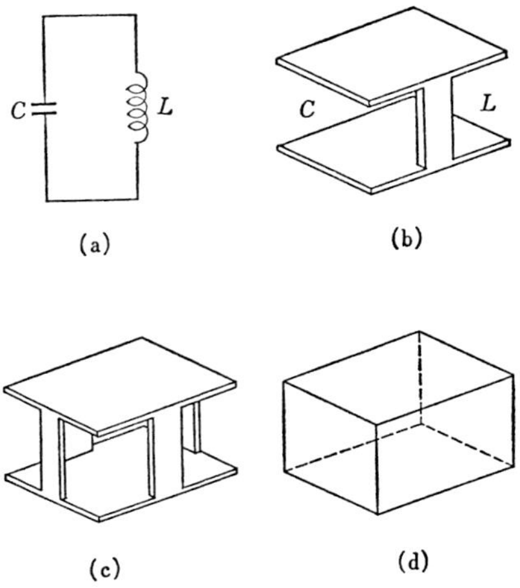


図 6.1　$LC$ 回路から空洞共振器へ

上式を解くために

$$E_y=F(x)e^{j\omega t},\qquad k^2\triangleq\omega^2\varepsilon\mu$$

と置けば，$F(x)$ は次式を満足する．

$$\frac{d^2F}{dx^2}+k^2F=0,\quad 0<x<L \tag{6.2 a}$$

$$F(0)=F(L)=0 \tag{6.2 b}$$

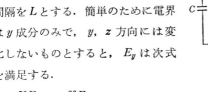

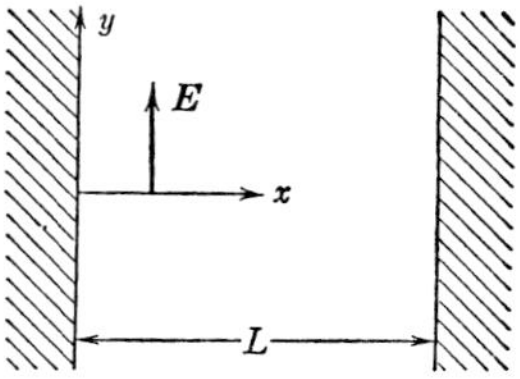


図 6.2　1次元の空洞共振器

式 (6.2 a) の一般解は

$$F=C\sin kx+D\cos kx$$

ただし，$C$, $D$ は任意定数である．境界条件式 (6.2 b) から

$$D=0,\qquad C\sin kL=0$$

したがって $F$ が恒等的に 0 でないためには，$k$ は勝手な値をとることはできず，次のような特別な値だけが許される．

$$k_n=n(\pi/L)\qquad n=1,\ 2,\ 3\cdots\cdots \tag{6.3}$$

$k_n$ をこの問題の**固有値**（eigenvalue）といい，固有値 $k_n$ に対応する解 $\sin k_n x$ を**固有関数**（eigenfunction）という．そして固有値が現われる問題を**固有値問題**（eigenvalue prolelem）という．

固有値 $k_n$ に対応する電界は

$$E_n = e^{j\omega_n t}\sin k_n x \tag{6.4}$$

$$\omega_n = n\pi/(\sqrt{\varepsilon\mu}\,L)$$

これを基準モード（normal mode）または単にモード，$\omega_n$ をモードの共振周波数（resonant frequency）という．（図 6.3）

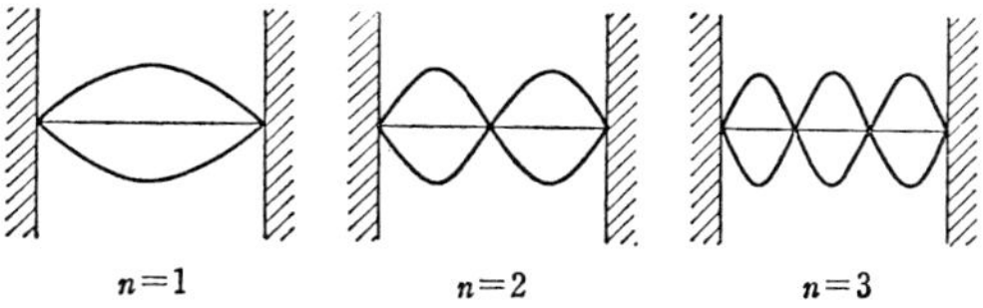


図 6.3　1次元空洞共振器の基準モード

すべてのモードは式（6.1）の解であるから，重ねの理により

$$E_y(x,\ t) = \sum_{n=1}^{\infty} C_n e^{j\omega_n t}\sin k_n x \tag{6.5}$$

も解である．そして実はこれが式(6.1)の一般解であることも証明されている．

式（6.5）を実数形で書くと

$$E_y(x,\ t) = \sum_{n=1}^{\infty}(A_n\cos\omega_n t + B_n\sin\omega_n t)\sin k_n x \tag{6.6}$$

となり，$A_n$，$B_n$ は初期条件から決まる．たとえば

$$E_y(x,\ 0) = f(x),\quad \partial E_y(x,\ 0)/\partial t = g(x)$$

という初期条件があると

$$\sum_{n=1}^{\infty} A_n \sin k_n x = f(x) \tag{6.7 a}$$

$$\sum_{n=1}^{\infty}\omega_n B_n \sin k_n x = g(x) \tag{6.7 b}$$

となり，これから $\{A_n,\ B_n\}$ を求めるには固有関数の直交関係

$$\int_0^L \sin k_m x \sin k_n x\, dx = \frac{L}{2}\delta_{mn} \tag{6.8}$$

を使う．つまり，式（6.7）の両辺に $\sin k_m x$ を掛けて $\int_0^L dx$ を行なうと，式（6.8）により

$$A_n = \frac{2}{L}\int_0^L f(x)\sin k_n x\, dx \tag{6.9 a}$$

$$B_n = \frac{2}{L}\int_0^L g(x)\sin k_n x\, dx \tag{6.9 b}$$

と求まる．

固有関数として $\sin k_n x$ の代りに

$$F_n = \sqrt{2/L}\,\sin k_n x \tag{6.10}$$

を採用することもできる．すると直交関係は

$$\int_0^L F_m \cdot F_n{}^* dx = \delta_{mn} \tag{6.11}$$

となるから(1)

$$A_n = \int_0^L f(x) F_n{}^* dx \tag{6.12 a}$$

$$B_n = \int_0^L g(x) F_n{}^* dx \tag{6.12 b}$$

と式が簡潔になる．式 (6.11) が成り立つような固有関数を**規格化固有関数** (normalized eigenfunction) という．固有関数系 $\{F_n(x)\}$ は次のような著しい特徴をもっている．すなわち，$\int_0^L |f(x)|^2 dx < \infty$ である任意の関数 $f(x)$ 〔$f(0)$，$f(L) \neq 0$ でもよい〕は $\{F_n\}$ を用いて

$$f(x) = \sum_{n=1}^{\infty} f_n F_n \tag{6.13}$$

$$f_n \triangleq \int_0^L f(x) F_n{}^*(x)\, dx \tag{6.14}$$

と展開でき，$\{f_n\} = 0$ は $f(x) = 0$ を意味する(2) このような性質をもつ関数系を**完全系** (complete set) という．

## 6.2 一般的空洞の完全系

完全導体で囲まれた，単連結の空洞(3)内で正弦振動する電磁界の解析を考える．Maxwell の式と境界条件から，電界の満足する方程式は

$$\left.\begin{aligned} \nabla \times \nabla \times \boldsymbol{E} + \varepsilon\mu \frac{\partial^2 \boldsymbol{E}}{\partial t^2} &= 0 \\ \nabla \cdot \boldsymbol{E} &= 0 \end{aligned}\right\} \quad \text{in } V \tag{6.15 a}$$

(1) $F_n$ は実関数だから $F_n{}^* = F_n$ である．一般の固有関数は複素関数になるので，このように書いた．

(2) この展開式における (=) は $\lim_{N \to \infty} \int_0^L |f(x) - \sum_{n=1}^{N} f_n F_n(x)|^2 dx = 0$ の意味である．したがって $f(x)$ と $\sum_{n=1}^{\infty} f_n F_n(x)$ は長さが 0 であるような $x$ の集合上で異なる値をもってよい．たとえば $f(0) \neq 0$ でもよい．

(3) 一つながりの閉曲面で囲まれている空洞．

$$\boldsymbol{a}_\nu \times \boldsymbol{E} = 0 \quad \text{on} \quad \boldsymbol{a} \tag{6.15 b}$$

ただし，$V$は空洞の体積，$a$は空洞の壁面，$\boldsymbol{a}_\nu$は壁面の外向垂線単位ベクトルである．

式 (6.15 a)，(6.15 b) は前節の式 (6.1 a)，(6.1 b) に対応している．そこで前節の式 (6.2) に対応して

$$\left.\begin{aligned} \nabla\times\nabla\times\boldsymbol{F}-k^2\boldsymbol{F}=0 \\ \nabla\cdot\boldsymbol{F}=0 \end{aligned}\right\} \quad \text{in } V \tag{6.16 a}$$

$$\boldsymbol{a}_\nu \times \boldsymbol{F} = 0 \quad \text{on} \quad \boldsymbol{a} \tag{6.16 b}$$

を考える．この固有値問題の固有値と固有関数を$k_n$，$\boldsymbol{F}_n$と書くとこれらは次の性質をもつ．

〔定 理 1〕 $k_n^2$は正の実数である．

（証） 付録Ⅰのベクトルの恒等式（Ⅰ-10′）において$\boldsymbol{A}\to\boldsymbol{F}_n^*$，$\boldsymbol{B}\to\boldsymbol{F}_n$とした式を$V$で積分すると（Ⅰ-11）により

$$\int_a (\boldsymbol{F}_n^* \times \nabla\times\boldsymbol{F}_n)_\nu da = \int_V |\nabla\times\boldsymbol{F}_n|^2 dV - \int_V \boldsymbol{F}_n^* \cdot \nabla\times\nabla\times\boldsymbol{F}_n dV \tag{6.17}$$

条件式 (6.16 b) により左辺は0，右辺第2項に式 (6.16 a) を代入すると

$$k_n^2 \int_V |\boldsymbol{F}_n|^2 dV = \int_V |\nabla\times\boldsymbol{F}_n|^2 dV \tag{6.18}$$

ゆえに$k_n^2$は0または正の実数である．そこで$k_n^2=0$と仮定すると上式から$\nabla\times\boldsymbol{F}_0=0$ (in $V$)．一方$\nabla\cdot\boldsymbol{F}_0=0$ (in $V$) であるから，$\boldsymbol{F}_0$は静電界と同じ性質をもつ．単連結の空洞内で静電界は0であるから$k_0^2=0$のとき$\boldsymbol{F}_0\equiv 0$で，$k_0=0$は固有値でない．ゆえに$k_n^2>0$

〔定 理 2〕 異なる固有値に属する固有関数は直交する．

（証） 式 (6.17) と同じやり方で

$$\int_V \boldsymbol{F}_m \cdot \nabla\times\nabla\times\boldsymbol{F}_n^* dV = \int_V \boldsymbol{F}_n^* \cdot \nabla\times\nabla\times\boldsymbol{F}_m dV \tag{6.19}$$

を証明できる．ゆえに式 (6.16 a) と$k_n^2$の実数性により

$$(k_m^2 - k_n^2) \int_V \boldsymbol{F}_m \cdot \boldsymbol{F}_n^* dV = 0 \tag{6.20}$$

この式は $k_m{}^2 \neq k_n{}^2$ なら $\boldsymbol{F}_m$ と $\boldsymbol{F}_n$ が直交することを示している．

同じ固有値に二つ以上の独立な固有関数が属するとき，この固有値は縮退している（degenerate）という．同じ固有値に属する固有関数は直交するとは限らないが，適当な1次結合をとれば直交するようにできる．したがって，すべての固有関数に対して

$$\int_V \boldsymbol{F}_m \cdot \boldsymbol{F}_n{}^* dV = \delta_{mn} \tag{6.21}$$

という規格直交条件が成り立つようにできる．

〔定　理　3〕　$\nabla \cdot \boldsymbol{A} = 0$　(in $V$),　$\int_V |\boldsymbol{A}|^2 dV < \infty$

なる任意のベクトル場 $\boldsymbol{A}$ ($\boldsymbol{a}_\nu \times \boldsymbol{A} \neq 0$ on $\boldsymbol{a}$ でもよい)は，関数系 $\{\boldsymbol{F}_n\}$ により

$$\boldsymbol{A} = \sum_n a_n \boldsymbol{F}_n \tag{6.22 a}$$

$$a_n = \int_V \boldsymbol{A} \cdot \boldsymbol{F}_n{}^* dV \tag{6.22 b}$$

と展開でき，$\{a_n\} = 0$ は $\boldsymbol{A} = 0$ を意味する．つまり $\{\boldsymbol{F}_n\}$ は完全系である．

（証）　略[(4)]

次に $\boldsymbol{F}_n$ を用いて $\boldsymbol{G}_n \triangleq \nabla \times \boldsymbol{F}_n / k_n$ を定義すると $\{\boldsymbol{F}_n\}$，$\{\boldsymbol{G}_n\}$ は次の方程式を満たす．

$$k_n \boldsymbol{F}_n = \nabla \times \boldsymbol{G}_n, \quad k_n \boldsymbol{G}_n = \nabla \times \boldsymbol{F}_n \quad \text{in } V \tag{6.23 a}$$

$$\boldsymbol{a}_\nu \times \boldsymbol{F}_n = 0, \quad \boldsymbol{a}_\nu \cdot \boldsymbol{G}_n = 0 \quad \text{on } \boldsymbol{a} \tag{6.23 b}$$

関数系 $\{\boldsymbol{G}_n\}$ は次の性質をもつ．

〔定　理　4〕　$\{\boldsymbol{G}_n\}$ は規格化直交関数系である．すなわち

$$\int_V \boldsymbol{G}_m \cdot \boldsymbol{G}_n{}^* d_V = \delta_{mn} \tag{6.24}$$

（証）

$$\begin{aligned}
\int_V \boldsymbol{G}_m \cdot \boldsymbol{G}_n{}^* d_V &= \frac{1}{k_m k_n} \int_V \nabla \times \boldsymbol{F}_m \cdot \nabla \times \boldsymbol{F}_n{}^* dV \\
&= \frac{1}{k_m k_n} \left\{ \int_V \boldsymbol{F}_m \cdot \nabla \times \nabla \times \boldsymbol{F}_n{}^* dV + \int_V \nabla \cdot (\boldsymbol{F}_m \times \nabla \times \boldsymbol{F}_n{}^*) dV \right. \\
&= \frac{k_n}{k_m} \int_V \boldsymbol{F}_m \cdot \boldsymbol{F}_n{}^* d_V + \int_a (\boldsymbol{F}_m \times \nabla \times \boldsymbol{F}_n{}^*)_\nu da \\
&= (k_n / k_m) \delta_{mn} = \delta_{mn}
\end{aligned}$$

---

（4）　文献（8）p. 222参照．

〔定　理　5〕　$\nabla\cdot\boldsymbol{A}=0$ (in $V$), $\int_V|\boldsymbol{A}|^2dV<\infty$

なる任意のベクトル場は，関数系 $\{\boldsymbol{G}_n\}$ により

$$\boldsymbol{A}=\nabla\Phi+\sum_n b_n\boldsymbol{G}_n \tag{6.25 a}$$

$$b_n=\int_V\boldsymbol{A}\cdot\boldsymbol{G}_n{}^*dV \tag{6.25 b}$$

と展開できる．ここで $\Phi$ は $\nabla^2\Phi=0$ の適当な解である．つまり $\{b_n\}=0$ は $\boldsymbol{A}=0$ を意味せず，$\{\boldsymbol{G}_n\}$ は完全系ではない．

（証）　完全系でないことだけを証明しておこう．$\{b_n\}=0$ とするとすべての $\boldsymbol{n}$ に対して

$$0=k_n\int_V\boldsymbol{A}\cdot\boldsymbol{G}_n{}^*dV=\int_V\boldsymbol{F}_n{}^*\cdot\nabla\times\boldsymbol{A}\,dV+\int_a(\boldsymbol{F}_n{}^*\times\boldsymbol{A})_\nu da$$

$$=\int_V(\nabla\times\boldsymbol{A})\cdot\boldsymbol{F}_n{}^*dV$$

したがって，$\boldsymbol{F}_n{}^*$ の完全性〔定理 3〕により $\nabla\times\boldsymbol{A}=0$ このことは $\{b_n\}=0$ のとき適当なスカラ $\Phi$ により $\boldsymbol{A}=\nabla\Phi$ と表わせることを意味している．$\nabla\cdot\boldsymbol{A}=0$ だから $\nabla^2\Phi=0$ でなければならない．しかし $\boldsymbol{a}_\nu\cdot\boldsymbol{A}=0$ (on $a$) ならば $\partial\Phi/\partial\nu=0$ (on $a$) で，$\Phi=$一定 となるから $\nabla\Phi=0$ である．（終）

$\{\boldsymbol{F}_n\}$ が完全系であるのに $\{\boldsymbol{G}_n\}$ が完全系でなく，完全系は $\{\nabla\Phi,\ \boldsymbol{G}_n\}$ の形となることは，$\{\sin nx\}_{n\geqq1}$ が $0\leqq x\leqq\pi$ で完全系であるのに，これを微分した $\{\cos nx\}_{n\geqq1}$ が完全系でなく，完全系は $\{\cos nx\}_{n\geqq0}=\{1,\ \cos nx\}_{n\geqq1}$ であるのと似ている(5)．

【例　題】　図 6.4 の方形空洞に対する固有関数系を求めよう．式 (6.16) は

$$\left.\begin{aligned}\nabla^2F_x+k^2F_x=0\\ \nabla^2F_y+k^2F_y=0\\ \nabla^2F_z+k^2F_z=0\\ \frac{\partial F_x}{\partial x}+\frac{\partial F_y}{\partial y}+\frac{\partial F_z}{\partial z}=0\end{aligned}\right\}\ \text{in } V \tag{6.26 a}$$

(5)　$\int_0^\pi 1\cdot\cos nx\,dx=0$ であるから関数系 $\{\cos nx\}_{n\geqq1}$ は $f(x)\triangleq1$ $(0\leqq x\leqq\pi)$ を展開できない．

$$\begin{cases} F_x=0 & \text{at } y=0,\ M;\ z=0,\ N \\ F_y=0 & \text{at } x=0,\ L;\ z=0,\ N \\ F_z=0 & \text{at } x=0,\ L;\ y=0,\ M \end{cases} \tag{6.26 b}$$

変数分離法により解は次の形であることがわかる．

$$\begin{cases} F_x=A\cos\dfrac{l\pi x}{L}\ \sin\dfrac{m\pi y}{M}\ \sin\dfrac{n\pi z}{N} \\ F_y=B\sin\dfrac{l\pi x}{L}\ \cos\dfrac{m\pi y}{M}\ \sin\dfrac{n\pi z}{N} \\ F_z=C\sin\dfrac{l\pi x}{L}\ \sin\dfrac{m\pi y}{M}\ \cos\dfrac{n\pi z}{N} \end{cases} \tag{6.27 a}$$

$$k_{lmn}{}^2=\left\{\left(\frac{l}{L}\right)^2+\left(\frac{m}{M}\right)^2+\left(\frac{n}{N}\right)^2\right\}\pi^2 \tag{6.27 b}$$

$l$, $m$, $n$ は整数

$\nabla\cdot\boldsymbol{F}=0$ を満足させるには

$$A\frac{l\pi}{L}+B\frac{m\pi}{M}+C\frac{n\pi}{N}=0$$

とすればよい．$l\cdot m\cdot n\neq 0$ ならば2組の $\{A,\ B,\ C\}$ が独立に選べる（二重縮退），1組を $\{A_1,\ B_1,\ 0\}$，他の1組を $\{A_2,\ B_2,\ C_2\}$ として，両者が直交するように選ぶと

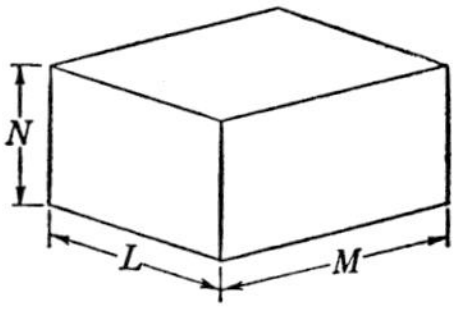

図 6.4　方形空洞共振器

$$A_1\frac{l}{L}+B_1\frac{m}{M}=0$$

$$A_2\frac{l}{L}+B_2\frac{m}{M}+C_2\frac{n}{N}=0$$

$$A_1A_2+B_1B_2=0$$

これを解くと，$K_1$，$K_2$ を定数として

$$A_1=\frac{m}{M}K_1,\qquad B_1=-\frac{l}{L}K_1,\qquad C_1=0 \tag{6.28 a}$$

$$A_2=\frac{l}{L}K_2,\ \ B_2=\frac{m}{M}K_2,\ \ C_2=-\frac{N}{n}\left\{\left(\frac{l}{L}\right)^2+\left(\frac{m}{M}\right)^2\right\}K_2 \tag{6.28 b}$$

定数 $K_1$，$K_2$ は規格化条件から決める．すなわち

$$1=\int_V|\boldsymbol{F}|^2dV=(A^2+B^2+C^2)LMN/8$$

から

$$K_1=\frac{2\sqrt{2}}{\sqrt{V}}\Big/\sqrt{\left(\frac{l}{L}\right)^2+\left(\frac{m}{M}\right)^2} \tag{6.29}$$

$K_2$ も同様に決まる．

$l\cdot m\cdot n=0$ のときは簡単で，たとえば $l=0$，$m\cdot n\neq 0$ ならば

$$\begin{cases} F_x=\dfrac{2}{\sqrt{V}}\ \sin\dfrac{m\pi y}{M}\ \sin\dfrac{n\pi z}{N} \\ F_y=F_z=0 \end{cases} \tag{6.30}$$

となり，これから $\boldsymbol{G}$ を求めると

$$\begin{cases} G_x=0 \\ G_y=\dfrac{2}{\sqrt{V}}\ \dfrac{n\pi}{Nk_{0mn}}\ \sin\dfrac{m\pi}{M}y\cos\dfrac{n\pi}{N}z \\ G_z=\dfrac{-2}{\sqrt{V}}\ \dfrac{m\pi}{Mk_{0mn}}\ \cos\dfrac{m\pi}{M}y\sin\dfrac{n\pi}{N}z \end{cases} \tag{6.31}$$

となる．

## 6.3　空洞共振器の解析

空洞内の電界は波動方程式

$$\nabla\times\nabla\times\boldsymbol{E}=-\varepsilon\mu\frac{\partial^2\boldsymbol{E}}{\partial t^2} \tag{6.32}$$

を満足する．$\boldsymbol{E}$ と $\nabla\times\nabla\times\boldsymbol{E}$ をそれぞれ完全系 $\{\boldsymbol{F}_n\}$ で展開し

$$\boldsymbol{E}=\Sigma a_m(t)\boldsymbol{F}_m \tag{6.33 a}$$

$$\nabla\times\nabla\times\boldsymbol{E}=\Sigma b_m(t)\boldsymbol{F}_m \tag{6.33 b}$$

と置けば，$\{\boldsymbol{F}_m\}$ の規格化直交性から

$$b_m=-\varepsilon\mu\frac{d^2a_m}{dt^2} \tag{6.34 a}$$

$$a_m=\int_V\boldsymbol{F}_n{}^*\cdot\boldsymbol{E}dV \tag{6.34 b}$$

$$b_m=\int_V\boldsymbol{F}_m{}^*\cdot\nabla\times\nabla\times\boldsymbol{E}dV \tag{6.34 c}$$

$b_m$ を $a_m$ で表わすために，(I–10′) から得られる恒等式

$$\nabla\cdot(\boldsymbol{E}\times\nabla\times\boldsymbol{F}_m{}^*)-\nabla\cdot(\boldsymbol{F}_m{}^*\times\nabla\times\boldsymbol{E})$$
$$=\boldsymbol{F}_m{}^*\cdot\nabla\times\nabla\times\boldsymbol{E}-\boldsymbol{E}\cdot\nabla\times\nabla\times\boldsymbol{F}_m{}^* \tag{6.35}$$

を $\int_V dV$ すると，式 (6.16 b) の条件があるので

$$\int_a(\boldsymbol{E}\times\nabla\times\boldsymbol{F}_m{}^*)_\nu\, da=b_m-\int_V\boldsymbol{E}\cdot\nabla\times\nabla\times\boldsymbol{F}_m{}^*dV \tag{6.36}$$

となる．更に式 (6.16 a), (6.23 a), (6.34 b) を使うと

$$b_m=k_m{}^2a_m+k_m\int_a(\boldsymbol{E}\times\boldsymbol{G}_m{}^*)_\nu da \tag{6.37}$$

これを式 (6.34 a) に代入すると $a_m$ の満足すべき式として

$$\varepsilon\mu\frac{d^2a_m}{dt^2}+k_m{}^2a_m=-k_m\int_a(\boldsymbol{E}\times\boldsymbol{G}_m{}^*)_\nu\, da \tag{6.38}$$

を得る．この式の用い方を以下に示そう．

**完全導体壁をもつ空洞**　この場合，$\boldsymbol{a}_\nu\times\boldsymbol{E}=0$ (on $a$) だから，式 (6.38) の右辺は 0 となり

$$\varepsilon\mu\frac{d^2a_m}{dt^2}+k_m{}^2a_m=0 \tag{6.39}$$

この式の解は

$$a_m=A_me^{j\omega_mt},\quad \omega_m=k_m/\sqrt{\varepsilon\mu} \tag{6.40}$$

したがって式 (6.33 a) から

$$\boldsymbol{E}=\sum A_me^{j\omega_mt}\boldsymbol{F}_m \tag{6.41}$$

つまり電界は，共振周波数 $\omega_m$ で振動するモードの和である．各モードは独立だから，第 $\boldsymbol{n}$ モードだけを考えると

$$\boldsymbol{E}_n=a_n\boldsymbol{F}_n \tag{6.42 a}$$
$$\boldsymbol{H}_n=j\frac{1}{\omega_n\mu}\nabla\times\boldsymbol{E}_n=ja_n\boldsymbol{G}_n/Z_0 \tag{6.42 b}$$

この式から

$$\frac{\varepsilon}{4}\int_V\boldsymbol{E}_n\cdot\boldsymbol{E}_n{}^*dV=\frac{\mu}{4}\int_V\boldsymbol{H}_n\cdot\boldsymbol{H}_n{}^*dV \tag{6.43}$$

となり，非分散性媒質で満たされた空洞共振器においては，各モードの電気エネルギーと磁気エネルギーの時間平均値は等しいことがわかる．

**不完全導体壁をもつ空洞**

**(a)** 縮退がないとき　不完全導体の壁面上では近似的に次式が成り立つ

[式(5.39) 参照]

$$\boldsymbol{a}_\nu \times \boldsymbol{E} = Z_s \boldsymbol{H} \tag{6.44}$$

これを式 (6.38) に代入すると

$$\varepsilon\mu \frac{d^2 a_m}{dt^2} + k_m{}^2 a_m = -k_m \int_a Z_s(\boldsymbol{H}\cdot\boldsymbol{G}_m{}^*)da \tag{6.45}$$

$Z_s \to 0$ のとき $\omega_n$ で振動するモードに着目すると，$|Z_s/Z_0| \ll 1$ ならば式 (6.33 a) で $a_n$ 以外の $a_m$ は $(Z_s/Z_0)$ に比例して小さく，電磁界は式 (6.42) とほとんど違わない筈だから，式 (6.45) の $\boldsymbol{H}$ を式 (6.42 b) で近似し，$a_n$ に対する式だけを書くと(6)

$$\frac{d^2 a_n}{dt^2} + \omega_n{}^2\{1 + j(1+j)D_{nn}\}a_n = 0 \tag{6.46}$$

$$(1+j)D_{nn} \triangleq \frac{1}{k_n}\int_a \frac{Z_s}{Z_0}\boldsymbol{G}_n\cdot\boldsymbol{G}_n{}^* da$$

$$= \frac{1+j}{2}\int_a \delta|\boldsymbol{G}_n|^2 da \tag{6.47}$$

$\delta$ は壁の表皮の深さであって，空洞の大きさ（直径とか一辺の長さ）を $L$ とすると

$$1 = \int_V |\boldsymbol{G}_n|^2 dV \fallingdotseq |\boldsymbol{G}_n|^2 L^3$$

だから

$$\int_a |\boldsymbol{G}_n|^2 da \fallingdotseq |\boldsymbol{G}_n|^2 L^2 \fallingdotseq 1/L$$

となり

$$D_{nn} \fallingdotseq \delta/L \ll 1$$

である．式 (6.46) を解くと

$$\begin{cases} a_n = A_n e^{j\omega t} \\ \omega = \omega_n\{1 + j(1+j)D_{nn}\}^{1/2} \\ \quad \fallingdotseq \omega_n\left(1 - \dfrac{D_{nn}}{2}\right) + j\dfrac{\omega_n}{2}D_{nn} \end{cases} \tag{6.48}$$

これは壁の熱損失のために共振周波数が $\omega_n D_{nn}/2$ だけ下

(6) 周波数の変化だけを求めるならば $a_n$ に対する式を考えれば充分である．電磁界分布を求めるには $a_n$ 以外の $a_m$ を求める必要がある．

がり，電磁界が $\exp(-\omega_n D_{nn} t/2)$ に比例して減衰してゆくことを示している．

電磁界が $\exp(-\alpha' t)$ で減衰するとすれば，電磁エネルギー $W$ は $\exp(-2\alpha' t)$ に比例するから

$$\frac{dW}{dt}=-2\alpha' W \tag{6.49}$$

すなわち，毎秒 $2\alpha' W$ のエネルギーが熱に変わる．一般に振動系の $Q$ を次式で定義する．

$$Q \triangleq 2\pi \frac{\text{振動エネルギー}}{\text{1 周期に失われる振動エネルギー}} \tag{6.50}$$

したがって壁面損失のある空洞の $Q$ は

$$Q=\frac{W}{2\alpha' W/\omega} \fallingdotseq \frac{\omega_n}{2\alpha'}=\frac{1}{D_{nn}} \tag{6.51}$$

で与えられる．

【例　題】 方形空洞の $(0,\ m,\ n)$ モードに対する $Q$ を計算してみる．式 (6.31) を式 (6.47) に代入し，モード・ナンバを $\{0,\ m,\ n\} \triangleq q$ と書くと

$$\begin{aligned} D_{qq}&=\frac{1}{2}\int_a \delta \frac{(2\pi)^2}{Vk_q{}^2}\left\{\left(\frac{n}{N}\right)^2 \sin^2\frac{m\pi y}{M}\ \cos^2\frac{n\pi z}{N}\right.\\ &\qquad \left.+\left(\frac{m}{M}\right)^2 \cos^2\frac{m\pi y}{M}\sin^2\frac{n\pi z}{N}\right\} da \\ &=\delta\left\{\frac{1}{L}+2\frac{\left(\frac{m}{M}\right)^2\frac{1}{M}+\left(\frac{n}{N}\right)^2\frac{1}{N}}{\left(\frac{m}{M}\right)^2+\left(\frac{n}{N}\right)^2}\right\} \end{aligned} \tag{6.52}$$

材質を銅とし，$L=2\,\text{cm}$，$M=4\,\text{cm}$，$N=6\,\text{cm}$；$l=0$，$m=1$，$n=1$ とすると

$$\omega_q=ck_q=3\times10^{10}\times\{(1/4)^2+(1/6)^2\}^{1/2}\pi \fallingdotseq 2.82\times10^{10},\quad \delta=\sqrt{2/\omega_q\sigma\mu_0}$$

$$=\sqrt{2/2.82\times10^{10}\times5.8\times10^7\times4\pi\times10^{-7}} \fallingdotseq 1\times10^{-6}[\text{m}]=1\times10^{-4}[\text{cm}]$$

したがって

$$Q=1/D_{qq}=10^4\times\left\{\frac{1}{2}+2\cdot\frac{\left(\frac{1}{4}\right)^3+\left(\frac{1}{6}\right)^3}{\left(\frac{1}{4}\right)^2+\left(\frac{1}{6}\right)^2}\right\}^{-1} \tag{6.53}$$

$$=10^4/(0.5+0.45) \fallingdotseq 10^4$$

同じモードで空洞の大きさを $1/p$ にすると $\omega_q$ は $p$ 倍になり，$\delta$ は $1/\sqrt{p}$ に

なるので $D_{qq}$ は $\sqrt{p}$ 倍となって $Q$ は $1/\sqrt{p}$ に下がる．一般に空洞の形が同じならば $Q$ は空洞の大きさの平方根に比例する．

（**b**） **縮退があるとき** 簡単のため，$k_n$ に属する固有関数が 2 個あるとし，これを，$\boldsymbol{F}_{n1}$，$\boldsymbol{F}_{n2}$ とする．$Z_s=0$ のとき $\omega_n$ で振動するモードは，この 2 個の固有関数の線形結合で表わされるから

$$\boldsymbol{E}=a_{n1}\boldsymbol{F}_{n1}+a_{n2}\boldsymbol{F}_{n2} \tag{6.54 a}$$

$$\boldsymbol{H}=\frac{j}{Z_0}(a_{n1}\boldsymbol{G}_{n1}+a_{n2}\boldsymbol{G}_{n2}) \tag{6.54 b}$$

$Z_s\neq 0$ のときも $|Z_s/Z_0|\ll 1$ ならば，電磁界は式 (6.54) とほとんど違わない筈であるから，式 (6.54) を式 (6.45) に代入して，$a_{n1}$ と $a_{n2}$ に対する式だけを書くと

$$\frac{d^2a_{n1}}{dt^2}+\omega_n{}^2\{1+(j-1)D_{11}\}a_{n1}+\omega_n{}^2(j-1)D_{12}a_{n2}=0 \tag{6.55 a}$$

$$\frac{d^2a_{n2}}{dt^2}+\omega_n{}^2\{1+(j-1)D_{22}\}a_{n2}+\omega_n{}^2(j-1)D_{21}a_{n1}=0 \tag{6.55 b}$$

ただし

$$D_{\alpha\beta}\triangleq\frac{1}{2}\int_a\delta\boldsymbol{G}_{n\alpha}\cdot\boldsymbol{G}_{n\beta}{}^*da=D_{\beta\alpha} \tag{6.56}$$

そこで

$$a_{n1}=A_{n1}e^{j\omega t},\qquad a_{n2}=A_{n2}e^{j\omega t} \tag{6.57}$$

と仮定して上式に代入すると

$$[-\omega^2+\omega_n{}^2\{1+(j-1)D_{11}\}]A_{n1}+\omega_n{}^2(j-1)D_{12}A_{n2}=0 \tag{6.58 a}$$

$$\omega_n{}^2(j-1)D_{21}A_{n1}+[-\omega^2+\omega_n{}^2\{1+(j-1)D_{22}\}]A_{n2}=0 \tag{6.58 b}$$

両式が連立するためには係数行列式が 0 となることが必要で，これは

$$\begin{vmatrix} p_{11}{}^2-\omega^2 & p_{12}{}^2 \\ p_{21}{}^2 & p_{22}{}^2-\omega^2 \end{vmatrix}=0 \tag{6.59}$$

と書ける．ただし

$$p_{\alpha\beta}{}^2\triangleq\omega_n{}^2\{\delta_{\alpha\beta}+(j-1)D_{\alpha\beta}\} \tag{6.60}$$

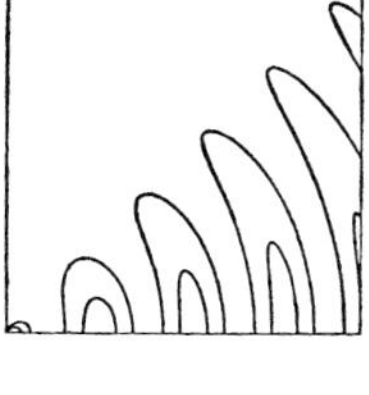

式 (6.59) は $\omega^2$ に対して 2 根を与えるが $|p_{12}p_{21}|\ll|p_{11}p_{22}|$ なので，第 1 近似は $\omega_1{}^2\fallingdotseq p_{11}{}^2$，$\omega_2{}^2\fallingdotseq p_{22}{}^2$ である．ゆえに，この近似値を式 (6.59) に代入すると

$$\begin{vmatrix} {p_{11}}^2-\omega_1^2 & {p_{12}}^2 \\ {p_{21}}^2 & {p_{22}}^2-{p_{11}}^2 \end{vmatrix}=0$$

$$\begin{vmatrix} {p_{11}}^2-{p_{22}}^2 & {p_{12}}^2 \\ {p_{21}}^2 & {p_{22}}^2-{\omega_2}^2 \end{vmatrix}=0$$

これから第2近似として

$$ {\omega_1}^2 \fallingdotseq {p_{11}}^2+\frac{{p_{12}}^2{p_{21}}^2}{{p_{11}}^2-{p_{22}}^2} \tag{6.61 a}$$

$$ {\omega_2}^2 \fallingdotseq {p_{22}}^2+\frac{{p_{12}}^2{p_{21}}^2}{{p_{22}}^2-{p_{11}}^2} \tag{6.61 b}$$

式 (6.60) を代入すると

$$\omega_1=\omega_n\left\{1+(j-1)\left(D_{11}+\frac{D_{12}D_{21}}{D_{11}-D_{22}}\right)\right\}^{1/2} \tag{6.62 a}$$

$$\omega_2=\omega_n\left\{1+(j-1)\left(D_{22}+\frac{D_{12}D_{21}}{D_{22}-D_{11}}\right)\right\}^{1/2} \tag{6.62 b}$$

すなわち，壁損失のために縮退は解けて，$\omega_n$ のモードは $\omega_1$ と $\omega_2$ という複素共振周波数をもつ2個のモードに分離する．

$D_{11}=D_{22}$ のときは式 (6.62) の近似式は使えず，式 (6.59) から直接

$$\omega_1=\omega_2=\omega_n\{1+(j-1)(D_{11}\pm D_{12})\}^{1/2} \tag{6.63}$$

となる．

以上は2重縮退の場合であるが，多重縮退の場合も式 (6.54) の代りに

$$\boldsymbol{E}=\sum_i a_{ni}\boldsymbol{F}_{ni}, \qquad \boldsymbol{H}=(j/Z_0)\sum_i a_{ni}\boldsymbol{G}_{ni} \tag{6.64}$$

として，式 (6.55) を得たと同様に $\{a_{ni}\}$ の連立方程式を作り，その係数行列を0と置いて固有値を求めればよい．

**壁面の微少変形**　壁面 $a \triangleq a' \cup a''$ の一部 $a''$ がわずかに凹んで $a'''$ になったとき（図6.5)，共振周波数の変化を求めよう．

凹みの体積を $V_1$ とし，凹んだ空洞 $V$-$V_1$ 中のモードの一つを $\boldsymbol{E}$ とする．$\boldsymbol{E}$ を元の体積 $V$ に解析接続したものを式 (6.33) のように $V$ の固有関数で展開したとすれば，展開係数は式 (6.38) にしたがう．$a' \cup a'''$ 上で $\boldsymbol{a}_\nu \times \boldsymbol{E}=0$ だから式 (6.38) の右辺は

$$\int_a (\boldsymbol{E}\times\boldsymbol{G}_m{}^*)_\nu da=\int_{a''\cup a'''}(\boldsymbol{E}\times\boldsymbol{G}_m{}^*)_\nu da \tag{6.65}$$

と変形できる．凹みがわずかならば $V$-$V_1$ のモードは $V$ のモードにきわめて近い筈だから，式（6.33）で $a_n$ とそれ以外の係数の比は（$V_1/V$）の程度に小さい筈である．したがって式（6.65）の $\boldsymbol{E}$ を式（6.42 a）で近似し，$a_n$ だけを考えることにすると式（6.23 a）の関係から

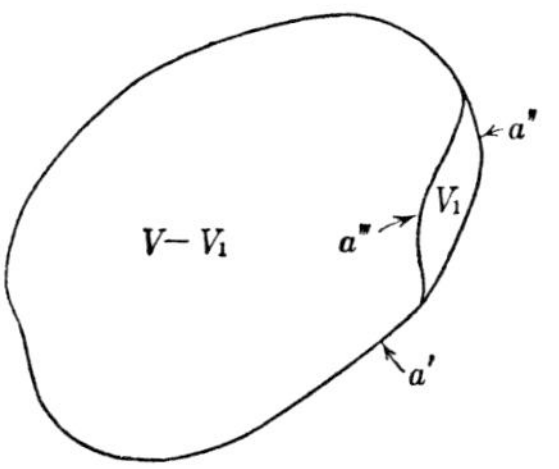


図 6.5 壁面の微少変形

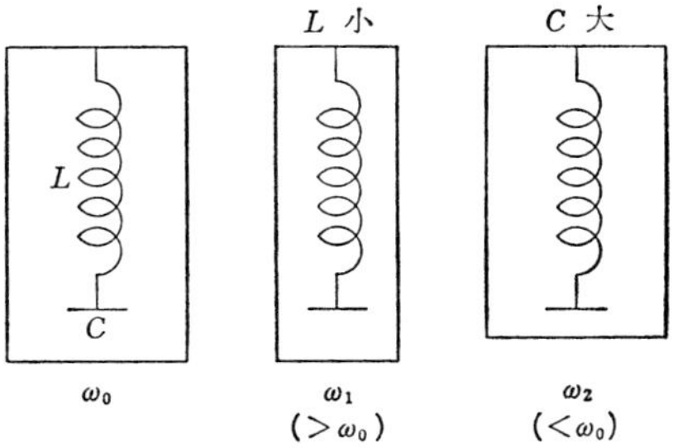


図 6.6 壁面の変形と共振周波数の関係

$$\int_a (\boldsymbol{E}\times\boldsymbol{G}_n{}^*)_\nu da=a_n\int_{a''\cup a'''}(\boldsymbol{F}_n\times\boldsymbol{G}_n{}^*)_\nu da$$

$$=a_n k_n\int_{V_1}(|\boldsymbol{G}_n|^2-|\boldsymbol{F}_n|^2)dV$$

これを式（6.38）に代入すると

$$\frac{d^2a_n}{dt^2}+\omega_n{}^2\left\{1+\int_{V_1}(|\boldsymbol{G}_n|^2-|\boldsymbol{F}_n|^2)dV\right\}a_n=0 \tag{6.66}$$

すなわち体積が $V_1$ だけ凹むと周波数は $\omega_n$ から

$$\omega=\omega_n\left\{1+\int_{V_1}(|G_n|^2-|F_n|^2)dV\right\}^{1/2}$$

$$\fallingdotseq\omega_n\left\{1+\frac{1}{2}\int_{V_1}(|G_n|^2-|F_n|^2)dV\right\} \tag{6.67}$$

に変わる．$\boldsymbol{F}_n$，$\boldsymbol{G}_n$ はそれぞれモードの電界と磁界に比例するから，電界の強い所を凹ますと共振周波数は下がり，磁界の強い所を凹ますと共振周波数が上がる．これは前者では容量が増し，後者ではインダクタンスが減ることから理解できる．（図 6.6 参照）

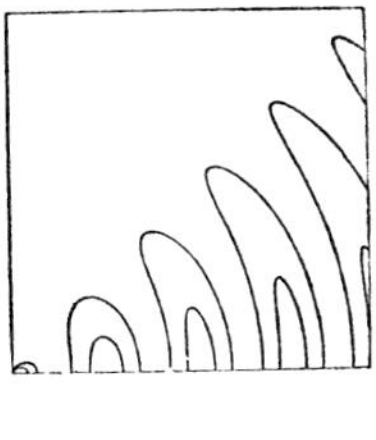

以上は縮退のない場合であったが，縮退がある場合は，壁面損失のときと同じような取り扱いが必要である.

# 第 7 章

# 伝　送　波

## 7.1 ま　え　が　き

第3章では無限に広い媒質中を自由に伝わる平面波について考察した．本章では導体や誘電体で作られた**導波系**（waveguide）に導びかれて伝わる波を考察しよう．導波系の代表例は有線通信で使う伝送線路やマイクロ波で使う導波管であり，これらに導びかれて伝わる電磁波を英語で **guided wave** という．日本語で適当な訳がないが(1)，本書では**伝送波**と呼ぶことにする．自由空間中の平面波が直進してゆくのに対して，伝送波は伝送系を曲げることによって任意の方向に導びくことができるのが第一の特徴である．第二の特徴は平面波の速度が媒質定数で決まってしまうのに対して，伝送波の速度は伝送系の設計により自由に変えられることで，この性質は進行波管や線形加速器の遅波回路として用いられている．

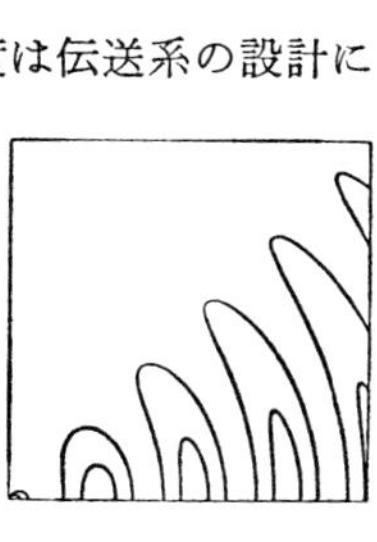

---

(1) 嚮導波（キョウドウハ）とか被嚮導波という訳がある．

## 7.2 伝送波の解析に便利な式

伝送方向を $z$ 軸にとり，任意のベクトルを $z$ 軸に垂直な成分 $\boldsymbol{A}_t \triangleq \boldsymbol{a}_x A_x + \boldsymbol{a}_y A_y$ と平行な成分 $\boldsymbol{a}_z A_z$ に分解し

$$\boldsymbol{A} = \boldsymbol{A}_t + \boldsymbol{a}_z A_z$$

と書く．同様に微分作用素も $\nabla_t \triangleq \boldsymbol{a}_x \dfrac{\partial}{\partial x} + \boldsymbol{a}_y \dfrac{\partial}{\partial y}$ と定義して

$$\nabla = \nabla_t + \boldsymbol{a}_z \frac{\partial}{\partial z}$$

と書く．

$z$ 方向に伝わってゆく正弦進行波は一般に

$$\boldsymbol{E} = \boldsymbol{E}_0(x,\ y)e^{j(\omega t - k_z z)} \tag{7.1}$$

と書けるから，$\partial/\partial t = j\omega$，$\partial/\partial z = -jk_z$ と置ける．したがって $\nabla = \nabla_t - jk_z \boldsymbol{a}_z$ となり

$$\begin{aligned} \nabla \times \boldsymbol{E} &= (\nabla_t - jk_z \boldsymbol{a}_z) \times (\boldsymbol{E}_t + E_z \boldsymbol{a}_z) \\ &= \nabla_t \times \boldsymbol{E}_t + \nabla_t E_z \times \boldsymbol{a}_z - jk_z \boldsymbol{a}_z \times \boldsymbol{E}_t \end{aligned} \tag{7.2}$$

一方，Maxwell の式から

$$\nabla \times \boldsymbol{E} = -j\omega\mu \boldsymbol{H} = -j\omega\mu(\boldsymbol{H}_t + H_z \boldsymbol{a}_z) \tag{7.3}$$

である．式 (7.2) と式 (7.3) の $z$ 成分，$t$ 成分をそれぞれ等置して

$$\nabla_t \times \boldsymbol{E}_t = -j\omega\mu H_z \boldsymbol{a}_z \tag{7.4 a}$$

$$\nabla_t E_z \times \boldsymbol{a}_z + jk_z \boldsymbol{E}_t \times \boldsymbol{a}_z = -j\omega\mu \boldsymbol{H}_t \tag{7.4 b}$$

同様に Maxwell の第2式から

$$\nabla_t \times \boldsymbol{H}_t = j\omega\varepsilon E_z \boldsymbol{a}_z \tag{7.5 a}$$

$$\nabla_t H_z \times \boldsymbol{a}_z + jk_z \boldsymbol{H}_t \times \boldsymbol{a}_z = j\omega\varepsilon \boldsymbol{E}_t \tag{7.5 b}$$

式 (7.4)，(7.5) から

$$j\frac{k_t^2}{k_z}\boldsymbol{E}_t = \nabla_t E_z + Z_H \nabla_t H_z \times \boldsymbol{a}_z \tag{7.6 a}$$

$$j\frac{k_t^2}{k_z}\boldsymbol{H}_t = \nabla_t H_z + Y_E \boldsymbol{a}_z \times \nabla_t E_z \tag{7.6 b}$$

ただし
$$\begin{cases} k_t^2 \triangleq k^2 - k_z^2, \quad k \triangleq \omega\sqrt{\varepsilon\mu} \\ Z_H \triangleq \sqrt{\dfrac{\mu}{\varepsilon}} \cdot \dfrac{k}{k_z}, \quad Y_E \triangleq \sqrt{\dfrac{\varepsilon}{\mu}} \cdot \dfrac{k}{k_z} \end{cases} \tag{7.6 c}$$

式 (7.6) を見ると一般に ($\boldsymbol{E}_t$, $\boldsymbol{H}_t$) は $E_z$ から決まる部分，$H_z$ から決まる部分および $E_z$, $H_z$ に無関係に決まる部分の三つに分解できる．すなわち

$$\begin{cases} \boldsymbol{E}_t = \boldsymbol{E}_t^E + \boldsymbol{E}_t^H + \boldsymbol{E}_t^0 \\ \boldsymbol{H}_t = \boldsymbol{H}_t^E + \boldsymbol{H}_t^H + \boldsymbol{H}_t^0 \end{cases} \tag{7.7}$$

と置くと ($\boldsymbol{E}_t^E$, $\boldsymbol{H}_t^E$) は式 (7.6) で $H_z=0$ と置いたときの値で，次式で与えられる．

$$j\frac{k_t^2}{k_z}\boldsymbol{E}_t^E = \nabla_t E_z \tag{7.8 a}$$

$$j\frac{k_t^2}{k_z}\boldsymbol{H}_t^E = Y_E \boldsymbol{a}_z \times \nabla_t E_z \tag{7.8 b}$$

また ($\boldsymbol{E}_t^H$, $\boldsymbol{H}_t^H$) は式 (7.6) で $E_z=0$ と置いたときの値で，次式で与えられる．

$$j\frac{k_t^2}{k_z}\boldsymbol{E}_t^H = Z_H \nabla_t H_z \times \boldsymbol{a}_z \tag{7.9 a}$$

$$j\frac{k_t^2}{k_z}\boldsymbol{H}_t^H = \nabla_t H_z \tag{7.9 b}$$

式 (7.8) で結ばれている ($\boldsymbol{E}_t^E$, $\boldsymbol{H}_t^E$, $E_z$) という波は磁界の進行方向（$z$ 方向）成分が零で，電界の $z$ 成分から決まるので TM 波 (**T**ransverse **M**agnetic Wave の略) または E 波と呼ばれる．これに対し式 (7.9) で結ばれる ($\boldsymbol{E}_t^H$, $\boldsymbol{H}_t^H$, $H_z$) という波は電界の進行方向成分が零で，磁界の $z$ 成分から決まるので TE 波 (**T**ransverse **E**lectric wave の略) または H 波と呼ばれる．

式 (7.8) からわかるように，$\boldsymbol{E}_t^E$ と $\boldsymbol{H}_t^E$ は直交し，大きさについては $H_t^E = Y_E E_t^E$ の関係がある．同様に $\boldsymbol{E}_t^H$ と $\boldsymbol{H}_t^H$ は直交し，大きさについては $E_t^H = Z_H H_t^H$ の関係がある．

最後に ($\boldsymbol{E}_t^0$, $\boldsymbol{H}_t^0$) は式 (7.6) で $E_z=H_z=0$ としたときの値であるが，($\boldsymbol{E}_t^0$, $\boldsymbol{H}_t^0$)$\neq 0$ でないためには $k_t=0$ でなければならない．このとき $k_z=k$ であるから式(7.4)，

(7.5) から

$$\nabla_t \times \boldsymbol{E}_t^0 = 0, \quad \boldsymbol{E}_t^0 \times \boldsymbol{a}_z = -Z_0 \boldsymbol{H}_t^0 \qquad (7.10\,\text{a})$$

$$\nabla_t \times \boldsymbol{H}_t^0 = 0, \quad Z_0 \boldsymbol{H}_t^0 \times \boldsymbol{a}_z = \boldsymbol{E}_t^0 \qquad (7.10\,\text{b})$$

となる．この波は $E_z = H_z = 0$ であるから TEM 波（**T**ransverse **E**lectric **M**agnetic Wave）という．$k_z = k$ ということから，この波の速度は自由空間での平面波の速度と同じになり，また式 (7.10) によれば電磁界の関係も平面波の場合と同じである．ただし，$(\boldsymbol{E}_t^0, \boldsymbol{H}_t^0)$ は $x$, $y$ の関数であり得る点が平面波と異なる．

## 7.3 一様な伝送系

代表的な伝送系としては，図 7.1 に示すように**平行 2 線路**（parallel wire line），**同軸ケーブル**(coaxial cable), **導波管**（hollow waveguide）などがあり，実際の構造は，導体の保持，線路の接続などのために複雑であるが，ここでは主要な性質を調べるために次の条件にしたがう理想的に一様な伝送系を考える．

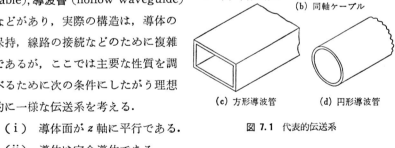

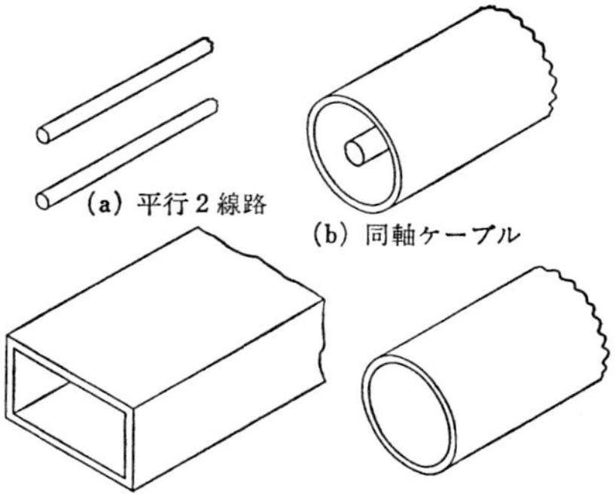


図 7.1 代表的伝送系

(i) 導体面が $z$ 軸に平行である．

(ii) 導体は完全導体である．

(iii) 誘電体は等方，一様である．

一様な伝送系の特徴は純粋な TEM 波，TE 波，TM 波をそれぞれ独立に伝えることができる点にある．条件 (i), (ii), (iii)のいずれか一つでも成り立たないと一般にこれらの波が互いに結合していわゆる**混合波**（hybrid wave）になってしまう．

**TEM 波**　以下 + $z$ 方向への進行波を考えることにして共通因子 $e^{j(\omega t - kz)}$ は

省略する．式 (7.10 a) の第1式から $\nabla_t \times \boldsymbol{E}_t^0 = 0$ となるので，スカラ関数 $\Phi$ により

$$\boldsymbol{E}_t^0 = -\nabla_t \Phi \tag{7.11}$$

と表わせる．これを $\nabla_t \cdot \boldsymbol{E}^0 = 0$ に代入すると $\nabla_t{}^2 \Phi = 0$ となる．境界条件としては，導体面上で電界の接線成分を 0 とすればよい．結局，問題は 2 次元の静電界の問題と同じで，次の方程式を満足するスカラ $\Phi$ を求めることに帰する．

$$\begin{cases} \nabla_t{}^2 \Phi = 0 \\ (\Phi)_{C_i} = \Phi_i \end{cases} \tag{7.12}$$

$C_i$ は $i$ 番目の導体の切口曲線で，$\Phi_i$ は $i$ 番目の導体の静電ポテンシャルに当る定数である．$\Phi$ が決まると式 (7.11)，(7.10 a) から電磁界が求まり，これらは Maxwell の式と境界条件を満足するので独立に存在できる．

$\boldsymbol{E}_t^0$ が 2 次元の静電界と同じ性質をもつことから，$\boldsymbol{E}_t^0$ は図 7.2 のように一つの導体面に始点をもち，別の導体面に終点をもたなければならない．したがって，TEM 波を伝えるためには，導体が 2 本以上必要で，1 個の導体からなる中空の導波管は TEM 波を伝えない．平行 2 線路や同軸ケーブルは 2 本の導体でできているので，TEM 波を伝えることができる．ただし，平行 2 線路のようにシールドされていない線路では TEM 波のみが可能で，TE 波や TM 波は伝わらない．同軸ケーブルのようにシールドされた線路では TE 波，TM 波も伝わる．もちろん同軸ケーブルで実際に使う波は主として TEM 波であり，この意味で TEM 波のことを主波 (principal wave) ともいう．

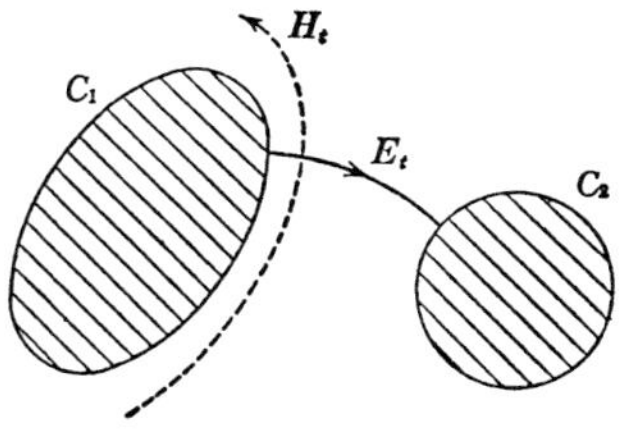

図 7.2 TEM 波

図 7.2 のような一般的 2 導体系における TEM 波を考えると，電界が静電界的であることから，$\boldsymbol{E}_t^0$ は導体間の電圧 $V$ に比例し

$$\boldsymbol{E}_t^0 = V\boldsymbol{e}(x,\ y) \tag{7.13}$$

と書ける．ここで $\boldsymbol{e}(x,\ y)$ は導体間に 1〔V〕の電圧を掛けたときの電界分布である．同様に磁界は電流に比例するから

$$\boldsymbol{H}_t^0 = I\boldsymbol{h}(x,\ y) \tag{7.14}$$

と書ける．ここで $\boldsymbol{h}(x,\ y)$ は 1〔A〕の電流が流れているときの磁界分布を表わす．

導体系の単位長当りの静電容量を $C$ とし，単位長当りの電荷を $Qe^{j(\omega t-kz)}$ とすれば

$$Q = CV \tag{7.15}$$

また電荷の連続方程式から

$$\frac{\partial}{\partial t}\{Qe^{j(\omega t-kz)}\} + \frac{\partial}{\partial z}\{Ie^{j(\omega t-kz)}\} = 0 \tag{7.16}$$

これから

$$Q = \sqrt{\varepsilon\mu}\, I \tag{7.17}$$

したがって

$$\frac{V}{I} = \frac{\sqrt{\varepsilon\mu}}{C} \triangleq Z_c \tag{7.18}$$

すなわち，進行波の電圧と電流の比は，媒質定数と断面の幾何学的形状だけで決まる定数である．この定数 $Z_c$ を線路の**特性インピーダンス** (characteristic impedance) という．

$Z_c$ は単位長当りのインダクタンス $L$ と容量 $C$ で表わすこともできる．$L$ と $C$ は単位長当りの磁気エネルギー $W_m$ と電気エネルギー $W_e$ から次式で定義できる．

$$\begin{cases} W_m = \dfrac{1}{4}L|I|^2 = \dfrac{\mu}{4}\displaystyle\int |\boldsymbol{H}_t^0|^2 da \\ W_e = \dfrac{1}{4}C|V|^2 = \dfrac{\varepsilon}{4}\displaystyle\int |\boldsymbol{E}_t^0|^2 da \end{cases} \tag{7.19}$$

ところが式 (7.10 a) の関係から $|\boldsymbol{E}_t^0| = Z_0|\boldsymbol{H}_t^0|$ なので $W_m = W_e$ つまり $L|I|^2 = C|V|^2$，したがって

$$Z_c = \frac{V}{I} = \sqrt{\frac{L}{C}} \tag{7.20}$$

の関係を得る．

式 (7.18) と (7.20) から

$$LC=\mu\varepsilon \tag{7.21}$$

の関係が求まり，したがって主波の伝搬定数は

$$k=\omega\sqrt{\mu\varepsilon}=\omega\sqrt{LC} \tag{7.22}$$

と書ける．$Z_c=\sqrt{L/C}$，$k=\omega\sqrt{LC}$ という表わし方は分布定数回路の理論で用いられている．なお式 (7.18) は $+z$ 方向に向かう進行波について成り立つ式で，$-z$ 方向の進行波に対しては $Z_c$ の代りに $-Z_c$ となる．

次に主波により運ばれる電力が電圧と電流の積に等しいこと，つまり

$$\frac{1}{2}VI^*=\frac{1}{2}\int(\boldsymbol{E}_t^0\times\boldsymbol{H}_t^{0*})\cdot d\boldsymbol{a} \tag{7.23}$$

を証明しよう．

（証）

$$\begin{aligned}
\int(\boldsymbol{E}_t^0\times\boldsymbol{H}_t^{0*})\cdot d\boldsymbol{a}&=\frac{-1}{Z_0}\int\{\boldsymbol{E}_t^0\times(\boldsymbol{E}_t^{0*}\times\boldsymbol{a}_z)\}\cdot d\boldsymbol{a}\\
&=\frac{1}{Z_0}\int\boldsymbol{E}_t^0\cdot\boldsymbol{E}_t^{0*}da\\
&=\frac{-1}{Z_0}\int\boldsymbol{E}_t^{0*}\cdot\nabla\Phi da\\
&=\frac{-1}{Z_0}\int\nabla\cdot\Phi\boldsymbol{E}_t^{0*}da\\
&=\frac{1}{Z_0}\left\{\int_{C_1}\Phi E_{t\nu}^0{}^*dl+\int_{C_2}\Phi E_{t\nu}^0{}^*dl\right\}\\
&=\frac{1}{\varepsilon Z_0}\left\{\Phi_1\int_{C_1}D_{t\nu}^0{}^*dl+\Phi_2\int_{C_2}D_{t\nu}^0{}^*dl\right\}\\
&=\frac{Q^*}{\varepsilon Z_0}\{\Phi_2-\Phi_1\}\\
&=\frac{\sqrt{\varepsilon\mu}}{\varepsilon Z_0}VI^*=VI^*
\end{aligned}$$

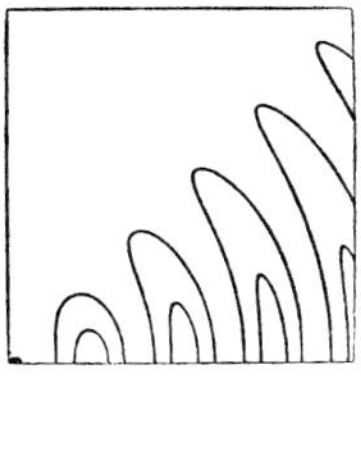

このようにして，電圧と電流の積から電力を計算する方法と，Poynting ベクトルを積分して電力を計算する方法が同じ結果を与えることがわかった．

**【例　題】** 同軸ケーブルの線路定数を求めてみる．内部

導体の外径を $2r_1$，外部導体の内径を $2r_2$ とし，誘電体定数を $(\varepsilon,\ \mu)$ とする．

単位長当りの電荷を $\pm Q$ とすれば，Gauss の定理から

$$D_t^0(r)\times 2\pi r=Q \qquad \therefore \quad E_t^0(r)=Q/2\pi\varepsilon r$$

$$V=\int_{r_1}^{r_2}E_t^0(r)dr=\frac{Q}{2\pi\varepsilon}\log\frac{r_2}{r_1}$$

$$\therefore \quad \begin{cases} C=\dfrac{Q}{V}=2\pi\varepsilon/\log\dfrac{r_2}{r_1} \\ L=\mu\varepsilon/C=\dfrac{\mu}{2\pi}\log\dfrac{r_2}{r_1} \end{cases} \tag{7.24}$$

$$Z_c=\sqrt{\frac{L}{C}}=\frac{1}{2\pi}\sqrt{\frac{\mu}{\varepsilon}}\log\frac{r_2}{r_1}=\frac{Z_0}{2\pi}\log\frac{r_2}{r_1} \tag{7.25}$$

**TE 波と TM 波**

TE 波の電磁界は式 (7.9) で結ばれていて，$H_z$ を与えれば他の成分が決まるので，$H_z$ の決め方を考えればよい．そして $H_z$ が波動方程式の解であることはわかっているから，境界条件が問題となる．図 7.3 のように，導波管の $z$ 軸に垂直な切口曲線を $C$ とし，$C$ に沿う微分長を $dl$，壁に垂直な微分長を $d\nu$ とする．式 (7.9 a) の壁面に平行な成分をとると，電界の接線成分が 0 であることから，左辺は 0 となり

$$0=\left[\left(\frac{\partial H_z}{\partial \nu}\boldsymbol{a}_\nu+\frac{\partial H_z}{\partial l}\boldsymbol{a}_l\right)\times\boldsymbol{a}_z\right]_l=\frac{\partial H_z}{\partial \nu}$$

ただし，$\boldsymbol{a}_\nu$，$\boldsymbol{a}_l$ はそれぞれ $dl$ 方向，$d\nu$ 方向の単位ベクトルである．

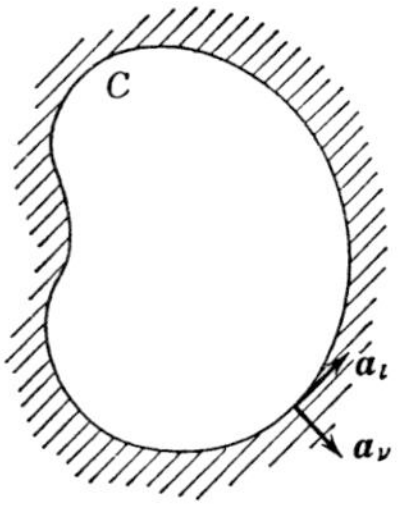


図 7.3　導波管の切口

$\nabla^2=\nabla_t^2-k_z$ に注意すると，$H_z$ を決める式は

$$\nabla_t^2H_z+k_t^2H_z=0 \tag{7.26 a}$$

$$(\partial H_z/\partial \nu)_C=0 \tag{7.26 b}$$

となる．式 (7.26) を満足する $H_z$ を式 (7.9) に代入して $\boldsymbol{E}_t^H$，$\boldsymbol{H}_t^H$ を求めると，この $(\boldsymbol{E}_t^H,\ \boldsymbol{H}_t^H,\ H_z)$ は TE 波で，これだけで Maxwell の式と境界条件を満足している．

同様に

$$\nabla_t^2 E_z + k_t^2 E_z = 0 \tag{7.27 a}$$

$$(E_z)_C = 0 \tag{7.27 b}$$

を満たす $E_z$ を用いて式 (7.8) から $\boldsymbol{E}_t^E$, $\boldsymbol{H}_t^E$ を求めると，この ($\boldsymbol{E}_t^E$, $\boldsymbol{H}_t^E$, $E_z$) は TM 波で，これだけで Maxwell の式と境界条件を満足している．

式 (7.26)，(7.27) は式 (6.2)，(6.16) と同じく，固有値問題である．1 次元の固有値問題 [式 (6.2)] の固有値は整数 $n$ により $k_n$ と表わされ，3 次元の固有値問題 [たとえば式 (6.26)] の固有値は 3 個の整数 ($l$, $m$, $n$) により $k_{l,m,n}$ と表わされた．式 (6.26)，(6.27) の固有値問題は 2 次元なので，固有値は 2 個の整数 ($l$, $m$) により $k_{l,m}$ と表わすことができる．固有値 $k_{lm}$ に対応する TE 波，TM 波をそれぞれ $\mathrm{TE}_{lm}$ モード，$\mathrm{TM}_{lm}$ モードと呼ぶ．

固有値は物理的に重要な意味をもち，弦の振動や空洞の問題では共振周波数を与え，量子論ではエネルギー準位を与える．導波管の固有値は何を与えるだろうか．式 (7.6 c) より

$$k_z^2 = k^2 - k^2_{lm} = \omega^2 \varepsilon \mu - k^2_{lm} \tag{7.28}$$

の関係があるので，周波数を変えると $k_z$ が変わる．周波数がある程度高く，$k > k_{l,m}$ だと $k_z$ は実数であるが，周波数が低くなって $k < k_{l,m}$ となれば，$k_z$ は虚数になる．電磁界は $e^{j(\omega t - k_z z)}$ に比例すると仮定しているので，無損失導波管中では高い周波数の電磁界は減衰なしに伝わるが，低い周波数の電磁界は減衰して伝わらないことになる．境目は $k = k_{lm}$ となる周波数で，これを**遮断周波数** (cutoff frequency) といい，$f_c (= \omega_c / 2\pi)$ で表わす．遮断周波数に対応する自由空間波長 $\lambda_c$ ($\triangleq c/f_c$) を**遮断波長**と呼ぶ．上の定義から

$$f_c = \frac{c k_{lm}}{2\pi}, \quad \lambda_c = \frac{2\pi}{k_{lm}} \tag{7.29}$$

このように導波管の固有値は遮断波長を決める．

通過域における位相速度と群速度を求めると，媒質を真空として (図 7.4)

$$v_p = \frac{\omega}{k_z} = \frac{c}{\sqrt{1 - (\omega_c/\omega)^2}} > c \tag{7.30 a}$$

$$v_g = 1 \Big/ \frac{\partial k_z}{\partial \omega} = c\sqrt{1 - (\omega_c/\omega)^2} < c \tag{7.30 b}$$

$$v_p v_g = c^2 \tag{7.30 c}$$

周波数が高い所では $v_p \fallingdotseq v_g \fallingdotseq c$ であるが，遮断周波数に近いと $v_p \to \infty$，$v_g \to 0$ となる．$\omega_c$ はモードにより異なるので，伝搬速度もモードにより異なる．したがって，二つ以上のモードを同時に使用して信号を送ると，復元できない波形歪みを生じ，好ましくない．一番低い遮断周波数と二番目に低い遮断周波数の間の周波数を使うと，最低次のモードだけが伝送でき，上の問題を避けることができる．それゆえ，導波管で情報伝送を行なうには，最低次のモードを用いるのが普通で，これを**基本モード** (dominant mode) という．

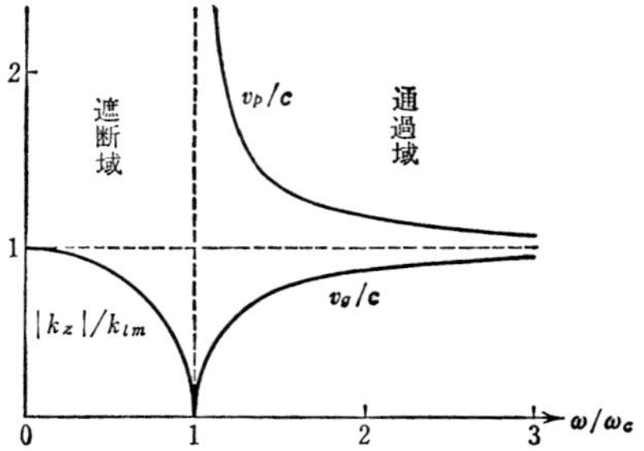


図 7.4 管内波の速度と減衰定数の周波数特性

導波管の軸に沿って測った波長を**管内波長** (guide wavelength) といい

$$\lambda_g = v_p/f = \frac{\lambda_0}{\sqrt{1-(\omega_c/\omega)^2}} (>\lambda_0) \tag{7.31}$$

で与えられる．

なお $\omega < \omega_c$ のとき

$$k_z = j\sqrt{k^2{}_{lm} - k^2}$$

となって，波は $e^{-|k_z|z} = e^{-\sqrt{k^2{}_{lm}-k^2}\cdot z}$ に比例して減衰する．このような波を**遮断モード** (cut off mode, evanescent mode) という．

## 7.4 方 形 導 波 管

実際によく使われる導波管は方形断面のもの (図 7.5) である．

TE 波の方程式は式 (7.26) から

$$\begin{cases} \dfrac{\partial^2 H_z}{\partial x^2} + \dfrac{\partial^2 H_z}{\partial y^2} + k_t{}^2 H_z = 0 \\ (\partial H_z/\partial y)_{y=0} = (\partial H_z/\partial y)_{y=M} = 0 \\ (\partial H_z/\partial x)_{x=0} = (\partial H_z/\partial x)_{x=L} = 0 \end{cases} \tag{7.32}$$

これを変数分離法で解くと

$$\begin{cases} H_z = H_0 \cos\left(\dfrac{l\pi}{L}x\right)\cos\left(\dfrac{m\pi}{M}y\right) \\ k_t^2 = k_{lm}^2 = \left(\dfrac{l\pi}{L}\right)^2 + \left(\dfrac{m\pi}{M}\right)^2 \\ l,\ m \text{ は整数} \end{cases} \tag{7.33}$$

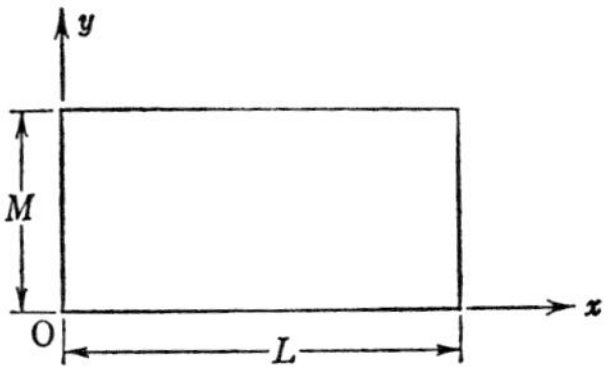

図 7.5 方形導波管の切口

式 (7.9) に代入してすべての成分を求めると

$$\begin{cases} E_x = Z_H H_y,\quad E_y = -Z_H H_x,\quad E_z = 0 \\ H_x = jH_0 \dfrac{k_z l\pi}{k_t^2 L}\sin\left(\dfrac{l\pi}{L}x\right)\cos\left(\dfrac{m\pi}{M}y\right) \\ H_y = jH_0 \dfrac{k_z m\pi}{k_t^2 M}\cos\left(\dfrac{l\pi}{L}x\right)\sin\left(\dfrac{m\pi}{M}y\right) \end{cases} \tag{7.34}$$

ただし，伝搬因子 $e^{j(\omega t - k_z z)}$ を省略してある．

次に TM 波の方程式は式 (7.27) により

$$\begin{cases} \dfrac{\partial^2 E_z}{\partial x^2} + \dfrac{\partial^2 E_z}{\partial y^2} + k_t^2 E_z = 0 \\ (E_z)_{x=0} = (E_z)_{x=L} = 0 \\ (E_z)_{y=0} = (E_z)_{y=M} = 0 \end{cases} \tag{7.35}$$

これを解くと

$$\begin{cases} E_z = E_0 \sin\left(\dfrac{l\pi}{L}x\right)\sin\left(\dfrac{m\pi}{M}y\right) \\ k_t^2 = k_{lm}^2 = \left(\dfrac{l\pi}{L}\right)^2 + \left(\dfrac{m\pi}{M}\right)^2 \end{cases} \tag{7.36}$$

他の成分は

$$\begin{cases} E_x = jE_0 \dfrac{k_z l\pi}{k_t^2 L}\cos\left(\dfrac{l\pi}{L}x\right)\sin\left(\dfrac{m\pi}{M}y\right) \\ E_y = jE_0 \dfrac{k_z m\pi}{k_t^2 M}\sin\left(\dfrac{l\pi}{L}x\right)\cos\left(\dfrac{m\pi}{M}y\right) \\ H_x = Y_E E_y,\quad H_y = -Y_E E_x,\quad H_z = 0 \end{cases} \tag{7.37}$$

方形導波管では TE 波と TM 波が同じ固有値をもっている．TE 波と TM 波の違いは，電界と磁界が入れ換ったことと，sin と cos が入れ換ったことである．また TM 波

では $(l, m)$ のいずれか一方が 0 となると，電磁界はすべて 0 になるから $\mathrm{TM}_{0m}$ とか $\mathrm{TM}_{l0}$ とかのモードは存在しない．これに対して TE 波では $(l, m)$ の両方が 0 にならなければモードが存在する．つまり $\mathrm{TE}_{00}$ はないが，$\mathrm{TE}_{l0}$，$\mathrm{TE}_{0m}$ などは存在する．遮断周波数と遮断波長は式 (7.29) から

$$
\begin{cases}
f_{lm}=\dfrac{c}{2}\sqrt{\left(\dfrac{l}{L}\right)^2+\left(\dfrac{m}{M}\right)^2} \\
\lambda_{lm}=2\Big/\sqrt{\left(\dfrac{l}{L}\right)^2+\left(\dfrac{m}{M}\right)^2}
\end{cases}
\tag{7.38}
$$

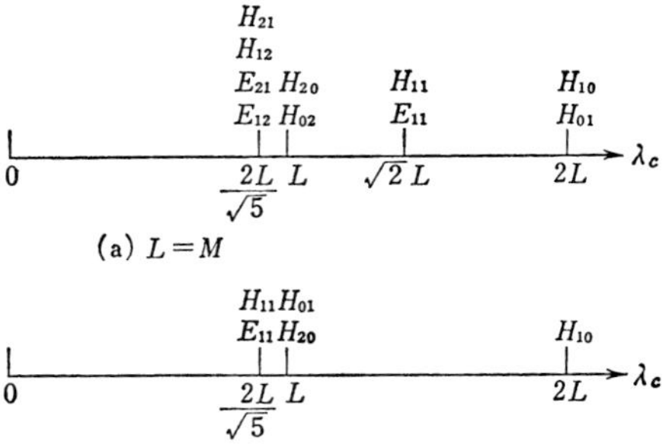


図 7.6　方形導波管の遮断波長

| モード | $TM_{11}$ | $TM_{21}$ |
|---|---|---|
| 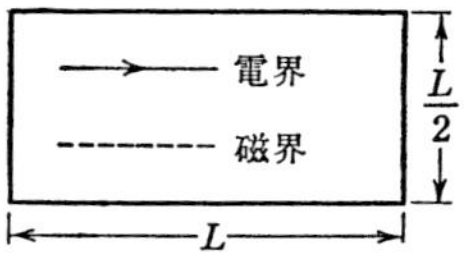  | 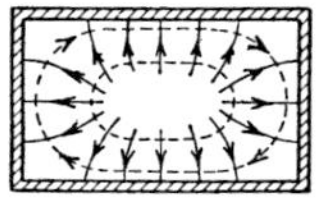 | 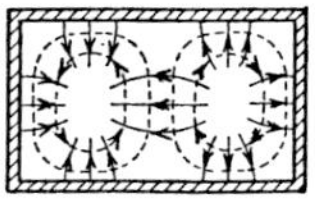 |
| 縦断面 | 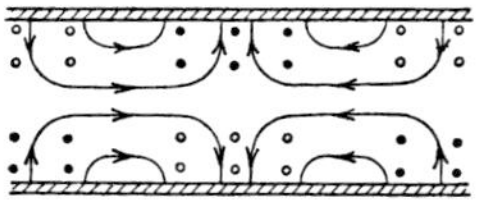 | 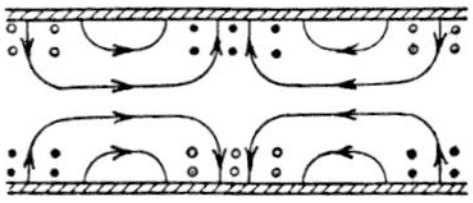 |
| $\lambda_c=c/f_c$ | $0.8944L$ | $0.7071L$ |
| $\alpha_c$ | $\dfrac{3.6R_s}{Z_0L}\cdot\dfrac{1}{\sqrt{1-(f_c/f)^2}}$ | $\dfrac{3R_s}{Z_0L}\cdot\dfrac{1}{\sqrt{1-(f_c/f)^2}}$ |

図 7.7　代表的方形導波管のモード

遮断波長を長い方からいくつか計算してみると図7.6(a)，(b)のようになる．$M/L=1$ のときは，基本波が二重に縮退し，単一のモードだけを励振し難いので，この寸法の導波管は情報伝送用としては不適当である．$M/L=1/2$ のときは $2L>\lambda_0>L$ の範囲で $\mathrm{TE}_{10}$ だけを伝送できる．$M/L>1/2$ とすると，単一モード伝送可能な周波数範囲がせまくなり，$M/L\leqq 1/2$ ならば $2L>\lambda_0>L$ の範囲で $\mathrm{TE}_{10}$ だけ送れる．導体損失による減衰は $M$ が大きいほど小さいから $M/L=1/2$ の寸法比が最もよい．市販の方形導波管はこの寸法比を採用している．方形導波管の代表的モードの電磁界分布を図7.7に示す．図を見ると ($l$, $m$) は $x$ 方向と $y$ 方向に半波長がそれぞれいくつ入っているかを表わしていることがわかる．基本波の遮断波長は非常に簡単な式 $\lambda_{10}=2L$ で与えられる．

| $TE_{10}$ | $TE_{11}$ | $TE_{21}$ |
|---|---|---|
| 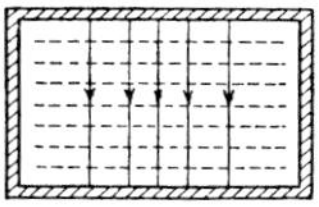 | 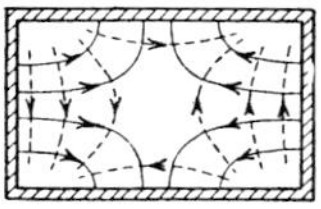 | 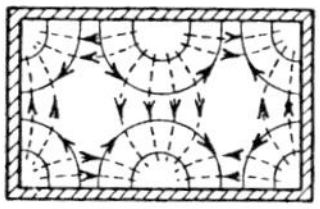 |
| 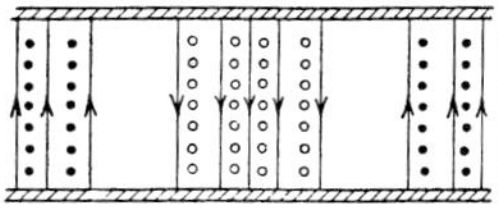 | 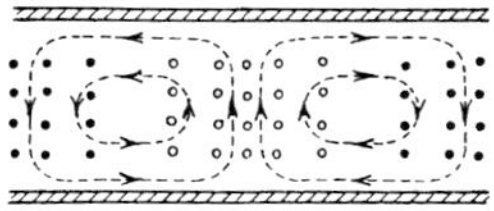 | 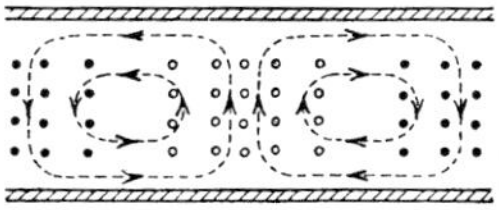 |
| $2L$ | $0.8944L$ | $0.7071L$ |
| $\dfrac{4R_s}{Z_0L}\cdot\dfrac{1+(f_c/f)^2}{\sqrt{1-(f_c/f)^2}}$ | $\dfrac{4R_s}{Z_0L}\cdot\dfrac{0.6+0.9(f_c/f)^2}{\sqrt{1-(f_c/f)^2}}$ | $\dfrac{3R_s}{Z_0L}\cdot\dfrac{1+(f_c/f)^2}{\sqrt{1-(f_c/f)^2}}$ |

## 7.5 円形導波管

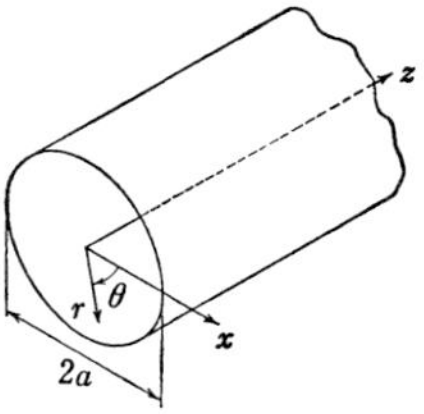


図 7.8 円形導波管と座標

円形導波管の解析は図 7.8 のような円筒座標系によるのが便利である．はじめに TM 波を考えることにす

| モード | $TM_{01}$ | $TM_{02}$ |
|---|---|---|
| 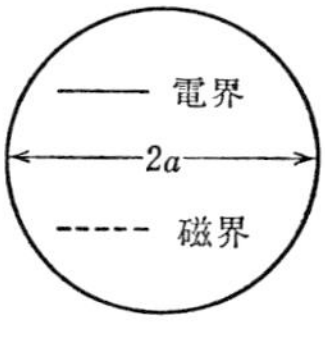 | 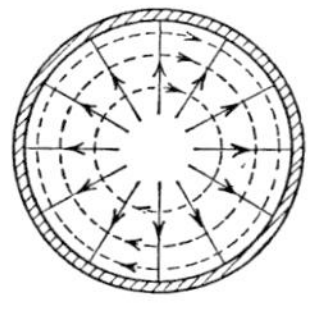 | 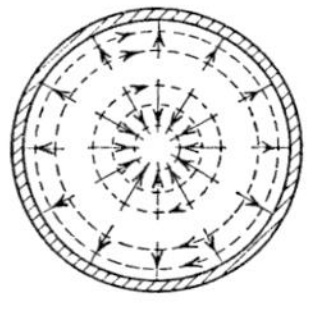 |
| 縦断面 | 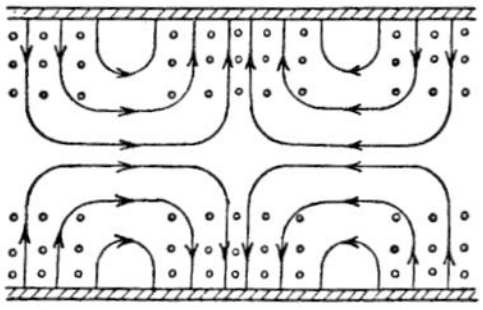 | 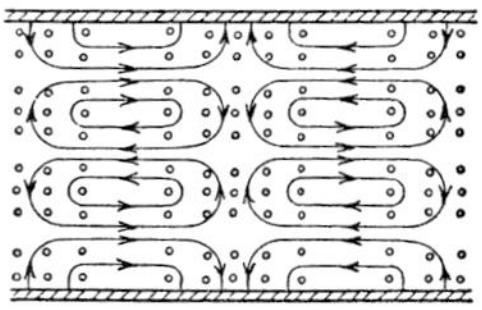 |
| $\lambda_c = c/f_c$ | $2.61a$ | $1.14a$ |
| $\alpha_c$ | $\dfrac{R_s}{Z_0 a}\cdot\dfrac{1}{\sqrt{1-(f_c/f)^2}}$ | $\dfrac{R_s}{Z_0 a}\cdot\dfrac{1}{\sqrt{1-(f_c/f)^2}}$ |

図 7.9 代表的円形導波管モード

る．式 (7.27) を円筒座標系で書くと次のようになる．

$$\frac{\partial^2 E_z}{\partial r^2}+\frac{1}{r}\frac{\partial E_z}{\partial r}+\frac{1}{r^2}\frac{\partial^2 E_z}{\partial \theta^2}+k_t{}^2 E_z=0 \qquad (7.39\,\mathrm{a})$$

$$(E_z)_{r=a}=0 \qquad (7.39\,\mathrm{b})$$

式 (7.39 a) を変数分離法で解く．すなわち

$$E_z = R(r)\Theta(\theta) \tag{7.40}$$

と置く．ここで $R(r)$ は $r$ だけの関数，$\Theta(\theta)$ は $\theta$ だけの関数を表わす．式 (7.40) を式 (7.39 a) に代入して整理すると

$$\frac{r^2}{R}\frac{d^2R}{dr^2} + \frac{r}{R}\frac{dR}{dr} + k_t{}^2 r^2 = -\frac{1}{\Theta}\frac{d^2\Theta}{d\theta^2} \tag{7.41}$$

| $TM_{11}$ | $TE_{01}$ | $TE_{11}$ |
|---|---|---|
| 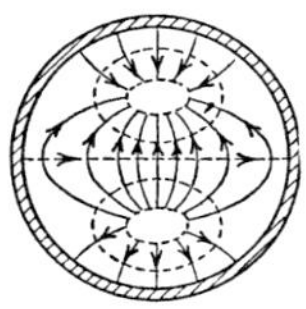 | 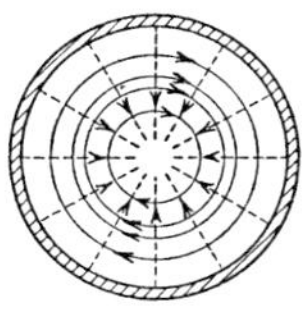 | 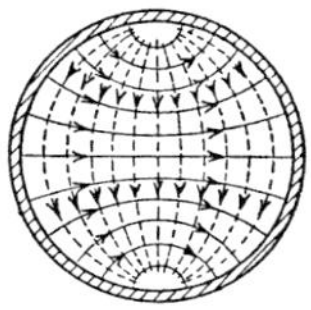 |
| 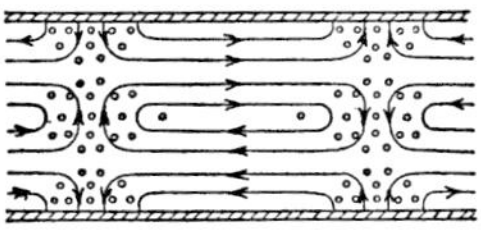 | 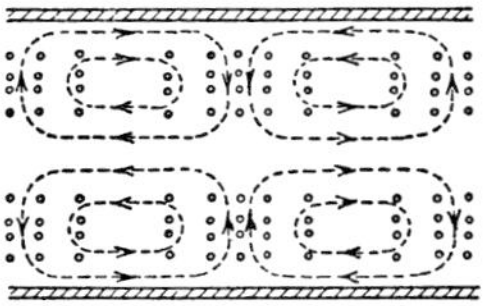 | 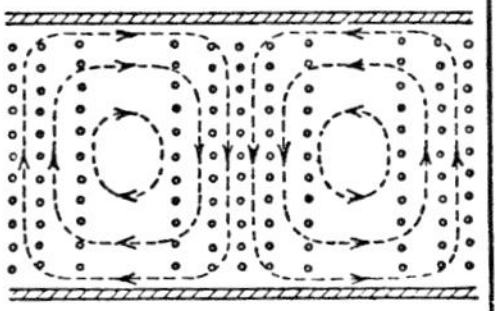 |
| $1.64a$ | $1.64a$ | $3.41a$ |
| $\frac{R_s}{Z_0 a}\cdot\frac{1}{\sqrt{1-(f_c/f)^2}}$ | $\frac{R_s}{Z_0 a}\cdot\frac{(f_c/f)^2}{\sqrt{1-(f_c/f)^2}}$ | $\frac{R_s}{Z_0 a}\cdot\frac{0.420+(f_c/f)^2}{\sqrt{1-(f_c/f)^2}}$ |

左辺は $r$ だけの関数，右辺は $\theta$ だけの関数であるから，両辺は $r$，$\theta$ に無関係な定数に等しい．これを $n^2$ と置くと，式 (7.41) は次の 2 式に分離する．

$$\frac{d^2\Theta}{d\theta^2} = -n^2\Theta \tag{7.42}$$

$$\frac{d^2R}{dr^2}+\frac{1}{r}\frac{dR}{dr}+\left(k_t{}^2-\frac{n^2}{r^2}\right)R=0 \tag{7.43}$$

式 (7.42) の解は

$$\Theta(\theta)=A\cos n\theta+B\sin n\theta \tag{7.44}$$

であるが，$0\leqq\theta<2\pi$ の範囲で $\Theta$ も $d\Theta/d\theta$ も連続な1価関数でなければならないから(1)，$n$ は整数でなければならない．式 (7.43) は Bessel の微分方程式であるから（付録 VI 参照），解は

$$R(r)=CJ_n(k_tr)+DN_n(k_tr) \tag{7.45}$$

であるが，$N_n(k_tr)$ があると円筒導波管の中心で電磁界が無限大となり，物理的に許せないから $D=0$ である．したがって，$E_0$，$\theta_n$ を定数として

$$E_z=E_0J_n(k_tr)\ \cos(n\theta-\theta_n) \tag{7.46}$$

**表 7.1** $p_{nm}$ の表 $J_n(p_{nm})=0$

| $n$ \ $m$ | 1 | 2 | 3 | 4 | 5 | 6 | 7 | 8 | 9 |
|---|---|---|---|---|---|---|---|---|---|
| 0 | 2·4048 | 5·5201 | 8·6537 | 11·7915 | 14·9309 | 18·0711 | 21·2116 | 24·3525 | 27·4935 |
| 1 | 3·8317 | 7·0156 | 10·1735 | 13·3237 | 16·4706 | 19·6159 | 22·7601 | 25·9037 | 29·047 |
| 2 | 5·1356 | 8·4172 | 11·6198 | 14·7960 | 17·9598 | 21·1170 | 24·2701 | 27·421 | 30·569 |
| 3 | 6·3802 | 9·7610 | 13·0152 | 16·2235 | 19·4094 | 22·5827 | 25·7482 | 28·908 | 32·065 |
| 4 | 7·5883 | 11·0647 | 14·3725 | 17·6106 | 20·8269 | 24·0190 | 27·199 | 30·371 | 33·537 |
| 5 | 8·7715 | 12·3386 | 15·7002 | 18·9801 | 22·2178 | 25·4303 | 28·627 | 31·812 | 34·989 |
| 6 | 9·9361 | 13·5893 | 17·0038 | 20·3208 | 23·5861 | | | | |
| 7 | 11·0864 | 14·8213 | 18·2876 | 21·6415 | 24·9349 | | | | |
| 8 | 12·2251 | 16·0378 | 19·5545 | 22·9452 | | | | | |
| 9 | 13·3543 | 17·2412 | 20·8070 | 24·2339 | | | | | |
| 10 | 14·4755 | 18·4335 | 22·0470 | 25·5094 | | | | | |
| 11 | 15·5898 | 19·6160 | 23·2759 | | | | | | |
| 12 | 16·6982 | 20·7899 | 24·4949 | | | | | | |
| 13 | 17·8014 | 21·9562 | 25·7051 | | | | | | |
| 14 | 18·9000 | 23·1158 | | | | | | | |
| 15 | 19·9944 | 24·2692 | | | | | | | |
| 16 | 21·0851 | 25·4170 | | | | | | | |
| 17 | 22·1725 | | | | | | | | |
| 18 | 23·2568 | | | | | | | | |
| 19 | 24·3382 | | | | | | | | |
| 20 | 25·4171 | | | | | | | | |

(1) $\Theta$ が不連続だと $\partial E_z/\partial\theta=\infty$ となり，磁界が無限大になる．$d\Theta/d\theta$ が不連続だと，磁界が不連続になる．

の形となる．式 (7.39 b) が成り立つためには $k_t$ が次式の根でなければならない．

$$J_n(k_t a)=0$$

そこで $J_n(p)=0$ の第 $m$ 番目の根を $p_{nm}$ と書けば，固有値は

$$k_t=p_{nm}/a \tag{7.47}$$

で与えられ，この固有値に対応するモードを $\mathrm{TM}_{nm}$ と呼ぶ．$p_{nm}$ の表を表 7.1 に示す．

式 (7.8)，式 (7.46) により，円筒導波管の $\mathrm{TM}_{nm}$ モードの電磁界成分は次式で与えられる．

$$\begin{cases} E_r=-j\dfrac{E_0k_za}{p_{nm}}J_n'\left(\dfrac{p_{nm}}{a}r\right)\cos n(\theta-\theta_n) \\ E_\theta=j\dfrac{E_0k_za}{p_{nm}}\cdot\dfrac{na}{p_{nm}r}J_n\left(\dfrac{p_{nm}}{a}r\right)\sin n(\theta-\theta_n) \\ E_z=E_0J_n\left(\dfrac{p_{nm}}{a}r\right)\cos n(\theta-\theta_n) \\ H_r=-Y_EE_\theta \\ H_\theta=Y_EE_r \\ H_z=0 \end{cases} \tag{7.48}$$

また遮断周波数は次式で計算できる．

$$f_{nm}=\frac{p_{nm}}{2\pi\sqrt{\varepsilon\mu}\,a}$$

次に TE 波を考える．$H_z$ に対する式は式 (7.26) から次のようになる．

$$\frac{\partial^2 H_z}{\partial r^2}+\frac{1}{r}\frac{\partial H_z}{\partial r}+\frac{1}{r^2}\frac{\partial^2 H_z}{\partial\theta^2}+k_t^2H_z=0 \tag{7.49 a}$$

$$\left(\frac{\partial H_z}{\partial r}\right)_{r=a}=0 \tag{7.49 b}$$

この式の解は次式で与えられる．

$$H_z=H_0J_n\left(\frac{p'_{nm}}{a}r\right)\cos n(\theta-\theta_n) \tag{7.50}$$

ただし $n$ は整数で，$p'_{nm}$ は $J'_n(p')=0$ の $m$ 番目の根である．$p'_{nm}$ の値を表 7.2 に示す．

表 7.2 $p'_{nm}$ の表 $J'_n(p'_{nm})=0$

| n \ m | 1 | 2 | 3 | 4 | 5 | 6 | 7 | 8 | 9 |
|---|---|---|---|---|---|---|---|---|---|
| 0 | 3·8317 | 7·0156 | 10·1735 | 13·3237 | 16·4706 | 19·6159 | 22·7601 | 25·9037 | 29·0468 |
| 1 | 1·8412 | 5·3314 | 8·5363 | 11·7060 | 14·8636 | 18·0155 | 21·1644 | 24·3113 | |
| 2 | 3·0542 | 6·7061 | 9·9695 | 13·1704 | 16·3475 | 19·5129 | 22·6716 | 25·8260 | |
| 3 | 4·2012 | 8·0152 | 11·3459 | 14·5858 | 17·7887 | 20·9725 | 24·1449 | | |
| 4 | 5·3176 | 9·2824 | 12·6819 | 15·9641 | 19·1960 | 22·4010 | 25·5898 | | |
| 5 | 6·1456 | 10·5199 | 13·9872 | 17·3128 | 20·5755 | 23·8036 | | | |
| 6 | 7·5013 | 11·7349 | 15·2682 | 18·6374 | 21·9317 | 25·1839 | | | |
| 7 | 8·5778 | 12·9324 | 16·5294 | 19·9419 | 23·2681 | | | | |
| 8 | 9·6474 | 14·1155 | 17·7740 | 21·2291 | 24·5872 | | | | |
| 9 | 10·7114 | 15·2867 | 19·0046 | 22·5014 | 25·8912 | | | | |
| 10 | 11·7709 | 16·4479 | 20·2230 | 23·7607 | | | | | |
| 11 | 12·8265 | 17·6003 | 21·4309 | 25·0085 | | | | | |
| 12 | 13·8788 | 18·7451 | 22·6293 | 26·2460 | | | | | |
| 13 | 14·9284 | 19·8832 | 23·8194 | | | | | | |
| 14 | 15·9754 | 21·0154 | 25·0020 | | | | | | |
| 15 | 17·0203 | 22·1422 | 26·1778 | | | | | | |
| 16 | 18·0633 | 23·2643 | | | | | | | |
| 17 | 19·1045 | 24·3819 | | | | | | | |
| 18 | 20·1441 | 25·4956 | | | | | | | |
| 19 | 21·1823 | | | | | | | | |
| 20 | 22·2191 | | | | | | | | |
| 21 | 23·2548 | | | | | | | | |
| 22 | 24·2894 | | | | | | | | |
| 23 | 25·3229 | | | | | | | | |

TM 波との違いは，$E$ が $H$ になる点と $p_{nm}$ が $p'_{nm}$ になる点である．それで $\mathrm{TE}_{nm}$ 波の成分と遮断周波数は次のようになる．

$$\left\{\begin{aligned}
&E_r=Z_H H_\theta\\
&E_\theta=-Z_H H_r\\
&E_z=0\\
&H_r=-j\frac{H_0 k_z a}{p'_{nm}}J'_n\left(\frac{p'_{nm}}{a}r\right)\cos n(\theta-\theta_n)\\
&H_\theta=+j\frac{H_0 k_z a}{p'_{nm}}\cdot\frac{na}{p'_{nm}r}J_n\left(\frac{p'_{nm}}{a}r\right)\sin n(\theta-\theta_n)\\
&H_z=H_0 J_n\left(\frac{p'_{nm}}{a}r\right)\cos n(\theta-\theta_n)
\end{aligned}\right. \tag{7.51}$$

$$f'_{nm}=\frac{p'_{nm}}{2\pi\sqrt{\varepsilon\mu}\,a} \tag{7.52}$$

円形導波管の基本波は $TE_{11}$ モードで，遮断周波数は媒質を真空とすると

$$f'_{11}=\frac{1.841\times c}{2\pi a}=\frac{8.79}{a[\mathrm{cm}]}\mathrm{GHz} \tag{7.53}$$

である．

円形導波管の代表的モードの電磁界分布を図 7.9 に示す．

## 7.6 導波管の減衰定数

導波管の減衰定数は，（i）管内の誘電体が完全でないことと，（ii）管壁が完全導体でないことから生ずる．（i）に起因する部分 $\alpha_d$ については，式（7.28）の $k^2$ を複素数 $\omega^2\mu\left(\varepsilon-j\dfrac{\sigma}{\omega}\right)$ と置いて，$k_z$ の虚数分を求めればよい．誘電体損があまり大きくなければ

$$\alpha_d\triangleq\mathrm{Im}(-k_z)=-\mathrm{Im}\sqrt{\beta_z{}^2-j\omega\mu\sigma}\fallingdotseq\frac{\omega\mu\sigma}{2\beta_z} \tag{7.54}$$

となる．ただし $\beta_z$ は無損失と仮定したときの位相定数である．この式から，$\alpha_d$ は遮断周波数の付近（$\beta_z\fallingdotseq 0$）で非常に大きく，周波数が増すと自由空間の減衰定数に近づくことがわかる．普通の導波管は空気で満たされているので，$\alpha_d$ は無視できる．

次に（ii）に起因する部分 $\alpha_c$ を考えよう．図 7.10 に示すような $dz$ だけ離れた二つの断面 $S$, $S'$ において，断面 $S'$ を通る電力流は断面 $S$ を通る電力流より少ない．それは幅 $dz$ の導波管の壁が電力流の一部を吸収するからである．断面 $S$ を通る電力流は

$$P_z=\frac{1}{2}\mathrm{Re}\int_S(\boldsymbol{E}_t\times\boldsymbol{H}_t{}^*)_z da \tag{7.55}$$

で与えられ，電磁界が $e^{-\alpha_c z}\cdot e^{j(\omega t-\beta z)}$ に比例する減衰波であると仮定すると $\boldsymbol{E}_t\times\boldsymbol{H}_t{}^*$ は $z$ の関数としては $e^{-2\alpha_c z}$ と

いう因数をもつだけになる．したがって式（7.55）は

$$P_z = P_0 e^{-2\alpha_c z}$$

の形となる．それゆえ $S'$ を通る電力流は $S$ を通る電力流に比べ

$$-dP_z = -\left(\frac{dP_z}{dz}\right)dz$$

$$= 2\alpha_c P_z dz \qquad (7.56)$$

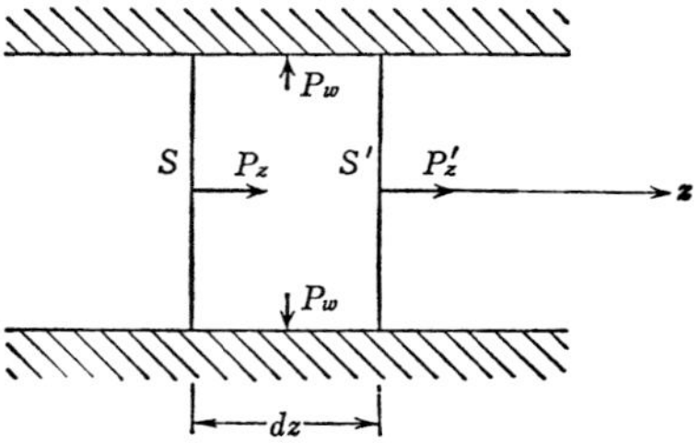


図 7.10　管壁による減衰

だけ減少する．これに対して，$dz$ の幅の壁で吸収される電力は式（5.41）により

$$dP_w = \frac{dz}{2} R_s \int_C (|H_t|^2 + |H_z|^2) dl \qquad (7.57)$$

となる．電力流の減少分 $-dP_z$ は壁に吸収された電力 $dP_w$ に等しいので，両式から

$$\alpha_c = \frac{1}{2} R_s \frac{\int_C (|H_t|^2 + |H_z|^2) dl}{\int_S (\boldsymbol{E}_t \times \boldsymbol{H}_t^*)_z da} \qquad (7.58)$$

の関係が求まる(2)．この式の $\boldsymbol{E}$，$\boldsymbol{H}$ としては導波管を完全導体と仮定して求めた値を近似的に採用してよい．

**【例　題】**　方形導波管の $\mathrm{TE}_{10}$ 波の減衰定数を計算してみる．式（7.33），（7.34）で $m=1$，$n=0$ とすると

$$E_x = 0,\quad E_y = Z_H H_x$$

$$H_x = -\frac{jk_z \pi H_0}{L k_t^2} \sin\left(\frac{\pi}{L} x\right),\quad H_y = 0$$

$$H_z = H_0 \cos\left(\frac{\pi}{L} x\right),\quad k_t = \frac{\pi}{L}$$

したがって

$$\int_C (|H_t^2| + |H_z|^2) dl = 2H_0^2 \int_0^L \left\{\left(\frac{\pi k_z}{L k_t^2}\right)^2 \sin^2\left(\frac{\pi}{L} x\right) + \cos^2\left(\frac{\pi}{L} x\right)\right\} dx$$

---

（2）　$\boldsymbol{E}_t$ と $\boldsymbol{H}_t$ は同相だから $\boldsymbol{E}_t \times \boldsymbol{H}_t^*$ は実数である．

$$+2H_0^2\int_0^M dy$$

$$=H_0^2\left\{\frac{1}{L}\left(\frac{\pi k_z}{k_t^2}\right)^2+L+2M\right\}$$

$$\int_S(\boldsymbol{E}_t\times\boldsymbol{H}_t^*)_z da=Z_H\int_0^L\int_0^M H_x\cdot H_x^* dx\,dy$$

$$=Z_H M\left(\frac{\pi k_z}{k_t^2}\right)^2\cdot\frac{H_0^2}{2L}$$

ゆえに $(1/L)(\pi k_z/k_t^2)^2=\{(f/f_c)^2-1\}L$ に注意して式 (7.58) から

$$\alpha_c=\left(\frac{2}{M}\right)\frac{R_s}{Z_0}\left[\frac{1}{2}+\left(\frac{M}{L}\right)\left(\frac{f_c}{f}\right)^2\right]\frac{1}{\sqrt{1-(f_c/f)^2}} \qquad (7.59)$$

一般の $\mathrm{TE}_{mn}$ 波($m\cdot n\neq 0$ のとき)と $\mathrm{TM}_{mn}$ 波の場合も多少複雑ではあるが，同じやり方で次の結果となる.

$$(\alpha_c)_{\mathrm{TE}_{mn}}=\frac{2}{M}\left(\frac{R_s}{Z_0}\right)\left\{\frac{(M/L)[(M/L)^2m^2+n^2]}{(Mm/L)^2+n^2}\left[1-\left(\frac{f_c}{f}\right)^2\right]\right.$$

$$\left.+\left(1+\frac{M}{L}\right)\left(\frac{f_c}{f}\right)^2\right\}\frac{1}{\sqrt{1-(f_c/f)^2}} \qquad (7.60\,\mathrm{a})$$

$$(\alpha_c)_{\mathrm{TM}_{mn}}=\frac{2}{M}\left(\frac{R_s}{Z_0}\right)\frac{[m^2(M/L)^3+n^2]}{[m^2(M/L)^2+n^2]}\ \frac{1}{\sqrt{1-(f_c/f)^2}} \qquad (7.60\,\mathrm{b})$$

円形導波管の場合も Bessel 関数の積分公式を用いて，同様に求まり，次のようになる.

$$(\alpha_c)_{\mathrm{TE}_{nm}}=\frac{1}{L}\left(\frac{R_s}{Z_0}\right)\left[\left(\frac{f_c}{f}\right)^2+\frac{n^2}{p'^2_{nm}-n^2}\right]\frac{1}{\sqrt{1-(f_c/f)^2}} \qquad (7.61\,\mathrm{a})$$

$$(\alpha_c)_{\mathrm{TM}_{nm}}=\frac{1}{L}\left(\frac{R_s}{Z_0}\right)\frac{1}{\sqrt{1-(f_c/f)^2}} \qquad (7.61\,\mathrm{b})$$

代表的計算例を図 7.11 (a), (b) に示す.

一般に $\alpha_c$ は遮断周波数の付近で急に増加し，周波数が $f_c$ より遠ざかると極小値を通って $\sqrt{f}$ に比例して増加してゆく. 高周波で $\sqrt{f}$ に比例するのは $R_s$ が $\sqrt{f}$ に比例して増加するためである. ただし円形導波管の $\mathrm{TE}_{0m}$ 波だけは例外で，減衰定数は $1/f^{3/2}$ に比例して減少してゆく. この性質のために波長がミリメートル程度の電磁波を円形導波管の $\mathrm{TE}_{01}$ 波で送る

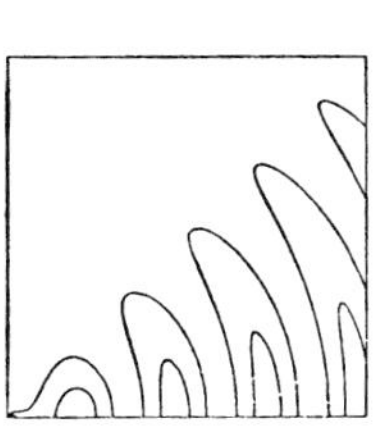

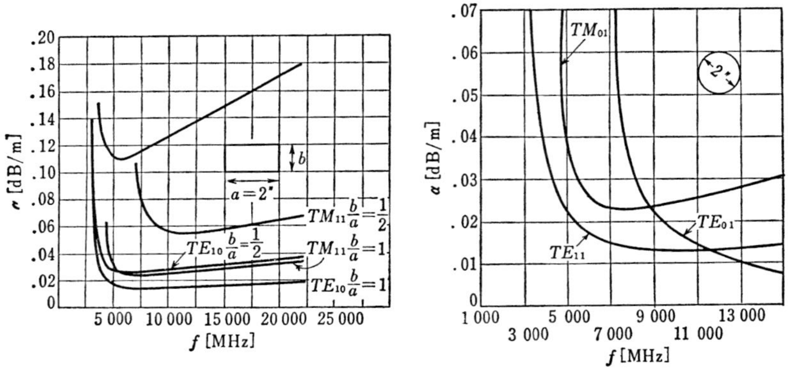


図 7.11　導波管の減衰定数の数値例

ことが考えられる．ただし，50 GHz で 1 dB/km 程度にするには直径 5 cm ぐらいの導波管を使う必要があり，この時 $TE_{01}$ 以外にも 200 ぐらいのモードが通過可能となるので図 7.12 のようならせん導波管を使う．らせん導波管の壁は円周方向には低抵抗で軸方向には高抵抗に作られているので $TE_{0n}$ 波にはほとんど影響しないが，それ以外のモードには大きな減衰を与える．

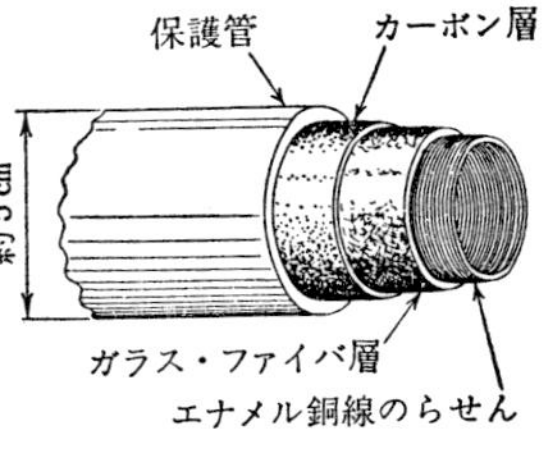


図 7.12　長距離伝送用
らせん導波管

導波管の減衰定数は空洞の $Q$ と密接な関係がある．これを調べるために導波管の両端を短絡して空洞共振器を作る．管内の電磁エネルギーは $v_g$ の速度で進むが，短絡板で反射されて管内を往復するだろう．管内の電磁エネルギーを $W$ とすれば，これが単位長進むとき失われるエネルギーは $2\alpha W$ である［式 (7.56) と同じ理由で］．単位長進むのに $1/v_g$ 秒かかるから，単位時間に失われるエネルギーは $2\alpha v_g W$ である．一方，この現象を空洞共振器の立場から考えると，単位時間に失われるエネルギーは式 (6.49) から $2\alpha' W$ である．短絡板による損失を無視すれば両者は同じものを意味しているから

$$2\alpha v_g W = 2\alpha' W \tag{7.62}$$

$v_g = c^2/v_p = c^2 k_z/\omega$，$Q = \omega/2\alpha'$ の関係を用いると

$$\alpha=\frac{k^2}{2k_zQ} \tag{7.63}$$

の関係が求まる.

【例　題】 式 (7.63) を使って方形導波管の $\mathrm{TE}_{10}$ 波の $\alpha$ を求めてみる. 式 (6.52) で $m=1$ とし, 短絡板の影響をなくすために $\omega_q=c\pi\sqrt{(m/M)^2+(n/N)^2}$ =一定のまま $N\to\infty$ とすれば

$$\frac{1}{Q}=\delta\left\{\frac{1}{L}+2\frac{(1/M)^3}{(\omega/c\pi)^2}\right\} \tag{7.64}$$

式 (7.64) を式 (7.63) に代入して $c\pi/M=f_c$, $\dfrac{1}{k}\cdot\dfrac{R_s}{Z_0}=\dfrac{\delta}{2}$ などに注意すれば式 (7.59) と同じ結果を得る.

式 (7.63) は縮退があるときにも使える点で式 (7.58) よりすぐれている.

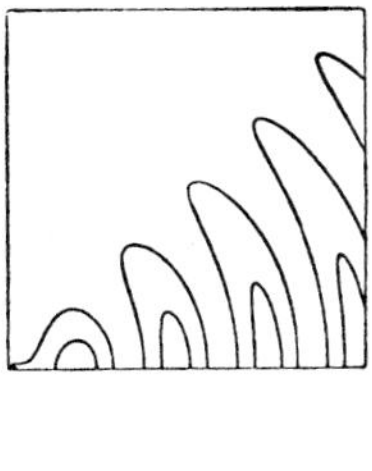

# 第 8 章

# マイクロ波回路

## 8.1 まえがき

前節まで導波管と空洞共振器を独立に考察した．本節ではこれらが結合してマイクロ波回路を構成している場合の取扱いを考える．図 8.1 は空洞に 3 本の導波管が接続されたマイクロ波回路である．このような回路を解析する一つの方法は，この回路に対応する境界条件の下で Maxwell の式を解くことであるが，この方法は一般に複雑であって，工学的設計に対しては有効といえない．すなわち，この方法では回路のすべての点における電磁界分布を求めることになるが，このことは設計の立場からは不必要である．低周波における回路理論では，コイルやコンデンサ内の電磁界の知識は必要でなく，インダクタンスとかキャパシティのような総合的パラメータを定義し，これらを用いてインピーダンスとか伝達関数を計算して設計に利用している．マイクロ波回路についても同様な取り扱いが可能であり，回路設計の立場からはこれで充分である．

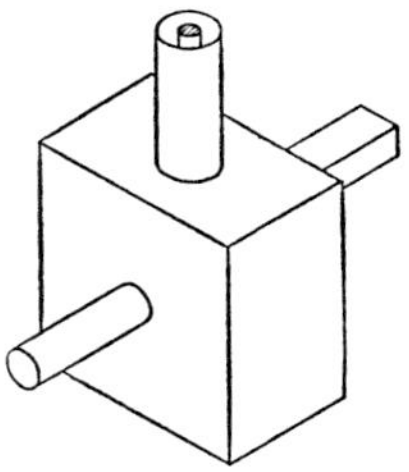
図 8.1 マイクロ波回路

## 8.2 電圧，電流，インピーダンス

マイクロ波回路の性質は本来電磁界で記述されるのであるが，これを普通の回路と同じように記述するためには，電圧，電流，インピーダンスなどの概念をマイクロ波回路に拡張する必要がある．

マイクロ波回路の電磁界は波動であるから，分布定数回路，たとえば同軸ケーブルとの類推を手掛りにする．同軸ケーブル中の進行波電磁界は次の性質をもっている．

(i) 横電界の強さは電圧に比例する．

(ii) 横磁界の強さは電流に比例する．

(iii) 電圧と電流の積は電力に等しい．

(iv) 電圧と電流の比は特性インピーダンスに等しい．

そこで導波管のモードに対しても電圧と電流を次式で定義する．

$$\boldsymbol{E}_t = Ve^{j(\omega t - k_z z)}\boldsymbol{e}(x,\ y) \tag{8.1}$$

$$\boldsymbol{H}_t = Ie^{j(\omega t - k_z z)}\boldsymbol{h}(x,\ y) \tag{8.2}$$

$$VI^* = \int_a (\boldsymbol{E}_t \times \boldsymbol{H}_t^*)_z da \tag{8.3}$$

$$\frac{V}{I} = Z_c\ (\text{負方向進行波に対しては } -Z_c) \tag{8.4}$$

式 (8.1)，(8.2) において $\boldsymbol{e}$ と $\boldsymbol{h}$ は実ベクトルに選ぶ．すると式 (8.3) から

$$\int_a (\boldsymbol{e} \times \boldsymbol{h})_z da = 1 \tag{8.5}$$

同軸ケーブルでは，電圧と電流が明確に定義できたので，特性インピーダンスも $Z_c = Z_0 \log(b/a)/2\pi$ と決まったが，一般の導波管では，電圧と電流の定義に任意性があるために $Z_c$ は一意に決まらない．ただし無損失のとき $V/I$ が正数になることはわかるから $Z_c$ は任意の正数でよい．以下では一番簡単に $Z_c=1$ に選ぶ．

例として方形導波管の $\mathrm{TE}_{10}$ 波を考えると

$$\boldsymbol{E}_t = E_0 e^{j(\omega t - k_z z)}\boldsymbol{a}_y \sin\left(\frac{\pi x}{L}\right)$$

$$\boldsymbol{H}_t=\frac{E_0}{Z_H}e^{j(\omega t-k_z z)}\boldsymbol{a}_x\sin\left(\frac{\pi x}{L}\right)$$

これを式 (8.3) に代入すると

$$VI^*=\frac{LM|E_0|^2}{2Z_H}$$

$Z_c=1$ とすると

$$V=I=E_0\sqrt{\frac{LM}{2Z_H}}$$

$$\boldsymbol{e}=\sqrt{\frac{2Z_H}{LM}}\boldsymbol{a}_y\sin\left(\frac{\pi x}{L}\right)$$

$$\boldsymbol{h}=\sqrt{\frac{2}{LMZ_H}}\boldsymbol{a}_x\sin\left(\frac{\pi x}{L}\right)$$

## 8.3 マイクロ波回路の入出力関係

図 8.1 のマイクロ波回路の断面を図 8.2 に示す．導波管は基本波だけを通すものとし，端子面 ($z_i=0$) $A_1$, $A_2$, $A_3$ は高次の遮断モードが無視できる程度に結合部から離れているものとする．それで端子面における電磁界は，基本モードの入射波と反射波の和で表わせる．結合部に向かう波を入射波とし，その電圧を $V_i^+$，反射波の電圧を $V_i^-$ で表わす．

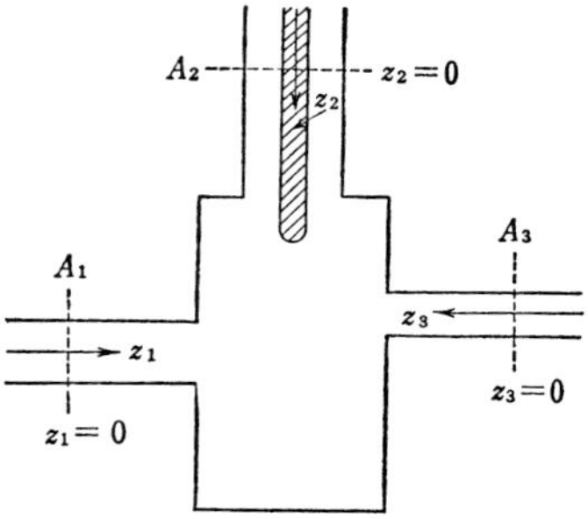

図 8.2 マイクロ波回路の断面

いま $A_1$ だけから $V_1^+$ を入射すると，すべての出力 $V_i^-$ は入力 $V_1^+$ に比例するから（線形性）

$$V_j^-=S_{1j}V_1^+ \quad (j=1,\ 2,\ 3)$$

と書ける．$A_2$, $A_3$ にも入射波 $V_2^+$, $V_3^+$ があるときは重畳の理により

$$V_j^-=\sum_{i=1}^{3}S_{ij}V_i^+ \quad \text{あるいは} \quad [V^-]=[S][V^+] \qquad (8.6)$$

となる．〔$S$〕は入出力関係を与える行列で**散乱行列** (scattering matrix) あ

るいは略して $S$ 行列という.

$S$ 行列の性質として次の二つが大切である.

(i) $\varepsilon$, $\mu$, $\sigma$ が対称テンソルならば

$$S_{ij}=S_{ji} \quad \text{（相反性）} \tag{8.7}$$

(ii) 回路が無損失ならば

$$\sum_{j=1}^{3} S_{ij}S_{jk}{}^{*}=\delta_{ik} \quad \text{（ウニテール性）} \tag{8.8}$$

性質 (ii) の証明は簡単である. 無損失ならば入出電力は等しいから

$$[V^-]^T[V^-]^*=[V^+]^T[S]^T[S]^*[V^+]^*=[V^+]^T[V^+]^* \tag{8.9}$$

が成り立つべきで, これが任意の $[V^+]$ について成り立つことから $[S]^T[S]^*$ が単位行列であることがわかる. つまり $[S]$ は**ウニテール行列** (unitary matrix) である.

相反性を証明するために, 図 8.2 の導体壁 $A$ と端子面 $A_1$, $A_2$, $A_3$ で囲まれた空間の外部に電源をもつ 2 種類の電磁界 $(\boldsymbol{E}_1, \boldsymbol{H}_1)$, $(\boldsymbol{E}_2, \boldsymbol{H}_2)$ を考える.

$$\nabla\cdot(\boldsymbol{E}_1\times\boldsymbol{H}_2)=\boldsymbol{H}_2\cdot\nabla\times\boldsymbol{E}_1-\boldsymbol{E}_1\cdot\nabla\times\boldsymbol{H}_2 \tag{8.10}$$

であり, これに Maxwell の式を代入すると

$$\nabla\cdot(\boldsymbol{E}_1\times\boldsymbol{H}_2)=-j\omega\boldsymbol{H}_2\cdot(\mu\boldsymbol{H}_1)-\boldsymbol{E}_1\cdot\{(\sigma+j\omega\varepsilon)\boldsymbol{E}_2\}$$

添字 1, 2 を交換すると

$$\nabla\cdot(\boldsymbol{E}_2\times\boldsymbol{H}_1)=-j\omega\boldsymbol{H}_1\cdot(\mu\boldsymbol{H}_2)-\boldsymbol{E}_2\cdot\{(\sigma+j\omega\varepsilon)\boldsymbol{E}_1\}$$

$\varepsilon$, $\sigma$, $\mu$ が対称行列ならば $\boldsymbol{H}_2\cdot(\mu\boldsymbol{H}_1)=\boldsymbol{H}_1\cdot(\mu\boldsymbol{H}_2)$ 等が成り立つから

$$\nabla\cdot(\boldsymbol{E}_1\times\boldsymbol{H}_2-\boldsymbol{E}_2\times\boldsymbol{H}_1)=0$$

$A\cup A_1\cup A_2\cup A_3$ で囲まれた全体積に積分すると

$$\int_{A\cup A_1\cup A_2\cup A_3}(\boldsymbol{E}_1\times\boldsymbol{H}_2-\boldsymbol{E}_2\times\boldsymbol{H}_1)_\nu da=0 \tag{8.11}$$

これを Lorentz の**相反定理**という.

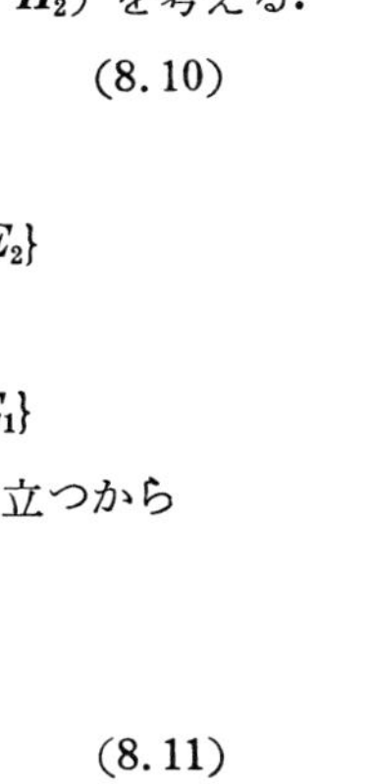

いま $(\boldsymbol{E}_1, \boldsymbol{H}_1)$ を $A_1$ のみを通して $V_1^+$ が入射したときの電磁界とすれば, 入力波に対しては $V_i^+/I_i^+=1$, 出力波に対しては $V_i^-/I_i^-=-1$ に注意して

$$\begin{cases} A_1\text{ 上} & \boldsymbol{E}_1=(1+S_{11})V_1^+\boldsymbol{e}_1 \\ & \boldsymbol{H}_1=(1-S_{11})V_1^+\boldsymbol{h}_1 \end{cases}$$

$$\begin{cases} A_2\text{上} & \boldsymbol{E}_1=S_{12}V_1^+\boldsymbol{e}_2 \\ & \boldsymbol{H}_1=-S_{12}V_1^+\boldsymbol{h}_2 \\ A_3\text{上} & \boldsymbol{E}_1=S_{13}V_1^+\boldsymbol{e}_3 \\ & \boldsymbol{H}_1=-S_{13}V_1^+\boldsymbol{h}_3 \end{cases} \tag{8.12}$$

同様に（$\boldsymbol{E}_2$, $\boldsymbol{H}_2$）を $A_2$ のみを通して $V_2^+$ が入射したときの電磁界とすれば

$$\begin{cases} A_1\text{上} & \boldsymbol{E}_2=S_{21}V_2^+\boldsymbol{e}_1 \\ & \boldsymbol{H}_2=-S_{21}V_2^+\boldsymbol{h}_1 \\ A_2\text{上} & \boldsymbol{E}_2=(1+S_{22})V_2^+\boldsymbol{e}_2 \\ & \boldsymbol{H}_2=(1-S_{22})V_2^+\boldsymbol{h}_2 \\ A_3\text{上} & \boldsymbol{E}_2=S_{23}V_2^+\boldsymbol{e}_3 \\ & \boldsymbol{H}_2=-S_{23}V_2^+\boldsymbol{h}_3 \end{cases} \tag{8.13}$$

式（8.11）において $A$ 上では $\boldsymbol{E}_1$, $\boldsymbol{E}_2$ ともに面に平行な成分をもたないから $\int_A da=0$ で $\int_{A_1\cup A_2\cup A_3} da$ だけが残る．これに式（8.12），（8.13）を代入すると

$$\int_{A_1}(\boldsymbol{E}_1\times\boldsymbol{H}_2)_\nu da=-(1+S_{11})S_{21}V_1^+V_2^+\int_{A_1}(\boldsymbol{e}_1\times\boldsymbol{h}_1)_\nu da$$
$$=-(1+S_{11})S_{21}V_1^+V_2^+$$
$$\int_{A_1}(\boldsymbol{E}_2\times\boldsymbol{H}_1)_\nu da=(1-S_{11})S_{21}V_1^+V_2^+$$

等となるので

$$\int_{A_1\cup A_2\cup A_3}(\boldsymbol{E}_1\times\boldsymbol{H}_2-\boldsymbol{E}_2\times\boldsymbol{H}_1)_\nu da=2(S_{12}-S_{21})V_1^+V_2^+=0 \tag{8.14}$$

$V_1^+$, $V_2^+$ は任意だから $S_{12}=S_{21}$ となり，相反性が証明できた．

次に分布定数回路のときと同様に，端子電圧と端子電流を次式で定義する．

$$\begin{cases} V_i=V_i^+ + V_i^- \\ I_i=I_i^+ + I_i^- = V_i^+ - V_i^- \end{cases} \tag{8.15}$$

行列形で書くと

$$\begin{cases} [V]=[V^+]+[V^-]=[\delta+S][V^+] \\ [I]=[V^+]-[V^-]=[\delta-S][V^+] \end{cases} \tag{8.16}$$

ただし〔$\delta$〕は単位行列である．両式から〔$V^+$〕を消去すると

$$\begin{cases} [V]=[Z][I] \\ [Z]\triangleq[\delta+S][\delta-S]^{-1} \end{cases} \tag{8.17}$$

$[Z]$ をインピーダンス行列あるいは単に $Z$ 行列という．

$Z$ 行列は次の性質をもつ．

（i） $\varepsilon$, $\mu$, $\sigma$ が対称テンソルならば

$$Z_{ij}=Z_{ji} \quad (\text{相反性}) \tag{8.18}$$

（ii） $(Z^T+Z^*)$ は正値（非負値）行列である．（受動性）

性質（i）は，$Z$ の定義式 (8.17) から明らかである．つまり $S_{ij}=S_{ji}$ であるから $[\delta+S]$, $[\delta-S]^{-1}$ は共に対称行列で，積も対称行列である．

受動性を証明するには回路に流入する有効電力 $P_A$ を計算してみるとよい．

$$\begin{aligned} 2P_A &= [I]^T[V]^*+[I]^{*T}[V] \\ &= [I]^T[Z]^*[I]^*+[I]^{*T}[Z][I] \\ &= [I]^T[Z]^*[I]^*+[I]^T[Z]^T[I]^* \\ &= [I]^T([Z]^T+[Z]^*)[I]^*\geqq 0 \end{aligned}$$

$[I]$ は任意だから $([Z]^T+[Z]^*)$ は正値行列である．

二端子対を例にとって受動性を詳しく調べてみよう．

$$[Z]=\begin{bmatrix} R_{11}+jX_{11} & R_{12}+jX_{12} \\ R_{21}+jX_{21} & R_{22}+jX_{22} \end{bmatrix} \tag{8.19}$$

とすれば

$$[Z]^T+[Z]^*=\begin{bmatrix} 2R_{11} & (R_{12}+R_{21})-j(X_{12}-X_{21}) \\ (R_{12}+R_{21})+j(X_{12}-X_{21}) & 2R_{22} \end{bmatrix}$$

これが正値であるためには

$$R_{11}\geqq 0, \quad R_{22}\geqq 0$$

$$4R_{11}R_{22}\geqq(R_{12}+R_{21})^2+(X_{12}-X_{21})^2 \tag{8.20}$$

が必要条件である．この二端子対が無損失なら $P_A=0$ であるから

$$R_{11}=R_{22}=0, \quad 0\geqq(R_{12}+R_{21})^2+(X_{12}-X_{21})^2$$

ゆえに

$$R_{21}=-R_{12},\qquad X_{21}=X_{12}$$

で，無損失二端子対の $Z$ 行列は次の形となる．

$$[Z]=\begin{bmatrix} jX_{11} & R_{12}+jX_{12} \\ -R_{12}+jX_{12} & jX_{22} \end{bmatrix} \tag{8.21}$$

更に相反性があれば $R_{12}=-R_{21}=0$ でなければならないから，無損失で相反な $Z$ 行列は純虚数となる．

二端子リアクタンス $X$ では蓄積エネルギーが正なることから $\partial X/\partial\omega \geqq 0$ が成り立つが無損失多端子の場合には，これに対応して $\partial[Z]/\partial(j\omega)$ が正値行列となる．式 (8.21) についていえばこの条件は次式となる．

$$\frac{\partial X_{11}}{\partial\omega}\geqq 0,\quad \frac{\partial X_{22}}{\partial\omega}\geqq 0,\quad \frac{\partial X_{11}}{\partial\omega}\,\frac{\partial X_{22}}{\partial\omega}\geqq\left(\frac{\partial X_{12}}{\partial\omega}\right)^2+\left(\frac{\partial R_{12}}{\partial\omega}\right)^2 \tag{8.22}$$

**【例　題】** 図8.3に示す長さ $L$ の導波管部分の $S$ 行列と $Z$ 行列を求めてみる．いずれの入力も反射なしに出力となり，$A_1$，$A_2$ 間で位相が $k_zL$〔rad〕だけ遅れるから

$$\begin{cases} V_2^-=e^{-jk_zL}V_1^+ \\ V_1^-=e^{-jk_zL}V_2^+ \end{cases} \tag{8.23}$$

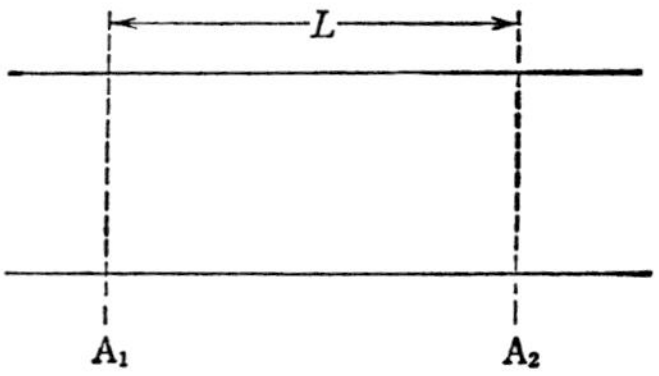


図 8.3　長さ $L$ の導波管部分

したがって

$$[S]=\begin{bmatrix} 0 & e^{-jk_zL} \\ e^{-jk_zL} & 0 \end{bmatrix} \tag{8.24}$$

これから〔$Z$〕を求めると

$$[Z]=-j\begin{bmatrix} \cot k_zL & \csc k_zL \\ \csc k_zL & \cot k_zL \end{bmatrix} \tag{8.25}$$

$A_2$ を短絡すると $V_2=V_2^+ + V_2^- =0$，ゆえに式 (8.23) から $V_1^- e^{+jk_zL}+V_1^+ e^{-jk_zL}=0$．したがって，$A_1$ から見た入力インピーダンスは

$$Z_1=\frac{V_1}{I_1}=\frac{V_1^+ + V_1^-}{V_1^+ - V_1^-}=j\tan k_zL$$

つまり $L$ を適当に選べば，短絡導波管は任意の値のリアクタンス素子となる．

**【例　題】** 図8.4は2本の導波管をT字形に直角に結合したもので，H面T

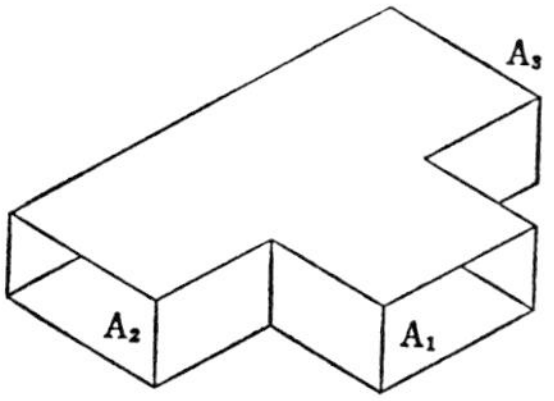

(a) H 面 T

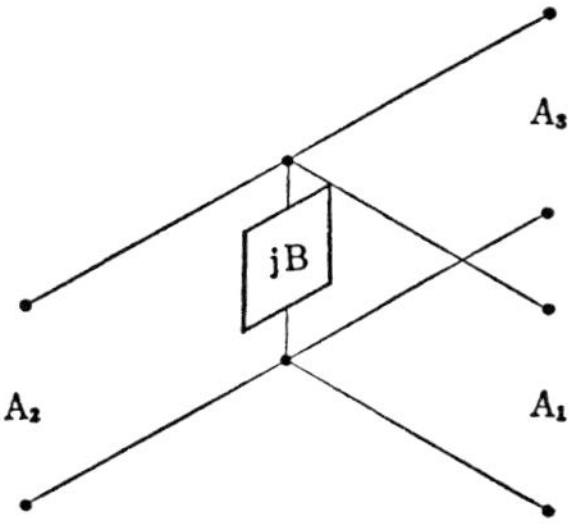

(b) 等 価 回 路

と呼ばれる回路である．$A_2$ と $A_3$ は $A_1$ に対して対称の位置にあるので，$S$ 行列は次の形になる．

$$[S]=\begin{pmatrix} S_{11} & S_{12} & S_{12} \\ S_{12} & S_{22} & S_{23} \\ S_{12} & S_{32} & S_{22} \end{pmatrix}$$

無損失条件（ウニテール性）から

$$|S_{11}|^2+2|S_{12}|^2=1$$
$$|S_{12}|^2+|S_{22}|^2+|S_{23}|^2=1$$
$$S_{11}S_{12}^*+S_{12}S_{22}^*+S_{12}S_{23}^*=0$$
$$|S_{12}|^2+S_{22}S_{32}^*+S_{23}S_{22}^*=0$$

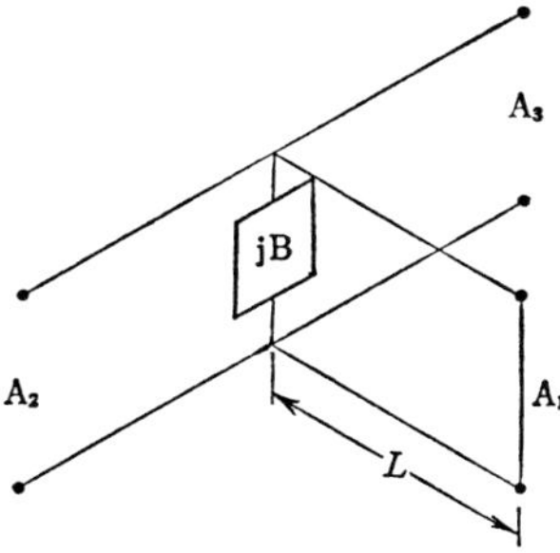

(c) $A_1$ 面 短 絡

図 8.4

上式から $S_{11}$ と $S_{22}$ を同時に 0 とすることはできないことがわかる．つまりT形回路の 3 端子面を同時に無反射にすることはできない．結合部の影響をサセプタンスBで表わすと図（b）の等価回路となる．$A_1$ を短絡すると等価回路は図（c）となる．長さ $L$ のとり方により jB から $A_1$ を見たサセプタンス jB′ は任意の値をとれるので，jB との和も任意の値にできる．つまり $A_1$ 部の短絡板を適当に移動すれば $A_2$ と $A_3$ の間を整合することもできるし（B+B′=0 のとき），遮断することもできる（B′=∞ のとき）．

# 第 9 章

# 表面波と漏洩波

## 9.1 まえがき

伝送系に沿って伝わる電磁波の代表的な例は，同軸ケーブルや平行二線路を伝わる TEM 波（主波）と導波管内を伝わる管内波である．TEM 波の位相速度は光速に等しく，管内波の位相速度は光速より大きい．伝送系に導びかれる電磁波としてはこれらのほか，光速より小さい位相速度で伝わる表面波と呼ばれる波や，エネルギーを放射しながら伝わる漏洩波と呼ばれる波があり．それぞれの特徴にしたがって利用されている．以下これについて述べよう．

## 9.2 誘電体シートに伝わる波

表面波と漏洩波の概念を理解するために，導体上に置かれた誘電体シート（図 9.1）に沿って伝わる波を調べる．誘電体の定数を（$\varepsilon_1$, $\mu_0$），厚さを $w$ とし，（i） $y$ 方向に変化がない．（ii） 磁界は $y$ 成分のみ（TM 波），（iii） $z$ 方向に伝わるという場合について考える．

$z$ 方向に伝わるということは，電磁界が $\exp j(\omega t-\zeta z)$ に比例することを意味するから，真空中と誘電体中の電磁界をそれぞれ添字 0，1 で区別し

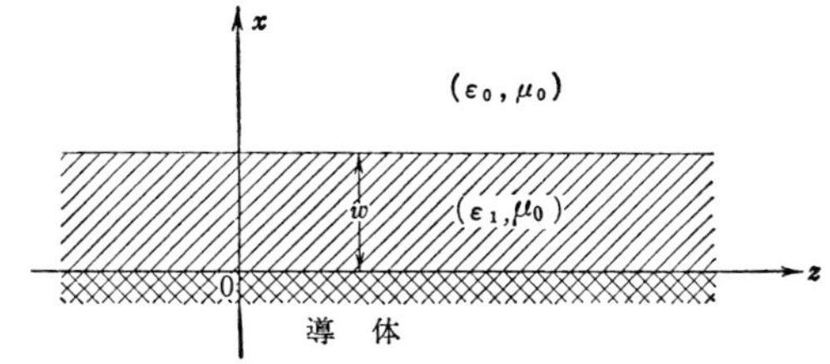


図 9.1 表面波を伝える誘電体シート

$$E_{iz}=E_i(x)e^{j(\omega t-\zeta z)},\quad (i=0,\ 1) \tag{9.1}$$

と書くと，$E_{iz}$ が波動方程式の解であることから

$$\begin{cases} E_0(x)=a_0e^{\xi_0 x}+b_0e^{-\xi_0 x} \\ E_1(x)=a_1e^{\xi_1 x}+b_1e^{-\xi_1 x} \end{cases} \tag{9.2}$$

ただし

$$\begin{cases} \xi_0{}^2=\zeta^2-k_0{}^2, \quad \xi_1{}^2=\zeta^2-k_1{}^2 \\ k_0{}^2=\omega^2\mu_0\varepsilon_0, \quad k_1{}^2=\omega^2\mu_0\varepsilon_1 \end{cases} \tag{9.3}$$

ところが $x=\infty$ の場所には波源も反射体もないと仮定しているので $a_0=0$ の場合だけを考えればよく

$$E_{0z}=be^{-\xi_0 x}e^{j(\omega t-\zeta z)} \tag{9.4}$$

と書ける．次に $x=0$ は導体表面だから，ここでは $E_{1z}=0$ である．このことから $b_1=-a_1$ で

$$E_{1z}=a\sinh(\xi_1 x)e^{j(\omega t-\zeta z)} \tag{9.5}$$

と書ける．

上式を用いて $\nabla\cdot\boldsymbol{E}=0$ および $\nabla\times\boldsymbol{H}=\varepsilon\partial\boldsymbol{E}/\partial t$ の関係から

$$\begin{cases} E_{0x}=-\dfrac{j\zeta}{\xi_0}be^{-\xi_0 x}e^{j(\omega t-\zeta z)} \\ E_{1x}=\dfrac{j\zeta}{\xi_1}a\cosh(\xi_1 x)e^{j(\omega t-\zeta z)} \\ H_{0y}=-\dfrac{j\omega\varepsilon_0}{\xi_0}be^{-\xi_0 x}e^{j(\omega t-\zeta z)} \\ H_{1y}=\dfrac{j\omega\varepsilon_1}{\xi_1}a\cosh(\xi_1 x)e^{j(\omega t-\zeta z)} \end{cases} \tag{9.6}$$

が求まる.

$x=w$ で $E_{0z}=E_{1z}$, $H_{0y}=H_{1y}$ だから

$$\begin{cases} be^{-\xi_0 w}=a\sinh(\xi_1 w) \\ -\dfrac{\varepsilon_0}{\xi_0}be^{-\xi_0 w}=\dfrac{\varepsilon_1}{\xi_1}a\cosh(\xi_1 w) \end{cases} \tag{9.7}$$

両式から $a$, $b$ を省去すると

$$\xi_1\tanh(\xi_1 w)=-K\xi_0,\quad K\triangleq\varepsilon_1/\varepsilon_0 \tag{9.8}$$

簡単のために誘電体が薄く $\xi_1 w\ll 1$ となる場合を考えると $\tanh(\xi_1 w)\fallingdotseq\xi_1 w$ と置けるから上式は

$$\xi_1{}^2 w=-K\xi_0 \tag{9.9}$$

となる. 一方, 式 (9.3) から

$$\xi_1{}^2-\xi_0{}^2=k_0{}^2-k_1{}^2=k_0{}^2(1-K) \tag{9.10}$$

だから, 式 (9.9) は

$$w\xi_0{}^2+K\xi_0+k_0{}^2(1-K)w=0 \tag{9.11}$$

となり, これから

$$\xi_0=\frac{1}{2w}\{-K\pm\sqrt{K^2+4(K-1)k_0{}^2w^2}\} \tag{9.12}$$

プラズマでは周波数によりKは負となることもあるので, ここでは一般的に $K$ を $-\infty$ から $+\infty$ まで変えて $\xi_0 w$ の変化を計算してみると図9.2のようになり $\xi_0$ は場合により実数にも複素数にもなり得る. そこでいろいろな $\xi_0$ の値について電磁界の性質を調べよう.

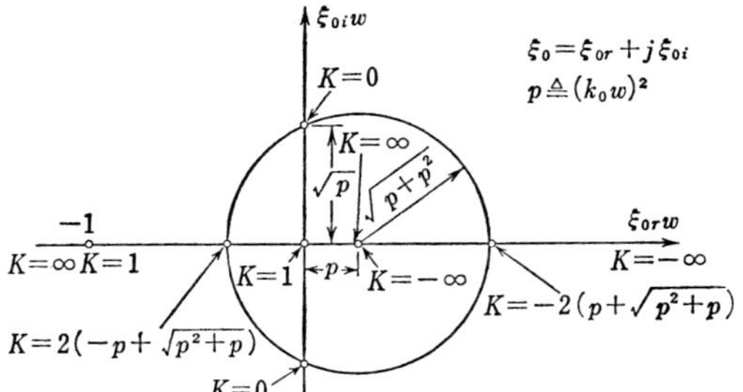


図 9.2　シートの誘電率と伝搬定数の関係

(i)　$-\infty<K<-2\{(k_0w)^2+\sqrt{(k_0w)^4+(k_0w)^2}\}$ で $\xi_0$ が正の実数. このとき式 (9.3), (9.9) から $\zeta$ も $\xi_1$ も実数である. Poynting ベクトルを求め

ると

$$\begin{cases} \overline{S}_{0x}=\overline{S}_{1x}=0 \quad (E_zH_y^* \text{ が虚数だから}) \\ \overline{S}_{0z}=\dfrac{1}{2}\mathrm{Re}(E_{0x}H_{0y}^*)=\dfrac{\omega\varepsilon_0\zeta}{2\xi_0{}^2}|b|^2e^{-2\xi_0 x} \\ \overline{S}_{1z}=\dfrac{1}{2}\mathrm{Re}(E_{1x}H_{1y}^*)=\dfrac{\omega\varepsilon_1\zeta}{2\xi_1{}^2}|a|^2\cosh^2(\xi_1 x) \end{cases} \tag{9.13}$$

$\varepsilon_1=\varepsilon_0K<0$ であるから $\overline{S}_{0z}$ と $\overline{S}_{1z}$ は逆符号になり，エネルギー流は図 9.3 のようになっている．全電力を求めるため式 (9.13) を $x$ につき積分すると $\xi_1 w\ll 1$ の仮定に注意して

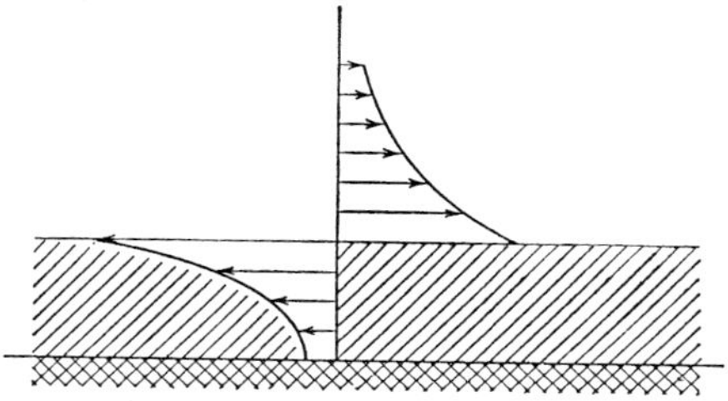

図 9.3 表面波の電力流（負誘電率シート）

$$\begin{cases} P_{0z}=\displaystyle\int_w^\infty \overline{S}_{0z}dx=\frac{\omega\varepsilon_0\zeta}{4\xi_0{}^3}|b|^2 \\ P_{1z}=\displaystyle\int_0^w \overline{S}_{1z}dx=\frac{\omega\varepsilon_1\zeta}{2\xi_1{}^2}|a|^2w \end{cases} \tag{9.14}$$

式 (9.7) により

$$\left|\frac{P_{1z}}{P_{0z}}\right|=\frac{2\xi_0 w}{|K|}=\frac{|K|\pm\sqrt{|K|^2-4(|K|+1)(k_0w)^2}}{|K|} \tag{9.15}$$

複号は $\xi_0 w\gtrless(k_0w)^2+\sqrt{(k_0w)^4+(k_0w)^2}$ に対応する（図 9.2 参照）．ゆえに $(k_0w)^2<\xi_0w<(k_0w)^2+\sqrt{(k_0w)^4+(k_0w)^2}$ のとき $|P_{1z}/P_{0z}|<1$ で全電力は $P_{0z}$ の方向と一致する．$P_{0z}$ は $\zeta$ に比例するから，位相速度 $(\omega/\zeta)$ の方向と全エネルギー流の方向は一致する．

$\infty>\xi_0w>(k_0w)^2+\sqrt{(k_0w)^4+(k_0w)^2}$ のとき $|P_{1z}/P_{0z}|>1$ となり，全電力は $P_{1z}$ の方向と一致する．$P_{1z}$ は $\varepsilon_1\zeta$ に比例し $\varepsilon_1<0$ であるから，位相速度の方向と全エネルギー流の方向は逆である．このように位相速度とエネルギー速度が逆向きの波を**後進波** (backward wave) といい，これに対して位相速度とエネルギー速度が同じ向きの普通の波を**前進波** (forward wave) と呼ぶことがある．

（ii）　$1<K<\infty$ で $\xi_0$ が正の実数．このとき式（9.3）から $\zeta$ は実数，式(9.9)から $\xi_1$ は虚数となる．Poynting ベクトルは（i）の場合と $\overline{S}_{1z}$ だけが異なり

$$\overline{S}_{1z}=\frac{\omega\varepsilon_1\zeta}{2|\xi_1|^2}|a|^2\cos^2(|\xi_1|x) \tag{9.16}$$

となる．$\varepsilon_1>0$ であるから $\overline{S}_{0z}$ と $\overline{S}_{1z}$ は同符号になり，エネルギー流は図 9.4 のようになっている．

（i），（ii）のいずれにおいても真空中の電磁界は $\exp(-\xi_0 x)$ に比例して，誘電体表面から遠ざかると急激に減少する．このように伝送系の表面から遠ざかるにしたがって電磁界が指数関数的に減少する伝送波を**表面波**（surface wave）と呼んでいる．そして(ii) で述べた表面波は 4.6 節で述べた全反射による表面波と全く同じ現象であり，電磁エネルギーは $x=w$ の導体面と $x=w$ にある境界面で交互に全反射しながら伝わると考えてよい（図 9.4）．表面波のもう一つの特徴は位相速度が光速度より小さいことである．これは式（9.3）から $\zeta=\sqrt{k_0^2+\xi_0^2}>k_0$ となり，これから位相速度を求めると

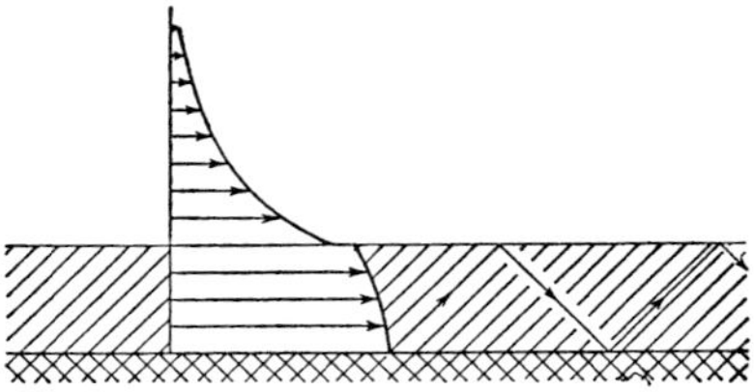

図 9.4　表面波の電力流（正誘電率シート）

$$v_p=\frac{\omega}{\zeta}<\frac{\omega}{k_0}=c \tag{9.17}$$

となるのでわかる．このように位相速度が外部媒質中の光速より小さい伝送波を**遅波**（slow wave）といい，これに対して管内波のように位相速度が媒質中の光速より速い波を**速波**（fast wave）と呼ぶ．

全反射形表面波の位相速度は外部媒質中の光速度より遅く，シート媒質中の光速度よりは速い．このことは次式からわかる．

$$k_0^2<\zeta^2<k_1^2 \tag{9.18}$$

(iii)　$0>K>-2\{(k_0w)^2+\sqrt{(k_0w)^4+(k_0w)^2}\}$ で $\xi_0=\xi_{0r}+j\xi_{0i}$，$\xi_{0r}=-K/2w>0$，$\xi_{0i}>0$．このとき $\zeta$ も $\xi_1$ も複素数となり，$\zeta=\beta+j\alpha$，$\xi_1=\xi_{1r}+j\xi_{1i}$ と置くと，式（9.3），式(9.9）から

$$\alpha\beta>0, \quad \xi_{1r}\xi_{1i}>0 \tag{9.19}$$

Poynting ベクトルを求めると

$$\begin{cases} \bar{S}_{0x}=\dfrac{1}{2}\mathrm{Re}(-E_{0z}H_{0y}{}^*)=\dfrac{\omega\varepsilon_0\xi_{0i}}{2|\xi_0|^2}(j\xi_1{}^2/|\xi_1|^2)x \\ \bar{S}_{1x}=\dfrac{\omega\varepsilon_1}{2}|a|^2e^{2\alpha z}\,\mathrm{Re}\left(j\sinh\xi_1 x\cdot\dfrac{\cosh\xi_1{}^*x}{\xi_1{}^*}\right) \end{cases} \tag{9.20}$$

$$=\frac{\omega\varepsilon_1}{2}|a|^2e^{2\alpha z}\mathrm{Re}(j\xi_1{}^2/|\xi_1{}^2|)x$$

$$=\frac{\omega\varepsilon_0K^2\xi_{0i}}{2|\xi_1|^2}|a|^2\frac{x}{w}$$

ただし，$\bar{S}_{1x}$ の計算には $\xi_1 x\ll 1$ の仮定と，式 (9.9) の関係を用いた．

$$\begin{cases} \bar{S}_{0z}=\dfrac{\omega\varepsilon_0\beta}{2|\xi_0|^2}|b|^2e^{-2\xi_{0r}x}e^{2\alpha z} \\ \bar{S}_{1z}=\dfrac{\omega\varepsilon_1\beta}{2|\xi_1|^2}|a|^2|\cosh\xi_1 x|^2e^{2\alpha z} \end{cases} \tag{9.21}$$

いま波源が $-z$ 側にあり，$+z$ 方向に伝わる波を考えると，波源から遠ざかるにしたがい減衰するから $\alpha<0$ で，式 (9.19) から $\beta<0$ となる．更に $\varepsilon_1<0$ であるから $\bar{S}_{1z}$ は $+z$ 方向に，$\bar{S}_{0z}$ は $-z$ 方向に向かう．仮定により $\xi_{0i}>0$ であるから $\bar{S}_{0x}$，$\bar{S}_{1x}$ は共に $+x$ 方向に向かう．更に $P_{0z}=-P_{1z}$ であることが証明できるから，エネルギー流は図 9.5 のようになる．つまり，誘電体中を $z$ 方向に伝わる電波が真空に向かって放射を行ないながら進んでいるわけで，このような波はエネルギーを漏洩しながら伝わるので**漏洩波** (leaky wave) と呼ばれる．

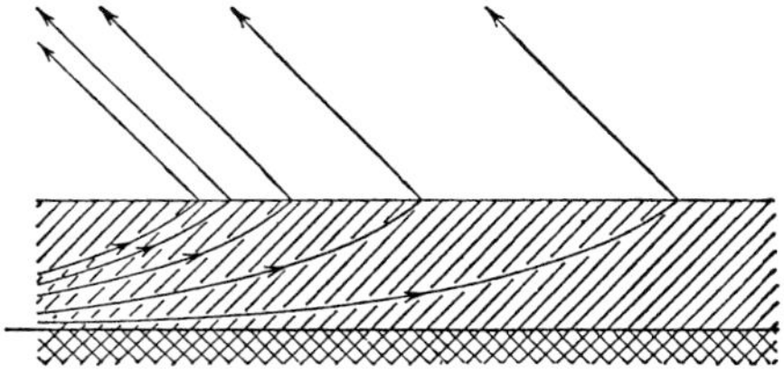

図 9.5 固有漏洩波の電力流

(iv) $0<K<2\{-(k_0w)^2+\sqrt{(k_0w)^4+(k_0w)^2}\}$ で $\xi_{0r}=-K/2w<0$，$\xi_{0i}>0$．このとき式 (9.3)，(9.9) から

$$\alpha\beta<0, \quad \xi_{1r}\xi_{1i}<0 \tag{9.22}$$

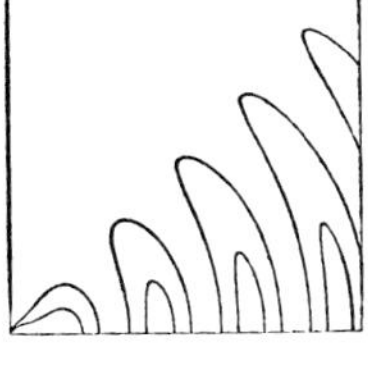

Poynting ベクトルは式 (9.20)，(9.21) がそのまま使

える．

いま，波源が $-z$ 側にあり，$+z$ 方向に伝わる波を考えると，(iii) のときと同じく $\alpha<0$ で式(9.22)から $\beta>0$ となる．更に $\varepsilon_1>0$ であるから $\overline{S}_{0z}$ も $\overline{S}_{1z}$ も $+z$ 方向に向かう．仮定により $\xi_{0i}>0$ であるから $\overline{S}_{0x}$，$\overline{S}_{1x}$ は共に $+x$ 方向に向かう．そして，エネルギー流は図9.6のようになる．これも漏洩波の一種である．

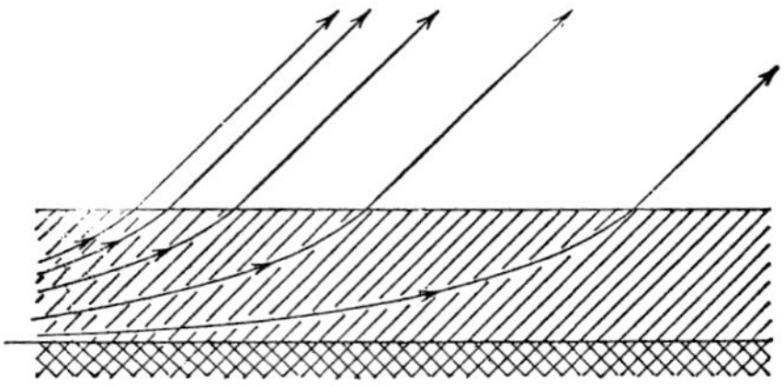

図 9.6　非固有漏洩波の電力流

$\xi_{0r}<0$ であるため，この波は $x$ 方向に振幅を増してゆく．これに対し（i）〜(iii) の波は $x$ 方向に振幅が減少してゆく．それで（i）〜(iii) のような波を**固有波**（proper mode），(iv) のような波を**非固有波**（improper mode）と呼ぶことがある．

## 9.3　誘電体円壔に伝わる表面波

実際に使われている表面波線路の例としてはオプティカル・ファイバがある．これは図 9.7 のように，誘電率 $\epsilon_1$ の円壔コアを，誘電率 $\epsilon_2(<\epsilon_1)$ のクラッドで被った構造をもち，電磁波はコアとクラッドの境界面で全反射しながら伝わる．

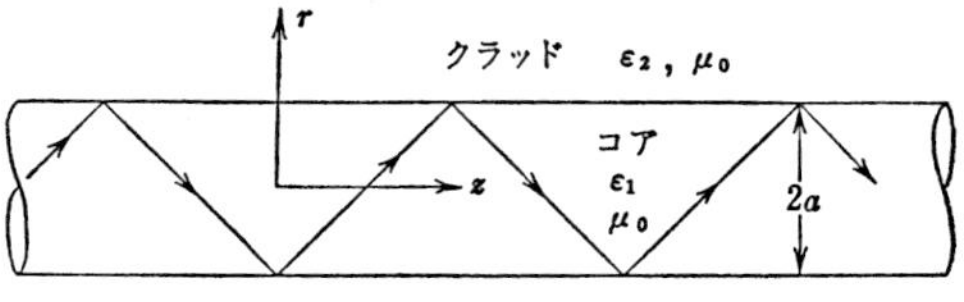


図 9.7　オプティカル・ファイバ

人体内部の診断に用いるファイバ・スコープ用では，コアの直径が波長に比べてかなり大きく，幾何光学的取扱いができる．これに対し，レーザによる光通信用ファイバは，直径（$=2a$）が波長と同程度であるから，波動理論的に解析する必要がある．いずれの場合にも，クラッド内の電磁界は，境界面を離れると急に小さくなるので，解析の際にはクラッドの外径は無限大と考えておいてよい．

### 9.3.1　電磁界と分散式

導波管の場合と同じように，$E_z$ と $H_z$ を与えると他のすべての成分が決まる．コアの内外における量を，それぞれ添字 1 と 2 で区別し，$\exp j(\omega t-\zeta z)$ に比例する電磁界を考える．$E_z$ と $H_z$ はいずれも次の方程式を満足する．

$$\nabla_t{}^2 u_1+(k_1{}^2-\zeta^2)u_1=0,\quad k_1{}^2=\omega^2\varepsilon_1\mu_0,\ (r<a) \tag{9.23}$$

$$\nabla_t{}^2 u_2+(k_2{}^2-\zeta^2)u_2=0,\quad k_2{}^2=\omega^2\varepsilon_2\mu_0,\ (r>a) \tag{9.24}$$

$$\nabla_t{}^2\equiv\frac{\partial^2}{\partial r^2}+\frac{1}{r}\frac{\partial}{\partial r}+\frac{1}{r^2}\frac{\partial^2}{\partial\theta^2}$$

9.2 節（ii）式（9.18）で述べたように，全反射形表面波に対しては

$$k_1{}^2>\zeta^2>k_2{}^2 \tag{9.25}$$

が成り立つので

$$\eta_1{}^2\triangleq k_1{}^2-\zeta^2>0,\quad \xi_2{}^2\triangleq\zeta^2-k_2{}^2>0 \tag{9.26}$$

と定義する．式（9.23），（9.24）を解くために

$$\begin{cases} u_1=R_1(r)\Theta_1(\theta) \\ u_2=R_2(r)\Theta_2(\theta) \end{cases} \tag{9.27}$$

と置くと，円形導波管の場合と同じようにして

$$\frac{d^2\Theta_1}{d\theta^2}=-n^2\Theta_1 \tag{9.28}$$

$$\frac{d^2\Theta_2}{d\theta^2}=-n^2\Theta_2 \tag{9.29}$$

$$\frac{d^2R_1}{dr^2}+\frac{1dR_1}{rdr}+\left(\eta_1{}^2-\frac{n^2}{r^2}\right)R_1=0 \tag{9.30}$$

$$\frac{d^2R_2}{dr^2}+\frac{1}{r}\frac{dR_2}{dr}-\left(\xi_2{}^2+\frac{n^2}{r^2}\right)R_2=0 \tag{9.31}$$

を得る．式（9.28），（9.29）は同じ形の式であるから

$$\left.\begin{matrix}\Theta_1\\ \Theta_2\end{matrix}\right\}=A'e^{jn\theta}+B'e^{-jn\theta} \tag{9.32}$$

式（9.30）は Bessel の方程式であるから

$$R_1=A'_1J_n(\eta_1r)+B_1'N_n(\eta_1r) \tag{9.33}$$

式 (9.31) は変形 Bessel の方程式（付録Ⅵ）であるから

$$R_2 = A_2' I_n(\xi_2 r) + B_2' K_n(\xi_2 r) \tag{9.34}$$

電磁界が $\theta$ に関して一価であるから，$n$ は正の整数となる．そして $n$ を負の整数まで許せば $A'=0$ としてよい．コアの中心で電磁界エネルギー密度が有限であることから $B_1'=0$ となる．更にコアから離れるにしたがって，電磁界が小さくなるべきであることから $A_2'=0$ となる [$r\to\infty$ のとき $I_n(\xi_2 r)\to\infty$ だから]．

結局いまの問題に対しては次式となる．

$$u_1 = A_1' J_n(\eta_1 r) f_n \tag{9.35}$$

$$u_2 = B_2' K_n(\xi_2 r) f_n \tag{9.36}$$

$$f_n \triangleq \exp j(\omega t - n\theta - \zeta z)$$

$u_1$ は $E_{1z}$，$H_{1z}$ を表わし，$u_2$ は $E_{2z}$，$H_{2z}$ を表わす．

管内の誘電率が一定である導波管に伝わる波は，TE 波と TM 波に分離でき，独立に取り扱えた．断面で誘電率が一定でない伝送系に伝わる波では，一般に TE 波と TM 波が互いに結合していて分離できない．それでこのような波をハイブリッド・モード (hybrid mode) という．ここでもハイブリッド・モードとなることを予想して，電磁界を計算すると次式となる．

$$\left\{\begin{aligned}
E_{1z} &= A_1 J_n(\eta_1 r) f_n \\
H_{1z} &= B_1 J_n(\eta_1 r) f_n \\
E_{1r} &= \left(-\frac{j\zeta}{\eta_1} A_1 J_n' - \frac{n\omega\mu_0}{\eta_1{}^2 r} B_1 J_n\right) f_n \\
E_{1\theta} &= \left(-\frac{n\zeta}{\eta_1{}^2 r} A_1 J_n + \frac{j\omega\mu_0}{\eta_1} B_1 J_n'\right) f_n \\
H_{1r} &= \left(\frac{n\omega\varepsilon_1}{\eta_1{}^2 r} A_1 J_n - \frac{j\zeta}{\eta_1} B_1 J_n'\right) f_n \\
H_{1\theta} &= \left(-\frac{j\omega\varepsilon_1}{\eta_1} A_1 J_n' - \frac{n\zeta}{\eta_1{}^2 r} B_1 J_n\right) f_n
\end{aligned}\right. \tag{9.37}$$

$$\left\{\begin{aligned}
E_{2z} &= A_2 K_n(\xi_2 r) f_n \\
H_{2z} &= B_2 K_n(\xi_2 r) f_n
\end{aligned}\right.$$

$$\begin{cases} E_{2r}=\left(\dfrac{j\zeta}{\xi_2}A_2K_n'+\dfrac{n\omega\mu_0}{\xi_2{}^2r}B_2K_n\right)f_n \\ E_{2\theta}=\left(\dfrac{n\zeta}{\xi_2{}^2r}A_2K_n-\dfrac{j\omega\mu_0}{\xi_2}B_2K_n'\right)f_n \\ H_{2r}=\left(-\dfrac{n\omega\varepsilon_2}{\xi_2{}^2r}A_2K_n+\dfrac{j\zeta}{\xi_2}B_2K_n'\right)f_n \\ H_{2\theta}=\left(\dfrac{j\omega\varepsilon_2}{\xi_2}A_2K_n'+\dfrac{n\zeta}{\xi_2{}^2r}B_2K_n\right)f_n \end{cases} \tag{9.38}$$

$A_1$, $B_1$; $A_2$, $B_2$ は振幅定数，$J_n'$ は変数（$\eta_1 r$）に関する $J_n$ の微分，$K_n'$ は（$\xi_2 r$）に関する $K_n$ の微分である．

$r=a$ における境界条件は

$$\begin{cases} E_{1z}=E_{2z}, \quad E_{1\theta}=E_{2\theta} \\ H_{1z}=H_{2z}, \quad H_{1\theta}=H_{2\theta} \end{cases} \tag{9.39}$$

上式は $A_1$, $B_1$; $A_2$, $B_2$ に関する連立方程式となり，これが解けるための条件（係数行列式＝0）は次の分散式となる．

$$(s_1'+s_2')(k_1{}^2s_1'+k_2{}^2s_2')=[n\zeta(1/q_1{}^2+1/q_2{}^2)]^2 \tag{9.40}$$

ただし，記号は次のように定義した．

$$\begin{cases} q_1\triangleq\eta_1 a, \quad q_2\triangleq\xi_2 a \\ s_1'\triangleq J_n'(q_1)/[q_1J_n(q_1)] \\ s_2'\triangleq K_n'(q_2)/[q_2K_n(q_2)] \end{cases} \tag{9.41}$$

### 9.3.2 モードの分類法

式（9.40）は式（9.26）と組んで，周波数と伝搬定数の関係を決める．式（9.41）で $q_1$ を少し変化させると，$s_1'$ は大幅に変動する．それゆえ式（9.40）は $s_1'$ に関する2次方程式と考えてよく，$s_1'$ について解くと次の二つの式に分解する．

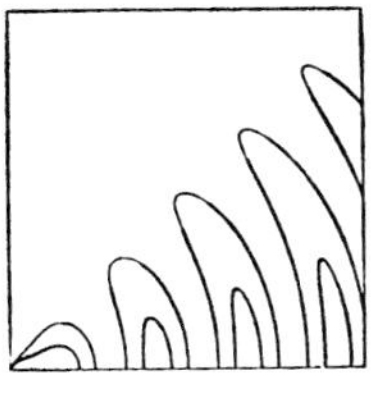

$$s_1'=-\frac{\varepsilon_1+\varepsilon_2}{2\varepsilon_1}s_2' \pm\sqrt{\left(\frac{\varepsilon_1-\varepsilon_2}{2\varepsilon_1}s_2'\right)^2+\left(\frac{n\zeta}{k_1}\right)^2\left(\frac{1}{q_1{}^2}+\frac{1}{q_2{}^2}\right)^2} \tag{9.42}$$

この二つの分散式は2種類のモードに対応する．

導波管においては2種類のモードは TE 波と TM 波であった．いまの場合は一般にハイブリッド・モードであるが，このときにも $E_{1z}$ が優勢か，$H_{1z}$ が優勢かにしたがって分類するとよいだろう．しかし $E_{1z}$ と $H_{1z}$ は次元が違うから，同次元になおして $E_{1z}$ と $\sqrt{\mu_0/\varepsilon_1}H_{1z}$ を比べることにし，次の量を定義する．

$$U \triangleq |\sqrt{\mu_0/\varepsilon_1}H_{1z}/E_{1z}| \tag{9.43}$$

式 (9.37)〜(9.41) の関係を使うと

$$U = \left| \frac{n(\zeta/k_1)(1/q_1{}^2+1/q_2{}^2)}{s_1{}'+s_2{}'} \right| \tag{9.44}$$

となることが証明できる．

式 (9.42) から ($s_2{}'<0$ に注意)

$$s_1{}'+s_2{}' = -\left|\frac{\delta s_2{}'}{2}\right| \pm \sqrt{\left(\frac{\delta s_2{}'}{2}\right)^2+\left(\frac{n\zeta}{k_1}\right)^2\left(\frac{1}{q_1{}^2}+\frac{1}{q_2{}^2}\right)^2} \tag{9.45}$$

ただし　$\delta \triangleq (\varepsilon_1-\varepsilon_2)/\varepsilon_1 = (k_1{}^2-k_2{}^2)/k_1{}^2$

これを式 (9.44) に代入すると

$$\begin{cases} \text{式 (9.45) の⊖符号に対しては } U<1 \\ \text{式 (9.45) の⊕符号に対しては } U>1 \end{cases} \tag{9.46}$$

式 (9.43) から明らかなように

TM 波 (E 波) に対しては　$U=0<1$

TE 波 (H 波) に対しては　$U=\infty>1$

であるから式 (9.42) の ⊖ 符号に対応するモードは E 波に近く，⊕ 符号に対応するモードは H 波に近い．それで前者を HE 波，後者を EH 波と呼んでいる(1)．

$n=0$ のときと $\delta\to 0$ のとき，分散式は簡単になる．

まず $\boldsymbol{n}\to 0$ とすると式 (9.45) から

$$s_1{}'+s_2{}' \fallingdotseq -\frac{|\delta s_2{}'|}{2} \pm \left\{\frac{|\delta s_2{}'|}{2}+\left(\frac{n\zeta}{k_1}\right)^2\left(\frac{1}{q_1{}^2}+\frac{1}{q_2{}^2}\right)^2\frac{1}{|\delta s_2{}'|}\right\}$$

---

(1) 本来は E 波に近いものを EH 波，H 波に近いものを HE 波と呼んだのであるが，本節の問題については Snitzer, E.：*J. Opt. Soc. Amer.* vol. 51, Oct. 1961, pp. 1122〜1126 の提案した本文の命名法が採用されている．

したがって $n=0$ のとき

$$\begin{cases} \ominus\text{に対して}\ U=0, & s_1'=-(1-\delta)s_2' \\ \oplus\text{に対して}\ U=\infty, & s_1'=-s_2' \end{cases} \tag{9.47}$$

次に $\delta\to 0$ とすると，$k_1 \fallingdotseq k_2$ となり，式 (9.25) から $\zeta \fallingdotseq k_1$ となる．したがって式 (9.45)，(9.46) から

$$\begin{cases} \ominus\text{に対して}\ U<1, & s_1'+s_2'=-n(1/q_1^2+1/q_2^2) \\ \oplus\text{に対して}\ U>1, & s_1'+s_2'=n(1/q_1^2+1/q_2^2) \end{cases} \tag{9.48}$$

以上の式を更に簡単にするために，次の Bessel 関数の公式を使う．

$$\begin{cases} s_1'=J_{n-1}/(q_1J_n)-n/q_1^2=-J_{n+1}/(q_1J_n)+n/q_1^2 \\ s_2'=-K_{n-1}/(q_2K_n)-n/q_2^2=-K_{n+1}/(q_2K_n)+n/q_2^2 \end{cases} \tag{9.49}$$

すると式 (9.47)，(9.48) は次のように書ける．

$$\text{TM}_{0m}\text{ 波}\quad \frac{J_1(q_1)}{q_1J_0(q_1)}=-\frac{(1-\delta)K_1(q_2)}{q_2K_0(q_2)} \tag{9.50}$$

$$\text{TE}_{0m}\text{ 波}\quad \frac{J_1(q_1)}{q_1J_0(q_1)}=-\frac{K_1(q_2)}{q_2K_0(q_2)} \tag{9.51}$$

$n>0$ で $\delta\to 0$ のとき

$$\text{HE}_{nm}\text{ 波}\quad \frac{J_{n-1}(q_1)}{q_1J_n(q_1)}=\frac{K_{n-1}(q_2)}{q_2K_n(q_2)} \tag{9.52}$$

$$\text{EH}_{nm}\text{ 波}\quad \frac{J_{n+1}(q_1)}{q_1J_n(q_1)}=-\frac{K_{n+1}(q_2)}{q_2K_n(q_2)} \tag{9.53}$$

### 9.3.3　遮断周波数

本節では，各モードの遮断周波数について考える．9.2 節で述べたように表面波とは $\xi_2$ が正の実数の波であるから，表面波の遮断周波数は $\xi_2=0$ あるいは $\infty$ に対応する．しかし $\xi_2=\infty$ は $\omega=\infty$ に対応するから，$\xi_2=0(q_2=0)$ が遮断周波数を決める．それには，まず分散式で $q_2\to 0$ として $q_1$ を決める．この $q_1$ は遮断周波数に対応するから，これを $q_c$ と書き，式 (9.26) に代入して，$\zeta^2$ を消去すると

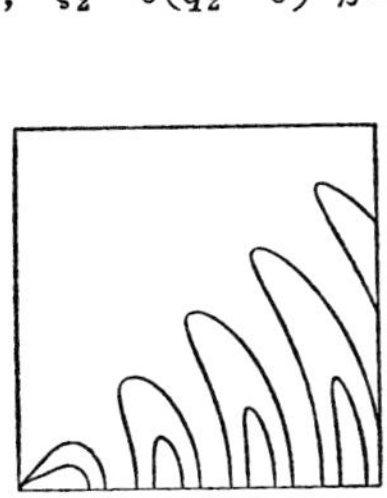

$$q_c=\omega_c a\sqrt{\mu_0(\varepsilon_1-\varepsilon_2)}$$
$$=\frac{2\pi a}{\lambda_c}\sqrt{n_1^2-n_2^2}\triangleq\Omega_c \tag{9.54}$$

を得る．$\omega_c$ は遮断周波数（の $2\pi$ 倍），$\lambda_c$ は遮断波長，$n_1$，$n_2$ は，それぞれコアとクラッドの屈折率，$\Omega_c$ は規準化遮断周波数と呼ばれる量である．そして遮断周波数 $\Omega_c$ は，分散式で $q_2\to 0$ とした時の根 $q_1$ に等しい．

$TM_{0m}$，$TE_{0m}$ 波に対しては式（9.50），（9.51）で $q_2\to 0$ とすると

$$\lim_{q_2\to 0}\frac{q_2K_0(q_2)}{K_1(q_2)}=0$$

となるので

$$\frac{q_cJ_0(q_c)}{J_1(q_c)}=0 \quad \text{すなわち} \quad J_0(q_c)=0$$

したがって $TM_{0m}$，$TE_{0m}$ 波の遮断周波数は次式から決まる．

$$J_0(\Omega_c)=0 \tag{9.55}$$

次に $n\geqslant 1$ の場合について述べよう．

$$s_1\triangleq J_{n-1}/q_1J_n, \qquad s_2\triangleq K_{n-1}/q_2K_n \tag{9.56}$$

と定義し，式（9.49）を用いて式（9.40）を書きなおすと

$$s_1^2-s_1\left[(2-\delta)s_2+n\left(\frac{2}{q_1^2}+\frac{2-\delta}{q_2^2}\right)\right]$$
$$+\left[(1-\delta)s_2^2+s_2n\left(\frac{2-\delta}{q_1^2}+\frac{2(1-\delta)}{q_2^2}\right)\right]=0 \tag{9.57}$$

となる．まず $q_2\to 0$ のとき $q_2^2/q_1^2\to 0$ であることを示そう．それは，もし $q_2^2/q_1^2\to C\,(\fallingdotseq 0)$ ならば，$1/q_1^2$ は $1/q_2^2$ と同程度で $\infty$ となる．

ところが

$q_2\to 0$ のとき

$$s_2\to 1/2(n-1),\ (n\geqslant 2) \tag{9.58}$$

$$s_2\to -\log q_2,\ (n=1) \tag{9.59}$$

であるから式（9.57）の第3項は無視でき

$$q_1\to 0 \text{ のとき } s_1\to n\left(\frac{2}{q_1^2}+\frac{2-\delta}{q_2^2}\right)=\frac{n}{q_1^2}\left(2+\frac{2-\delta}{C}\right)$$

となるが，Bessel 関数の性質から

$$q_1\to 0 \text{ のとき } \quad s_1\to\frac{2n}{q_1^2} \tag{9.60}$$

でなければならない．つまり $q_2^2/q_1^2\to 0$ でないと矛盾が起こる．

上述のことから $q_2\to 0$ のとき $1/q_1^2$ は $1/q_2^2$ に比べて無視できる．また式(9.58)，(9.59) によれば，$s_2$ はたかだか $q_2$ の対数程度で大きくなる．したがって式 (9.57) は $q_2\to 0$ のとき次式に漸近する．

$$s_1^2-\frac{n(2-\delta)}{q_2^2}s_1+\frac{2n(1-\delta)}{q_2^2}s_2=0 \tag{9.61}$$

$q_2\to 0$ のとき，上式の二根は

$$s_1^+=n(2-\delta)/q_2^2\to\infty,\ (n\geqq 1)$$

$$s_1^-=\frac{2(1-\delta)}{2-\delta}s_2\begin{cases}\to\infty,\ (n=1)\quad \text{式 (9.59)}\\[2ex] \to\dfrac{1-\delta}{(n-1)(2-\delta)},\ (n\geqq 2)\quad \text{式 (9.58)}\end{cases}$$

となる．$s_1^+$ に対しては $U>1$，$s_1^-$ に対しては $U<1$ となることから

$EH_{nm}$ 波に対して $(n\geqq 1)$
$$\frac{J_{n-1}(q_1)}{q_1J_n(q_1)}=\frac{n(2-\delta)}{q_2^2}\to\infty \tag{9.62}$$

$HE_{1m}$ 波に対して
$$\frac{J_{n-1}(q_1)}{q_1J_n(q_1)}=\frac{2(1-\delta)}{2-\delta}\log\frac{1}{q_2}\to\infty \tag{9.63}$$

$HE_{nm}$ 波に対して $(n\geqq 2)$
$$\frac{J_{n-1}(q_1)}{q_1J_n(q_1)}=\frac{1-\delta}{(n-1)(2-\delta)} \tag{9.64}$$

式 (9.62) で $q_1\to 0$ となると $q_2^2/q_1^2\to 0$ に反するので $q_1>0$ である．式 (9.63) では $q_1\to 0$ は許される．

式 (9.64) では $q_1\to 0$ は式を満足しない．結局，遮断周波数を決める式は

$EH_{nm}$ 波 $(n\geqq 1)$ $\quad J_n(\Omega_c)=0,\ \Omega_c>0$ $\quad$ (9.65)

$HE_{1m}$ 波 $\quad J_1(\Omega_c)=0\quad \Omega_c\geqq 0$ $\quad$ (9.66)

$HE_{nm}$ 波 $(n\geqq 2)$
$$\frac{J_{n-2}(\Omega_c)}{J_n(\Omega_c)}=\frac{-\delta}{2-\delta}\quad \Omega_c>0 \tag{9.67}$$

となる．ただし式 (9.64) から式 (9.67) を求める際には

$$J_n+J_{n-2}=2(n-1)J_{n-1}/q_1$$

の関係を用いた．

式 (9.55)，(9.65)，(9.66)，(9.67) をまとめると表 9.1 となる．最小の遮断周波数は $HE_{11}$ 波の $\Omega_c=0$，次は

$TM_{01}$，$TE_{01}$，$EH_{11}$ 波の $\Omega_c=2.405$ である．式 (9.54) を参照すると

$$\frac{2\pi a}{\lambda_0}\sqrt{n_1{}^2-n_2{}^2}<2.405 \tag{9.68}$$

のとき $HE_{11}$ 波のみが伝わる．数値例として GaAs 半導体レーザ ($\lambda_0\fallingdotseq$ 0.9ミクロン)を光源とし，$\sqrt{n_1{}^2-n_2{}^2}=0.1$ とすると

$$a<\frac{0.9\times 2.405}{2\pi\times 0.1}=3.4 \quad (ミクロン)$$

つまり単一モード伝送路としては，コアの直径が6ミクロン程度のファイバが必要である．

表 9.1

| モード | | 遮断周波数 $\Omega_c$ |
|---|---|---|
| $TM_{0m}$，$TE_{0m}$ | | $J_0(\Omega_c)=0$，$\Omega_c>0$ |
| $EH_{nm}$，$n\geqq 1$ | | $J_n(\Omega_c)=0$，$\Omega_c>0$ |
| $HE_{nm}$ | $n=1$ | $J_1(\Omega_c)=0$，$\Omega_c\geqq 0$ |
| | $n\geqq 2$ | $J_{n-2}(\Omega_c)=-\delta J_n(\Omega_c)/(2-\delta)$　$\Omega_c>0$ |

# 第 10 章

# 放　射　波

## 10.1 ま え が き

電荷が運動すると電荷の回りの電磁界が変動し，この変動は電磁波として四方に伝わってゆく．原子や分子が光を放出したり，アンテナが電波を出す現象がこれで，この現象を**放射**（radiation）という．

伝送波は伝送系に沿って任意の方向に伝えられるのに対して，放射波は自由空間中を放射状に伝わってゆく．しかし放射系を適当に配列すると，たとえば自動車のヘッド・ライトのように放射波をある方向に集中することができる．また，反射や屈折や回折等により伝わる方向を変えることもできる．

伝送波が主として有線通信に利用されているのに対し，放射波は無線通信に利用されている．

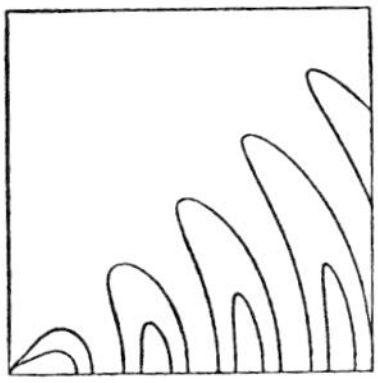

## 10.2 放射波の解析に便利な式

前節で述べたように放射波は運動する電荷により作られ

る．運動する電荷がどのように電磁波を発生するかを考えるために，静電界が静止している電荷からどのように作られるかをふりかえってみよう．Maxwell の方程式をもう一度書くと

$$\nabla\cdot\boldsymbol{D}=\rho \tag{10.1 a}$$

$$\nabla\times\boldsymbol{H}-\frac{\partial\boldsymbol{D}}{\partial t}=\boldsymbol{J} \tag{10.1 b}$$

$$\nabla\times\boldsymbol{E}+\frac{\partial\boldsymbol{B}}{\partial t}=0 \tag{10.1 c}$$

$$\nabla\cdot\boldsymbol{B}=0 \tag{10.1 d}$$

ただし，媒質は無損失とし（$\boldsymbol{J}$, $\rho$）は強制電流項とする．

静電界の場合には $\partial/\partial t=0$ であるから $\nabla\times\boldsymbol{E}=0$ で，電界はスカラ・ポテンシャル $\phi$ を用いて $\boldsymbol{E}=-\nabla\phi$ と表わせる．これを第1式に代入するとスカラ・ポテンシャルを決める Poisson の式

$$\nabla^2\phi=-\rho/\varepsilon \tag{10.2}$$

が求まる．この式の積分形は Coulomb の法則〔点電荷 $q$ によるポテンシャル $=q/(4\pi\varepsilon r)$〕と重畳の原理から求まる．つまり $q=\rho dV$ と置いてすべての $\rho$ について和をとれば次のようになる．

$$\phi=\frac{1}{4\pi\varepsilon}\int\frac{\rho}{r}dV \tag{10.3}$$

式（10.2），（10.3）は静止している電荷に対してのみ成り立つ式であるから，これらを運動する電荷の場合に拡張しなければならない．

まず式（10.1 d）に着目すると，（付録Ⅲ，系1）により適当なベクトル場 $\boldsymbol{A}$ を用いて

$$\boldsymbol{B}=\nabla\times\boldsymbol{A} \tag{10.4}$$

と表わせる．式（10.4）を式（10.1 c）に代入すると

$$\nabla\times\left(\boldsymbol{E}+\frac{\partial\boldsymbol{A}}{\partial t}\right)=0$$

となるから，再び（付録Ⅲ，系1）により，適当なスカラ場 $\Phi$ を用いて $\boldsymbol{E}+\partial\mathrm{A}/\partial t=-\nabla\Phi$，つまり

$$\boldsymbol{E}=-\nabla\Phi-\frac{\partial\boldsymbol{A}}{\partial t} \tag{10.5}$$

と書ける．ここに導入された $\Phi$ と $\boldsymbol{A}$ をそれぞれスカラ・ポテンシャルおよびベクトル・ポテンシャルと呼び，与えられた電荷が作る電磁界を計算するための補助的な量とし便利なものである．

式 (10.4)，(10.5) を式 (10.1 a)，(10.1 b) に代入すると

$$\begin{cases} \nabla^2\Phi + \dfrac{\partial}{\partial t}\nabla\cdot\boldsymbol{A} = -\dfrac{\rho}{\varepsilon} \\ \nabla\times\nabla\times\boldsymbol{A} + \mu\varepsilon\left(\nabla\dfrac{\partial\Phi}{\partial t} + \dfrac{\partial^2\boldsymbol{A}}{\partial t^2}\right) = \mu\boldsymbol{J} \end{cases} \tag{10.6}$$

ところで，Helmholtz の定理（付録Ⅲ）によれば，ベクトル場は，回転と発散を独立に与えることにより決まる．式 (10.4) では $\boldsymbol{A}$ の回転だけを規定しているので，$\boldsymbol{A}$ の発散はまだ任意に選べる．そこで $\nabla\cdot\boldsymbol{A} = -\mu\varepsilon\partial\Phi/\partial t$ すなわち

$$\nabla\cdot\boldsymbol{A} + \mu\varepsilon\frac{\partial\Phi}{\partial t} = 0 \tag{10.7}$$

となるように $\boldsymbol{A}$ の発散を決めると式 (10.6) は

$$\nabla^2\Phi - \mu\varepsilon\frac{\partial^2\Phi}{\partial t^2} = -\frac{\rho}{\varepsilon} \tag{10.8 a}$$

$$\nabla^2\boldsymbol{A} - \mu\varepsilon\frac{\partial^2\boldsymbol{A}}{\partial t^2} = -\mu\boldsymbol{J} \tag{10.8 b}$$

となり，この両式から ($\Phi$, $\boldsymbol{A}$) が決まる．式 (10.7) の条件を **Lorentz の条件** (Lorentz condition) という．なお ($\Phi$, $\boldsymbol{A}$) が求まった場合に，任意のスカラ場 $\Psi$ を用いて

$$\begin{cases} \Phi' = \Phi + \partial\Psi/\partial t \\ \boldsymbol{A}' = \boldsymbol{A} - \nabla\Psi \end{cases} \tag{10.9}$$

を作り，($\Phi$, $\boldsymbol{A}$) の代りに ($\Phi'$, $\boldsymbol{A}'$) を用いても ($\boldsymbol{E}$, $\boldsymbol{B}$) の値は変わらない．つまりポテンシャルには式 (10.9) の $\Psi$ を任意に選べる自由度がある．式 (10.9) の変換を（第二種の）**ゲージ変換** (gauge transformation) という．

次に式 (10.8) を解いて ($\Phi$, $\boldsymbol{A}$) を求めよう．式(10.8 b) は成分に分解すると式 (10.8 a) と同形であるから，式 (10.8 a) の解法だけを考えれば充分である．一般に分布し

た電荷の作る場は，点電荷の作る場を重畳することにより求まるので，初めに原点に点電荷 $q(t)$ がある場合を考察しよう．このとき $\rho=q(t)\delta(\boldsymbol{r})$ と書けるから

$$\nabla^2\Phi-\mu\varepsilon\frac{\partial^2\Phi}{\partial t^2}=-\frac{q(t)\delta(\boldsymbol{r})}{\varepsilon} \tag{10.10}$$

となる．点電荷の作る場は球対称であり

$$\nabla^2\Phi=\frac{1}{r^2}\frac{d}{dr}\left(r^2\frac{d\Phi}{dr}\right)=\frac{1}{r}\frac{d^2}{dr^2}(r\Phi)$$

が成り立つので式 (10.10) から

$$\frac{d^2}{dr^2}(r\Phi)-\mu\varepsilon\frac{\partial^2}{\partial t^2}(r\Phi)=0,\quad r\neq 0$$

この式は $(r\Phi)$ に対する1次元の波動方程式であるから，解は

$$r\Phi=f\left(t-\frac{r}{v}\right)+g\left(t+\frac{r}{v}\right)$$

ただし $v\triangleq 1/\sqrt{\mu\varepsilon}$ は波の位相速度，$f$, $g$ はそれぞれ $+\boldsymbol{r}$ 方向に進む波と $-\boldsymbol{r}$ 方向に進む波を表わす．いまの場合，点電荷から放射される波を求めているのであるから $g$ は存在せず

$$\Phi=\frac{f(t-r/v)}{r} \tag{10.11}$$

となる．$f$ の関数形を決めるには，$\mu\to 0$ なる仮想的な場合を考えればよく，このとき $v\to\infty$ となるので式 (10.11) は

$$(\Phi)_{\mu=0}=f(t)/r \tag{10.12}$$

となる．また式 (10.10) は $\mu\to 0$ のとき

$$\nabla^2(\Phi)_{\mu=0}=-q(t)\delta(\boldsymbol{r})/\varepsilon \tag{10.13}$$

となり，これは原点に点電荷 $q(t)$ があるときの Poisson 方程式である．ゆえに式 (10.13) の解は

$$(\Phi)_{\mu\to 0}=\frac{q(t)}{4\pi\varepsilon r} \tag{10.14}$$

式 (10.12) と式 (10.14) を比べると $f(t)=q(t)/4\pi\varepsilon$ であることがわかり，式 (10.11) は

$$\Phi(\boldsymbol{r},\ t)=\frac{q(t-r/v)}{4\pi\varepsilon r} \tag{10.15}$$

となる．この式は時間的に変化する点電荷のスカラ・ポテンシャルが，静電ポテンシャルと同じ Coulomb の法則で与えられることを示している．ただし，電荷から $\boldsymbol{r}$ だけ離れた点のポテンシャルは測定の時刻 $t$ より $r/v$ 秒だけ以前の電荷の値で決まることが静電的な場合と異なっている．これは電荷の作る場が有限の速度 $v$ で伝わるためである．

一般に電荷が $\rho(\boldsymbol{r},\ t)$ で表わされるように分布しているときは

$$\rho(\boldsymbol{r},\ t)=\int\rho(\boldsymbol{r}',\ t)\delta(\boldsymbol{r}-\boldsymbol{r}')dV'$$

と分解し，$\rho(\boldsymbol{r}',\ t)dV'\delta(\boldsymbol{r}-\boldsymbol{r}')$ なる成分を考えると，これは $\boldsymbol{r}'$ という点に置かれた，大きさ $q(t)=\rho(\boldsymbol{r}',\ t)dV'$ の点電荷である．それゆえ $\rho(\boldsymbol{r}',\ t)dV'\delta(\boldsymbol{r}-\boldsymbol{r}')$ によるポテンシャルは式（10.15）により

$$d\Phi=\frac{\rho(\boldsymbol{r}',\ t-|\boldsymbol{r}-\boldsymbol{r}'|/v)}{4\pi\varepsilon|\boldsymbol{r}-\boldsymbol{r}'|}dV'$$

で，これをすべての電荷について合計すると

$$\Phi(\boldsymbol{r},\ t)=\frac{1}{4\pi\varepsilon}\int\frac{\rho(\boldsymbol{r}',\ t-|\boldsymbol{r}-\boldsymbol{r}'|/v)}{|\boldsymbol{r}-\boldsymbol{r}'|}dV' \qquad (10.16\,\mathrm{a})$$

上述のように，点 $\boldsymbol{r}'$ にある電荷のポテンシャルが $|\boldsymbol{r}-\boldsymbol{r}'|/v$ 秒だけ遅れて点 $\boldsymbol{r}$ に現われるので，式（10.16 a）の $\Phi$（$\boldsymbol{r}$, $t$）を**遅延ポテンシャル**（retarded potential）という．

ベクトル・ポテンシャルの式（10.8 b）も全く同様に解けて

$$\boldsymbol{A}(\boldsymbol{r},\ t)=\frac{\mu}{4\pi}\int\frac{\boldsymbol{J}(\boldsymbol{r}',\ t-|\boldsymbol{r}-\boldsymbol{r}'|/v)}{|\boldsymbol{r}-\boldsymbol{r}'|}dV' \qquad (10.16\,\mathrm{b})$$

を得る．

特別な場合として，電荷，電流が正弦波状の時間変化をするときは

$$\rho(\boldsymbol{r},\ t)=\rho_0(\boldsymbol{r})e^{j\omega t},\quad \boldsymbol{J}(\boldsymbol{r},\ t)=\boldsymbol{J}_0(\boldsymbol{r})e^{j\omega t}$$

$$\Phi(\boldsymbol{r},\ t)=\Phi_0(\boldsymbol{r})e^{j\omega t},\quad \boldsymbol{A}(\boldsymbol{r},\ t)=\boldsymbol{A}_0(\boldsymbol{r})e^{j\omega t}$$

等と書くと，式（10.16）から

$$\Phi_0(\boldsymbol{r})=\frac{1}{4\pi\varepsilon}\int\frac{\rho_0(\boldsymbol{r}')e^{-jk|\boldsymbol{r}-\boldsymbol{r}'|}}{|\boldsymbol{r}-\boldsymbol{r}'|}dV' \qquad (10.17\,\mathrm{a})$$

$$\boldsymbol{A}_0(\boldsymbol{r})=\frac{\mu}{4\pi}\int\frac{\boldsymbol{J}_0(\boldsymbol{r}')e^{-jk|\boldsymbol{r}-\boldsymbol{r}'|}}{|\boldsymbol{r}-\boldsymbol{r}'|}dV' \qquad (10.17\,\mathrm{b})$$

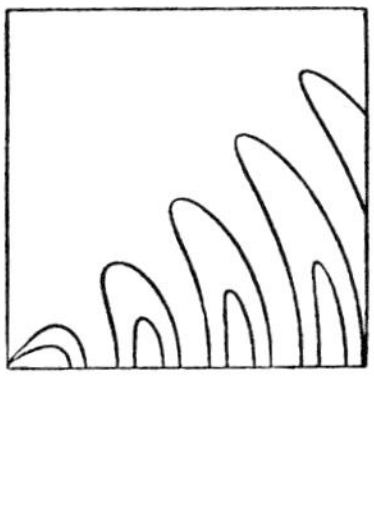

となる．式 (10.16)，(10.17) は放射波を解析するための基本式である．

## 10.3　電気的双極子からの放射

図 10.1 に示すように電流

$$I = I_0 e^{j\omega t}$$

の流れている長さ $l$ の細いアンテナからの放射を考える．導体の中心を原点とし，導体が $z$ 軸と一致するように球座標をとる．

$l \ll \lambda$ とし，$r \gg l$ である点の電磁界を考えることにすれば

$$\boldsymbol{J}_0 = \boldsymbol{a}_z I_0 l \delta(\boldsymbol{r}) \tag{10.18}$$

と書ける．これを式 (10.17 b) に代入すると

$$\boldsymbol{A}_0 = \boldsymbol{a}_z \frac{\mu I_0 l}{4\pi \boldsymbol{r}} e^{-jkr}$$

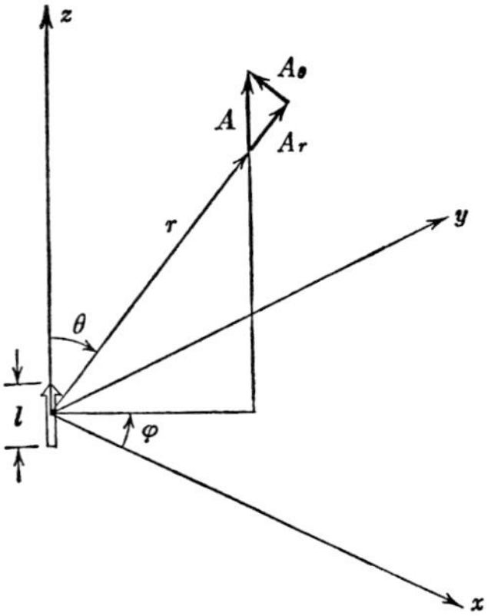


図 10.1　長さ $l$ の双極子アンテナ

図 10.1 の関係から

$$\left\{\begin{aligned} A_r &= A_z \cos\theta = \frac{\mu I_0 l}{4\pi} \frac{e^{-jkr}}{\boldsymbol{r}} \cos\theta \\ A_\theta &= -A_z \sin\theta = -\frac{\mu I_0 l}{4\pi} \frac{e^{-jkr}}{\boldsymbol{r}} \sin\theta \\ A_\varphi &= 0 \end{aligned}\right. \tag{10.19}$$

式 (10.4) に代入すると

$$\left\{\begin{aligned} H_r &= 0 \\ H_\theta &= 0 \\ H_\varphi &= \frac{k^2 I_0 l}{4\pi} e^{-jkr} \left[ \frac{j}{k\boldsymbol{r}} + \frac{1}{(k\boldsymbol{r})^2} \right] \sin\theta \end{aligned}\right. \tag{10.20}$$

上式を Maxwell の式に代入すると $I_0 l / j\omega \triangleq p_0$ として

$$\left\{\begin{aligned} E_r &= \frac{k^3 p_0}{4\pi\varepsilon} e^{-jkr} \left[ \frac{2j}{(k\boldsymbol{r})^2} + \frac{2}{(k\boldsymbol{r})^3} \right] \cos\theta \\ E_\theta &= \frac{k^3 p_0}{4\pi\varepsilon} e^{-jkr} \left[ -\frac{1}{k\boldsymbol{r}} + \frac{j}{(k\boldsymbol{r})^2} + \frac{1}{(k\boldsymbol{r})^3} \right] \sin\theta \\ E_\varphi &= 0 \end{aligned}\right. \tag{10.21}$$

ここで特に $kr \ll 1$ のときと $kr \gg 1$ のときを考えよう．

$kr \ll 1$ のとき，すなわちアンテナからの距離が波長に比べて小さいときは $1/(kr)$ の最高次の項が優勢になるので

$$E_r \fallingdotseq \frac{p_0}{2\pi\varepsilon}\cdot\frac{\cos\theta}{r^3},\quad E_\theta \fallingdotseq \frac{p_0}{4\pi\varepsilon}\cdot\frac{\sin\theta}{r^3},\quad E_\varphi=0 \qquad (10.22\,\mathrm{a})$$

$$B_r=B_\theta=0,\quad B_\varphi \fallingdotseq \frac{\mu I_0 l}{4\pi}\cdot\frac{\sin\theta}{r^2} \qquad (10.22\,\mathrm{b})$$

となる．式 (10.22 a) はモーメント $p_0$ の双極子が作る静電界に等しく，式 (10.22 b) は Biot-Savart の法則による静磁界の式と同じである．実際の電磁界は式（a），（b）に $\exp(j\omega t)$ を乗じたものであるから，これらの電磁界は静的に計算した場が $\exp(j\omega t)$ にしたがって振動しているものである．

このような場を**準静的場** (quasi-static field) という．アンテナの付近に生じた準静的場式 (10.22) を**誘導電磁界** (induction field) と呼ぶことがある(1)．

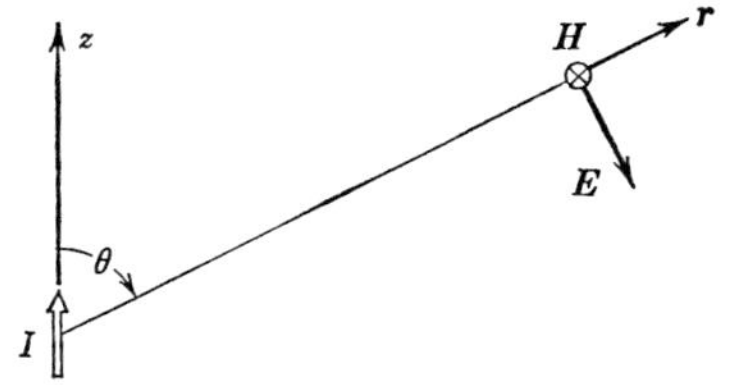

図 10.2　放射波の電磁界と進行方向の関係

$kr \gg 1$ つまり，アンテナからの距離が波長に比べて非常に大きい所では，$1/(kr)$ の1次の項だけが重要となり

$$\begin{cases} H_\varphi = \dfrac{E_\theta}{Z_0} = \dfrac{jkI_0 l}{4\pi}\sin\theta\,\dfrac{e^{-jkr}}{r} \\ E_r=E_\varphi=H_r=H_\theta=0 \end{cases} \qquad (10.23)$$

となる．これは $+r$ 方向に光速で伝わる電磁波で，電界と磁界と進行方向は平面波の場合と全く同じ関係にある（図 10.2）．この波はアンテナからのエネルギー放射に対応しているので，**放射界** (radiation field) と呼ばれる．

Poynting ベクトルの $r$ 成分は

$$\bar{S}_r = \frac{1}{2}E_\theta\cdot H_\varphi{}^* = \frac{Z_0 k^2 I_0{}^2 l^2}{32\pi^2 r^2}\sin^2\theta \qquad (10.24)$$

（1）誘導電磁界という場合には $E_r$，$E_\theta$ の $j/(kr)^2$ に比例する項も含める．この項は式 (10.22 b) の $\boldsymbol{B}$ から Faraday の誘導法則で生じたものと解釈できる．

であるから，これを半径 $r$ の全球面について積分すれば，アンテナからの平均放射電力が求まる．

$$P_r=\int_0^{\pi}\overline{S}_r 2\pi r^2\sin\theta\, d\theta=\frac{Z_0\pi I_0{}^2}{3}\left(\frac{l}{\lambda}\right)^2 \qquad (10.25)$$

媒質を真空とすれば

$$P_r=40\pi^2 I_0{}^2\left(\frac{l}{\lambda}\right)^2=80\pi^2 I^2{}_{rms}\left(\frac{l}{\lambda}\right)^2 \quad \text{〔W〕} \qquad (10.26)$$

となる．ゆえに双極子アンテナからの放射電力は電流の 2 乗に比例する．$I^2{}_{rms}$ の係数

$$R_r\triangleq 80\pi^2(l/\lambda)^2 \quad 〔\Omega〕 \qquad (10.27)$$

を**放射抵抗**（radiation resistance）と呼び，これは，アンテナ電流と同じ電流を流したとき，放射電力と同じ電力を消費する抵抗の値に等しい．

### 10.3.1 電気力線

双極子からの放射を具体的に見るには電気力線を画くのがよい．電気力線は電界と平行だから，力線に沿う微分ベクトルを $\boldsymbol{dl}=(dr,\ r\,d\theta)$ とすれば，$\boldsymbol{dl}$ と電界 $\boldsymbol{E}=(E_r,\ E_\theta)$ とのベクトル積は零で

$$E_r r\, d\theta-E_\theta dr=0 \qquad (10.28)$$

これが，電気力線の微分方程式である．$E_r$，$E_\theta$ には式（10.21）から求まる実数表示を使う(2)．すなわち

$$E_r=2\frac{k^3q_0l}{4\pi\varepsilon}\cdot\left\{\frac{-\sin(\omega t-kr)}{(kr)^2}+\frac{\cos(\omega t-kr)}{(kr)^3}\right\}\cos\theta \qquad (10.29\,\mathrm{a})$$

$$E_\theta=\frac{k^3q_0l}{4\pi\varepsilon}\left\{\frac{-\cos(\omega t-kr)}{kr}-\frac{\sin(\omega t-kr)}{(kr)^2}+\frac{\cos(\omega t-kr)}{(kr)^3}\right\}\sin\theta \qquad (10.29\,\mathrm{b})$$

したがって式（10.28）から次式を得る．

$$-2\frac{\cos\theta}{\sin\theta}d\theta=\frac{\cos(\omega t-kr)+\dfrac{\sin(\omega t-kr)}{kr}-\dfrac{\cos(\omega t-kr)}{(kr)^2}}{-\sin(\omega t-kr)+\dfrac{\cos(\omega t-kr)}{kr}}d(kr)$$

（2） 式（10.21）をそのまま代入すると $e^{j(\omega t-kr)}$ の項が不当に消滅してしまう．

これを積分すると，積分定数を $K$ として

$$\left\{\frac{\cos(\omega t-kr)}{kr}-\sin(\omega t-kr)\right\}\sin^2\theta=K \qquad (10.30)$$

となる．$K$ に一つの実数を与えると 1 組の電気力線が画ける．$K=\pm0.5$，$\pm0.9$ として $t$ を順次増加させてゆくと図 10.3 (p.249〜p.51) のアニメーションのようになり，アンテナから電波が放射される様子がわかる．

## 10.4 線形アンテナ

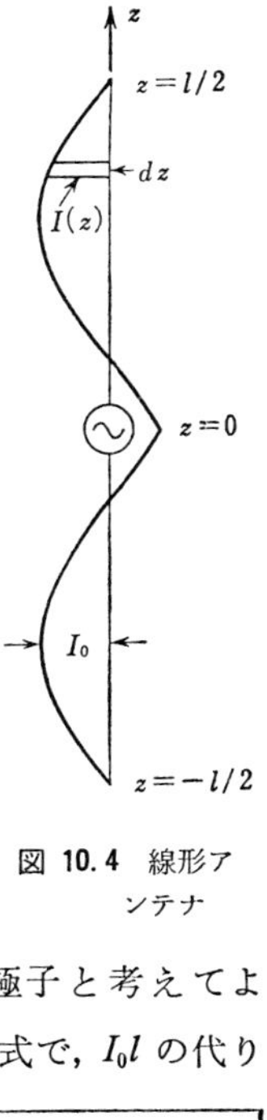

図 10.4 線形アンテナ

細い直線状の導体でできたアンテナを**線形アンテナ** (linear antenna) という．断面が小さいので，アンテナの軸を $z$ 軸に選ぶと

$$\boldsymbol{J}dV=\boldsymbol{a}_z I(z)dz \qquad (10.31)$$

と書ける．$I(z)$ は全電流であって，アンテナの表面で電界の接線成分が零となるように流れる．アンテナ断面の半径が波長に比べて無視できる場合には，アンテナを近似的に伝搬定数 $k$ の伝送線路と見なせることがわかっているので，電流分布は簡単にわかる．たとえば図 10.4 のように，中心に置かれた正弦波電源により励振された，長さ $l$ の線形アンテナの電流分布は，近似的に次式で与えられる．

$$I(z)=I_0\sin k\left(\frac{l}{2}-|z|\right)e^{j\omega t} \qquad (10.32)$$

長さ $dz$ の部分だけに着目すると，この部分は電流 $I(z)$ の双極子と考えてよい．したがって，$dz$ なる部分による電磁界は前節の双極子の式で，$I_0 l$ の代りに $I(z)dz$ を代入すればよく，これを $\int_l dz$ すれば，線形アンテナによる電磁界が求まる．$r\gg(\lambda, l)$ のときは，式 (10.23) を用いて

$$dH_\varphi=\frac{dE_\theta}{Z_0}=\frac{jkI(z)dz}{4\pi}\sin\theta'\frac{e^{-jkr'}}{r'} \qquad (10.33)$$

これを $\int dz$ して

$$H_\varphi=\frac{E_\theta}{Z_0}=\frac{jk}{4\pi}\int_l I(z)\frac{e^{-jkr'}}{r'}\sin\theta' dz \tag{10.34}$$

となる．$r\gg l$ であるから，$\theta'\fallingdotseq\theta$, $1/r'\fallingdotseq 1/r$, $\exp-j(kr')\fallingdotseq\exp-jk(r-z\cos\theta)$ としてよく

$$H_\varphi=\frac{E_\theta}{Z_0}=\frac{jkI(0)l_\theta}{4\pi}\sin\theta\frac{e^{-jkr}}{r} \tag{10.35}$$

となる．ただし

$$l_\theta\triangleq\int\frac{I(z)}{I(0)}e^{jkz\cos\theta}dz \tag{10.36}$$

は，$\theta$ 方向に対するアンテナの**実効長**（effective length）と呼ばれる量である[3]．式（10.35）で与えられる線形アンテナの放射界は双極子の放射界（10.23）と同じ形で，ただ $Il$ が $I(0)l_\theta$ に置き換った点が異なる．

式（10.32）の電流分布について実効長を計算すると

$$\begin{aligned}l_\theta&=\frac{1}{\sin(kl/2)}\int_{l/2}^{l/2}\sin k\left(\frac{l}{2}-|z|\right)e^{jkz\cos\theta}dz\\&=\frac{2}{k\sin^2\theta\sin(kl/2)}\left[\cos\left(\frac{kl}{2}\cos\theta\right)-\cos\frac{kl}{2}\right]\end{aligned} \tag{10.37}$$

特に $kl\ll 1$ のとき

$$l_\theta=l/2 \tag{10.38}$$

となるが，このことは電流分布が図（10.5）のように三角形に近いことから容易に理解できる．

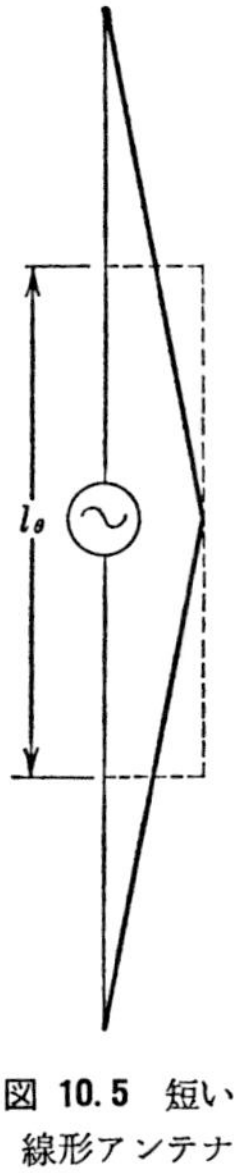


図 10.5 短い線形アンテナの電流分布

放射波の平均電力流は

$$\begin{aligned}\overline{S}_r&=\frac{1}{2}\mathrm{Re}(E_\theta H_\varphi^*)=\frac{Z_0}{2}|H_\varphi|^2\\&=\frac{Z_0k^2I^2(0)l_\theta^2}{2(4\pi r)^2}\sin^2\theta\end{aligned} \tag{10.39}$$

これは，アンテナを中心とする半径 $r$ の球面上の単位面積当りの

（3） 普通は $l_{\pi/2}$ をアンテナの実効長といい $l_{eff}$ などと書いている．$kl>\pi$ のときは式（10.35），（10.36）で $I(0)$ の代りに $I_0$ を用いる方がよいだろう．このとき式（10.37）の分母の $\sin(kl/2)$ はなくなる．

平均電力流である．この単位面積を中心からみた立体角は $1/r^2$ であるから，単位立体角当りの平均電力は

$$P(\theta,\ \varphi)=\frac{Z_0[kI(0)l_\theta]^2}{2(4\pi)^2}\sin^2\theta \tag{10.40}$$

全放射電力は，これを全立体角にわたり積分して

$$P_r=\int_0^{2\pi}d\varphi\int_0^{\pi}P(\theta,\ \varphi)\sin\theta\, d\theta \tag{10.41}$$

図 10.4 の場合には，式 (10.37) を用いて

$$P_r=30I_0^2\int_0^{\pi}\left|\frac{\cos[(kl/2)\cos\theta]-\cos(kl/2)}{\sin\theta}\right|^2\sin\theta\, d\theta \tag{10.42}$$

この積分は，初等関数では表わせず，次の関数を用いて表わすことができる(4)．

$$\left\{\begin{aligned}\mathrm{Si}(u)&\triangleq\int_0^u\frac{\sin x}{x}dx\\ \mathrm{Ci}(u)&\triangleq-\int_u^{\infty}\frac{\cos x}{x}dx\end{aligned}\right. \tag{10.43}$$

$$\begin{aligned}P_r=30\,I_0^2\{C+\ln(kl)-\mathrm{Ci}(kl)+\frac{1}{2}[\mathrm{Si}(2kl)\\ -2\,\mathrm{Si}(kl)]\sin(kl)+\frac{1}{2}[C+\ln(kl/2)\\ +\mathrm{Ci}(2kl)-2\,\mathrm{Ci}(kl)]\cos(kl)\}\end{aligned} \tag{10.44}$$

ただし，$C\triangleq0.577\,2\cdots$ は Euler の定数である．

実用上，特に重要なのは，半波長アンテナ ($l=\lambda/2$) の場合で，このとき $kl=\pi$ であるから

$$\begin{aligned}P_r&=15\,I_0^2\{C+\ln(2\pi)-\mathrm{Ci}(2\pi)\}\\ &\fallingdotseq73.1I^2(0)/2\end{aligned} \tag{10.45}$$

すなわち，半波長アンテナの放射抵抗は

$$R_r\fallingdotseq73.1\quad[\Omega] \tag{10.46}$$

で与えられる．

(4) Si($u$), Ci($u$) はそれぞれ正弦積分 (integral sine) 余弦積分 (integral cosine) といい，たとえば林"高等関数表"，岩波書店に詳しい数値表がある．

**【例　題】** 半波長アンテナから 10 km 離れた所で，電界強度 10 mV/m（最大値）を得るために必要な放射電力と電流振幅を求めよ。

半波長アンテナに対しては $kl=\pi$ であるから，式（10.37）により

$$l_\theta=\frac{2}{k\sin^2\theta}\cos\left(\frac{\pi}{2}\cos\theta\right) \tag{10.47}$$

式（10.35）に代入して

$$E_\theta=j\frac{60\,I(0)}{r}e^{-jkr}\frac{\cos\left(\dfrac{\pi}{2}\cos\theta\right)}{\sin\theta} \tag{10.48}$$

$|E_\theta|$ は $\theta=\pi/2$ のとき最大で

$$|E_\theta|_m=60|I(0)|/r \tag{10.49}$$

となる．半波長アンテナでは $I_0=I(0)$ であるから

$$|I_0|=|E_\theta|_m r/60=10^{-2}\times10^4/60=1.67\quad〔\mathrm{A}〕$$

電力は式（10.45）を用いて

$$P_r=73.1\times(1.67)^2/2=102\quad〔\mathrm{W}〕$$

線形アンテナの放射特性は，式（10.40）からわかるように，方位によって異なる．一般に方位によって放射特性が異なることをアンテナの**指向性**（directivity）という．線形アンテナの指向特性を見るには，電磁界の式（10.35）で方位に関する部分

$$F_0(\theta,\ \varphi)=\frac{\cos[(kl/2)\cos\theta]-\cos(kl/2)}{\sin\theta} \tag{10.50}$$

を調べればよい．この場合には $F_0(\theta,\ \varphi)$ は $\varphi$ に無関係であるから，$\theta$ についての変化だけを調べればよく，$kl\ll1$，$kl=\pi$，$kl=2\pi$，$kl=8\pi/3$，$kl=3\pi$ の場合に計算した結果は図 10.6 のようになる．式（10.50）とかそれを図示した図 10.6 のようなものをアンテナの**電界パターン**（field pattern）

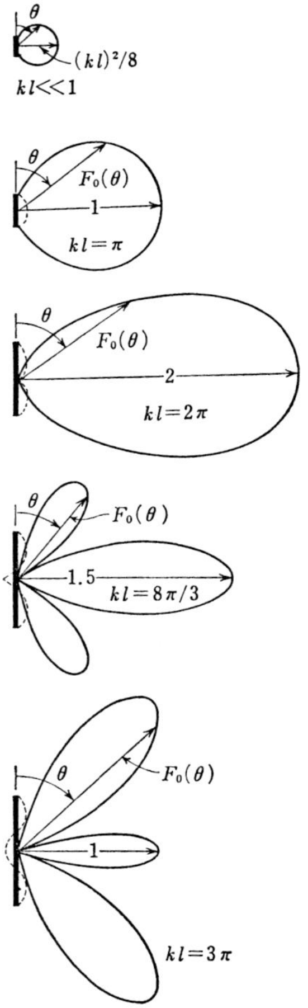


**図 10.6**　点線で示した電流分布をもつ線形アンテナの電界パターン

という．

指向性をもつということは，放射電力がある方位に集中することを意味している．実際のアンテナは必ず指向性をもっていて，すべての方向に一様に放射するアンテナは実在しないが，理論的にはこのようなアンテナを考えて置く方が便利であって，

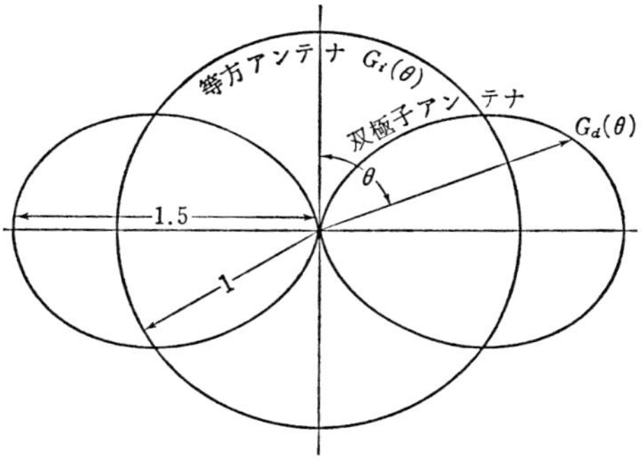


図 10.7 双極子アンテナの利得関数

これを**等方性アンテナ**（isotropic antenna）と呼んでいる．したがって，このようなアンテナが全電力 $P_r$ を放射しているとき，単位立体角当りの放射電力は $P_r/4\pi$ となる．実際のアンテナがこれと同じ全電力 $P_r$ を放射しているとき，$(\theta,\ \varphi)$ 方向の単位立体角当りの放射電力 $P(\theta,\ \varphi)$ と $P_r/4\pi$ の比

$$G(\theta,\ \varphi) \triangleq \frac{P(\theta,\ \varphi)}{P_r/4\pi} \tag{10.51}$$

を**利得関数**（gain function）という． また特に $G(\theta,\ \varphi)$ の最大値を単に**利得**（gain）といい $G$ で表わす．

**【例　題】** 双極子アンテナの利得関数を求めてみると，式（10.24）から

$$P(\theta,\ \varphi) = \bar{S}_r r^2 \triangleq \frac{Z_0 k^2 I_0{}^2 l^2}{32\pi^2} \sin^2\theta \tag{10.52}$$

上式と式（10.26）から

$$G_d(\theta,\ \varphi) = 4\pi P(\theta,\ \varphi)/P_r = 1.5\sin^2\theta \tag{10.53}$$

したがって，利得は

$$G_d = 1.5 \tag{10.54}$$

図 10.7 に双極子アンテナの利得関数 $G_d(\theta,\ \varphi)$ を示す．

**【例　題】** 半波長アンテナの利得を求めよ．

利得関数最大の方向は $\theta=\pi/2$ である．式（10.49）から

$$P_{max}(\theta,\ \varphi) = r^2 |E_\theta|^2{}_m/2Z_0 = (60|I(0)|)^2/2Z_0$$

となり，これと式（10.45）を用いて

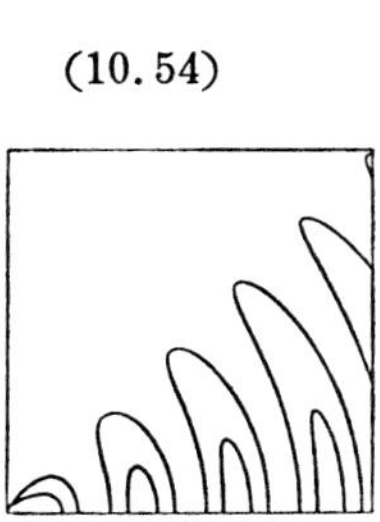

$$G=\frac{4\pi P_{\max}(\theta,\ \varphi)}{P_r}=1.64 \tag{10.55}$$

双極子アンテナと半波長アンテナを比べると，指向特性とか利得はあまり違わないが，放射抵抗にはかなり差がある．

一般に長さ $l$ の線形アンテナの利得関数は次式で与えられる．

$$G(\theta,\ \varphi)=\frac{30}{\pi R_r}\left\{\frac{\cos[(kl/2)\cos\theta]-\cos(kl/2)}{\sin\theta}\right\}^2 \tag{10.56}$$

## 10.5　アンテナの配列

線形アンテナは図 10.6 に示したように，$\theta$ 面で指向性をもつが，$\varphi$ 面では無指向性である[5]．実際の応用においては，1本の線形アンテナでは達成できない指向性を要求することが多い．二つ以上のアンテナを適当に配列し，各アンテナの電流位相を適当に選ぶと，かなりいろいろの指向特性が実現できる．このようなアンテナ系を**アンテナの配列** (antenna array) という．配列のやり方は，直線状，円弧状などいろいろ考えられるが，ここでは直線状配列だけを考える．

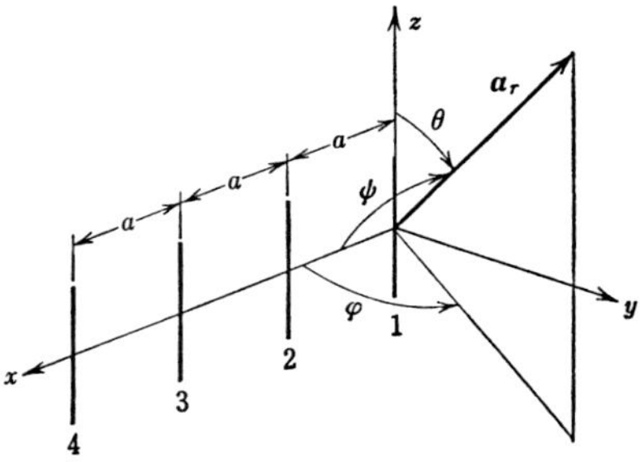


**図 10.8**　アンテナの直線状配列

図 10.8 のように，$x$ 軸に沿って等間隔 $a$ で $m$ 個の同種の線形アンテナが並んでいるものとする．電流位相は，順次 $\alpha$〔rad〕ずつ遅れているものとし，第 $\nu$ アンテナの電流を

$$I_\nu=I_0 e^{-j\nu\alpha} \tag{10.57}$$

と表わす．$(\theta,\ \varphi)$ 方向にある受信点の第 $\nu$ アンテナからの距離を $r_\nu$ とすれば，第 $\nu$ アンテナによる放射電界は式 (10.35) により

$$E_{\theta\nu}=j60 I_\nu F_0\frac{e^{-jkr_\nu}}{r_\nu} \tag{10.58}$$

---

(5)　$\varphi$ 面で無指向性のアンテナを**全方向性アンテナ** (omnidirectional antenna) という．

ただし

$$F_0 \triangleq \frac{\cos[(kl/2)\cos\theta]-\cos(kl/2)}{\sin\theta}$$

は，1個の線形アンテナの電界指向特性である．簡単のため，$\boldsymbol{r}_0$ を単に $\boldsymbol{r}$ と書くと

$$\boldsymbol{r}_\nu=\boldsymbol{r}-\nu a\boldsymbol{a}_x \tag{10.59}$$

であり，$(\theta,\ \varphi)$ 方向の単位ベクトルは

$$\boldsymbol{a}_r=\boldsymbol{a}_x\cos\phi+\boldsymbol{a}_y\sin\theta\sin\varphi+\boldsymbol{a}_z\cos\theta \tag{10.60}$$

ただし $\phi$ は $x$ 軸と受信方向のなす角である．配列の大きさに比べて，$r$ が非常に大きければ，$\boldsymbol{r}_\nu$ は $\boldsymbol{r}$ に平行と考えてよいから

$$r_\nu=\boldsymbol{r}_\nu\cdot\boldsymbol{a}_r=(\boldsymbol{r}-\nu a\boldsymbol{a}_x)\cdot\boldsymbol{a}_r=r-\nu a\cos\phi \tag{10.61}$$

$\nu a\ll r$ であるから式（10.58）において

$$\frac{1}{r_\nu}\fallingdotseq\frac{1}{r},\qquad e^{-jkr_\nu}\fallingdotseq e^{-jkr}\cdot e^{+j\nu ka\cos\phi} \tag{10.62}$$

と置くことができ，$m$ 個のアンテナによる合成放射電界は

$$E_\theta=\sum_{\nu=0}^{m-1}E_{\theta\nu}=j60I_0F_0F_1\frac{e^{-jkr}}{r} \tag{10.63}$$

となる．ただし

$$F_1\triangleq\sum_{\nu=0}^{m-1}\exp[-j\nu(\alpha-ka\cos\phi)]$$

$$=\exp\left(-j\frac{m-1}{2}\Delta\right)\frac{\sin(m\Delta/2)}{\sin(\Delta/2)} \tag{10.64}$$

$$\Delta\triangleq\alpha-ka\cos\phi$$

$F_1$ は配列による指向特性を表わす因子で，**配列因子** (array factor) と呼ばれる．

$(\theta,\ \varphi)$ 方向の単位立体角当りの電力流は

$$P(\theta,\ \varphi)=\frac{1}{2}\frac{|E_\theta|^2}{Z_0}r^2=\frac{15}{\pi}|I_0F_0F_1|^2 \tag{10.65}$$

で与えられる．

**【例　題】** 式（10.64）の具体例としてまず $m=2$ のときを調べてみると

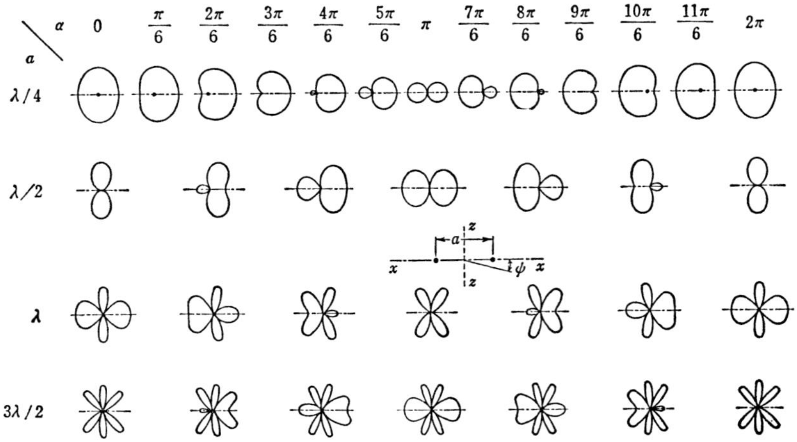


図 10.9　2素子配列のパターン $|F_1|$

$$|F_1|=\left|\frac{\sin\varDelta}{\sin(\varDelta/2)}\right|$$
$$=2|\cos(\varDelta/2)|$$
$$=2\left|\cos\left(\frac{\alpha}{2}-\frac{\pi a}{\lambda}\cos\psi\right)\right| \tag{10.66}$$

となる．特に重要なのは $\alpha=\pi/2$, $a/\lambda=1/4$，つまりアンテナ間隔を $\lambda/4$ として，電流位相を $90°$ 違えた場合である．このとき式(10.66) は

$$|F_1|=2\left|\cos\left[\frac{\pi}{4}(1-\cos\psi)\right]\right| \tag{10.67}$$

これは図 10.9 (上段左から 4 番目) に示すカージオイドである．これは後で示す縦配列の一

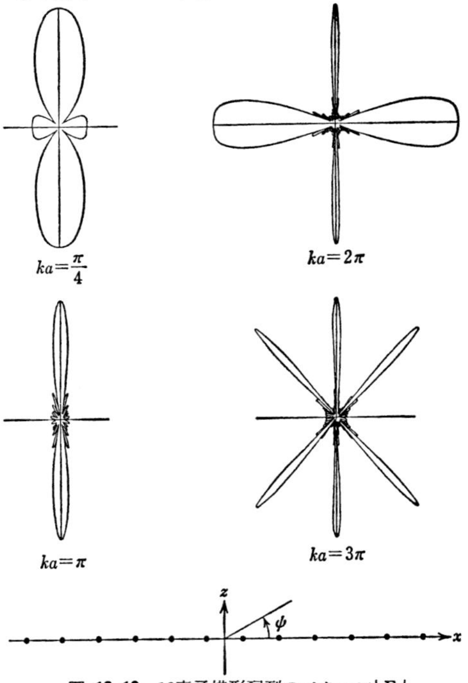


図 10.10　12素子横形配列のパターン $|F_1|$

例であり，アンテナ電力を一方向に集中したいときによく用いる．$(\alpha, a)$ のいろいろの組合わせについても図 10.9 に示してあり，$m=2$ の場合でもかなり変化に富んだ指向特性が合成できることがわかる．

**【例　題】** 式 (10.64) で $\alpha=0$ とすると

$$|F_1|=\left|\frac{\sin[(mka\cos\psi)/2]}{\sin[(ka\cos\psi)/2]}\right| \tag{10.68}$$

となり，たとえば $m=12$ としていろいろな $ka$ の値について画くと図 10.10 のようになり，配列に垂直な方向に鋭い指向性をもつ．このような配列を**横形配列** (broad-side array) という．

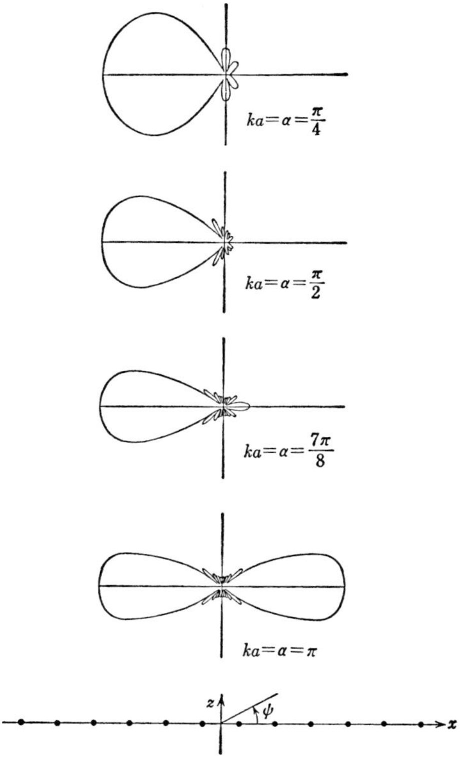


図 10.11　12素子縦形配列のパターン $|F_1|$

**【例　題】** 式 (10.64) で $\alpha=ka$ とすると

$$|F_1|=\left|\frac{\sin[kam\cos^2(\psi/2)]}{\sin[ka\cos^2(\psi/2)]}\right| \tag{10.69}$$

となり，たとえば $m=12$ としていろいろな $ka$ の値について画くと図 10.11 のようになり，配列の方向に鋭い指向性をもつ．このような配列を**縦形配列** (endfire array) という．式 (10.69) で $ka=\pi/4$, $m=2$ とすれば式 (10.67) となる．

## 10.6 指向特性の合成

前節では，アンテナ電流の位相とアンテナの数および間隔などを与えて指向特性を計算した。本節では，与えられた指向特性を実現するアンテナ配列を求めよう．図 10.8 で，原点を配列の中心に移し，$x=\nu a$ にあるアンテナの電流を $I_\nu$ とする．$I_{-\nu}=I_\nu{}^*$ となるように電流を流し

$$C_{-\nu}e^{-j\nu\alpha} \triangleq I_\nu/I_0 \tag{10.70}$$

と書くと，式 (10.64) に対応して

$$F_1=\sum_{\nu=-N}^{N} C_\nu e^{j\nu\xi}, \qquad C_{-\nu}=C_\nu{}^* \tag{10.71}$$

$$\xi \triangleq ka\cos\phi+\alpha$$

$$2N+1=\text{アンテナ素子の数}$$

となる．この式は $N\to\infty$ のとき，$\xi$ に関する Fourier 級数となるから，$\phi$ の任意の偶関数を近似できる．すなわち，与えられた指向特性（ただし $\phi$ に関して偶の）を近似させるように式 (10.71) の $C_\nu$ を決定し，式 (10.70) から $I_\nu$ を求めればよい．

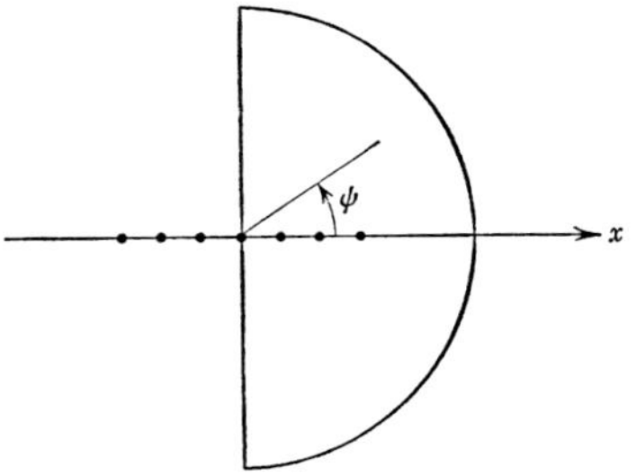

図 10.12　半円形パターン

**【例　題】** 図 10.12 のような半円形パターンを合成しよう．$\phi$ を $0\sim\pi$ の範囲で変えると，$\xi$ は $ka+\alpha\sim -ka+\alpha$ の範囲で変化する．この $\xi$ の変化範囲は $\pi+\alpha\sim -\pi+\alpha$ の中に落ちなければいけないから $ka<\pi$ が必要である．つまりパターン合成を行なうには一般にアンテナ間隔を半波長以下に選ばなくてはいけない．

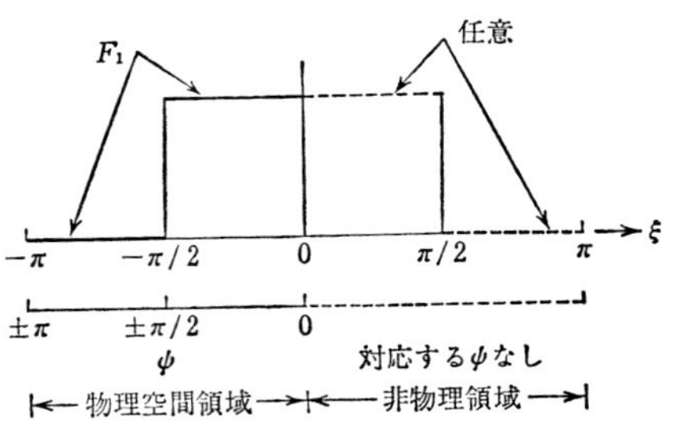

図 10.13　半円形パターンの $F_1(\xi)$

ここでは一応 $ka=\pi/2$ に選び，

更に式が簡単になるよう $\alpha=-\pi/2$ とする．このとき $\xi$ の関数としての $F_1$ に対する要求は図 10.13 の実線のようになる．$0<\xi\leqq\pi$ の範囲では $F_1$ に任意の値を与えてよいが，$\phi=0$ $(\xi=0)$，$\phi=\pm\pi$ $(\xi=\pm\pi)$ で連続である方が近似しやすいので，ここでは図 10.13 の点線のように選ぶ．

| $I_{-7}$ | $I_{-6}$ | $I_{-5}$ | $I_{-4}$ | $I_{-3}$ | $I_{-2}$ | $I_{-1}$ | $I_0$ | $I_1$ | $I_2$ | $I_3$ | $I_4$ | $I_5$ | $I_6$ | $I_7$ |
|---|---|---|---|---|---|---|---|---|---|---|---|---|---|---|
| $-j/7$ | 0 | $-j/5$ | 0 | $-j/3$ | 0 | $-j$ | $\pi/2$ | $j$ | 0 | $j/3$ | 0 | $j/5$ | 0 | $j/7$ |

$\leftarrow \frac{\lambda}{2} \rightarrow\leftarrow \frac{\lambda}{2} \rightarrow\leftarrow \frac{\lambda}{2} \rightarrow\leftarrow \frac{\lambda}{4} \rightarrow\leftarrow \frac{\lambda}{4} \rightarrow\leftarrow \frac{\lambda}{2} \rightarrow\leftarrow \frac{\lambda}{2} \rightarrow\leftarrow \frac{\lambda}{2} \rightarrow$

（a） アンテナの間隔と電流

図 10.13 を Fourier 級数に展開すると，その係数は

$$C_0=\frac{1}{2\pi}\int_{-\pi/2}^{\pi/2}A\,d\xi=\frac{A}{2} \tag{10.72}$$

$$\begin{aligned}C_\nu&=\frac{1}{2\pi}\int_{-\pi/2}^{\pi/2}Ae^{-j\nu\xi}d\xi\\&=\frac{A}{2\pi}\,\frac{e^{j\nu\pi/2}-e^{-j\nu\pi/2}}{j\nu}\\&=\frac{A}{\pi\nu}\sin\left(\frac{\nu\pi}{2}\right)\end{aligned} \tag{10.73}$$

式 (10.70) から $C_0=1$，したがって，式 (10.72) から $A=2$ となって，$C_\nu$ が決まる．$I_0=\pi/2$ として式 (10.70) から電流を求めると図 10.14（a）のアンテナ配列となり，たとえば，$N=2$ と $N=5$ の場合パターンは図 10.14（b）となり，希望の半円にかなり近い．

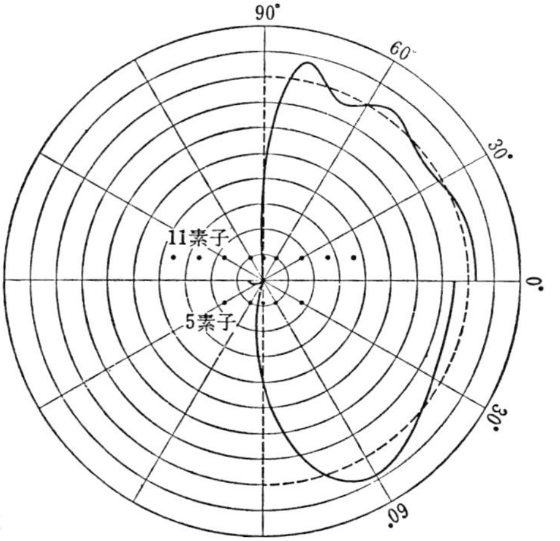


(b) 合成された近似的半円パターン

図 10.14 半円形パターンの近似的合成

**超利得アンテナ**

式 (10.71) の特別な場合として，$C_\nu=C_{-\nu}=$ 実数，$\alpha=0$ のときを考えると

$$F_1=C_0+\sum_{\nu=1}^{N}C_\nu(e^{j\nu\xi}+e^{-j\nu\xi}) \tag{10.74}$$

ここで

$$\eta \triangleq \cos\xi = \cos(ka\cos\psi) \tag{10.75}$$

と置けば，$F_1$ は $\eta$ に関する $N$ 次式

$$F_1 = c_0 + c_1\eta + \cdots\cdots + c_N\eta^N \tag{10.76}$$

となる．$\{c_\nu\}$ と $\{C_\nu\}$ の間には簡単な関係があり，一方がわかれば他方もすぐ求まる．

いまの場合，$F_1$ は $\psi=0$，$\pi/2$ に関して対称だから $0 \leqslant \psi \leqslant \pi/2$ の範囲を考えればよく，$ka < \pi/2$ ならば，対応する $\eta$ の範囲は $\cos ka \leqslant \eta \leqslant 1$ である．配列の全長を $l$ とすると $a = l/(2N+1) < \lambda/4$ で，$\cos ka = \cos[2\pi l/\lambda(2N+1)]$ となる．

ここで配列の全長をどのように短かくしても，双極アンテナのパターンと異なる高利得パターンが設計できる．すなわち $0 \leqslant \psi \leqslant \pi/2$ で与えられた任意のパターンを式 (10.75) で $\cos ka \leqslant \eta \leqslant 1$ の範囲に書き換え，これを式 (10.76) の多項式で希望の誤差以内で近似すれば，$\{c_\nu\}$ が決まり，これから $\{C_\nu\}$ を求めればよい．このようにして，$l$ がどのように小さくても，適当な $N$ を選べば，高利得のパターンが設計できる．このような配列を**超利得アンテナ** (super-gain antenna) という．ただし，以下の例からわかるように，利得に比べて $l/\lambda$ があまり小さい場合には理論上は可能であっても実際上は不可能になる．

**【例　題】** $|F_1(\psi=0)| = |F_1(\psi=\pi/2)| > 0$ となるクローバ形パターンを3素子の配列で作ってみよう．

$2N+1=3$ から $N=1$ となり

$$F_1 = c_0 + c_1\eta$$

ゆえに

$$F_1(\psi=0) = c_0 + c_1\cos ka$$

$$F_1(\psi=\pi/2) = c_0 + c_1$$

$|F_1(\psi=0)| = |F_1(\psi=\pi/2)|$ とするには，$F_1(\psi=0) = -F_1(\psi=\pi/2)$ ならばよいから

$$c_0 + c_1\cos ka = -(c_0 + c_1)$$

$$\therefore \quad c_1 = -2c_0/(1+\cos ka)$$

したがって

$$F_1=c_0\left\{1-\frac{2}{1+\cos ka}\cdot\frac{e^{j\xi}+e^{-j\xi}}{2}\right\}$$

$$\therefore\quad c_0=C_0=1$$

$$C_1=C_{-1}=\frac{-1}{1+\cos ka}$$

$ka\ll1$ のとき

$$F_1=1-\frac{2}{1+\cos ka}\cos(ka\cos\phi)\fallingdotseq\left(\frac{ka}{2}\right)^2\cos2\phi$$

これはクローバ形である．この場合 $l=2a$ はどのように小さくても指向特性に影響しない．ただし，素子の電流は

$$I_1=I_{-1}\fallingdotseq-[1+(ka/2)^2]I_0/2$$

となるので，たとえば $\phi=\pi/2$ の方向から見た有効電流は

$$I_{eff}\triangleq I_{-1}+I_0+I_1\fallingdotseq(ka/2)^2I_0$$

で，$ka\fallingdotseq1/5$ ($l\fallingdotseq\lambda/16$) としても $I_{eff}=I_0/100$ となって，3 個の素子に 100 A ずつ流しても，1〔A〕を流す 1 素子アンテナと同程度の放射にすぎず，そのうえ 3 個の素子の電流比が 1 %程度異なってもパターンが全く変わってしまう．このように超利得アンテナは理論上可能であっても，実際上は不可能といえる．一般に利得 $G$ を無理なく実現するためには $l\fallingdotseq G\lambda$ の長さを必要とする．

## 10.7 受信アンテナ

これまでは送信アンテナについて考えてきたが，送信アンテナは受信アンテナとして使うことができ，受信アンテナとしての性質は，送信アンテナとしての指向性，利得，入力インピーダンスなどから決まる．すなわち

（i） 受信アンテナの指向性は送信アンテナとしての指向性に等しい．

（ii） 受信アンテナを Thevenin の定理で電圧源と考

えるときの内部インピーダンスは，送信アンテナとしての入力インピーダンスに等しい．

(iii)　受信アンテナの受信電力の大きさは，送信アンテナとしての利得に比例する．

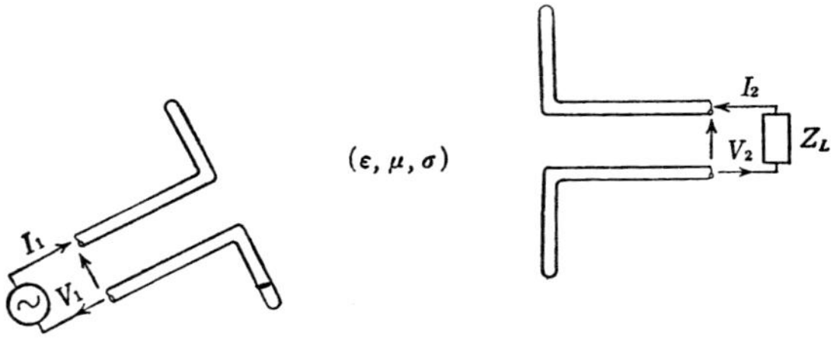


図 10.15　送信アンテナと受信アンテナ

上述のことを証明するために，図 10.15 に示す2組のアンテナからなる系を考える．この系は，2組の伝送路が無限に大きな空洞を通して結合されている回路と見なせる．それゆえマイクロ波回路のときと同様にアンテナ1，2の端子面の間に

$$V_1 = Z_{11}I_1 + Z_{12}I_2 \tag{10.77 a}$$

$$V_2 = Z_{21}I_1 + Z_{22}I_2 \tag{10.77 b}$$

の関係が成り立ち，空間の $\varepsilon$，$\mu$，$\sigma$ が対称テンソルならば

$$Z_{12} = Z_{21} \tag{10.77 c}$$

である．また $Z_{11}$，$Z_{22}$ はそれぞれのアンテナの放射インピーダンスである．

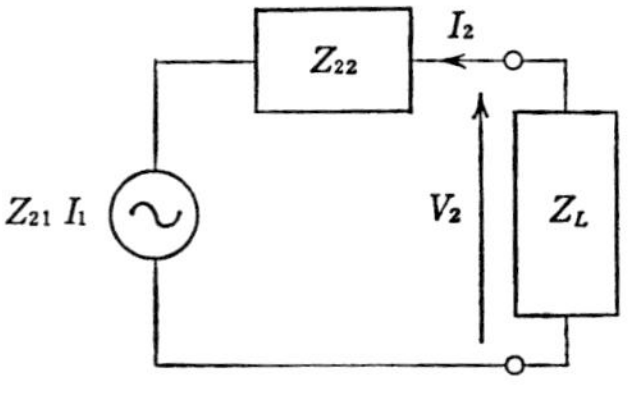


図 10.16　受信アンテナの等価回路

さて，アンテナ1を送信用に，アンテナ2を受信用に使う場合を考える．アンテナ2に負荷 $Z_L$ を接続すると，端子対2から見た等価回路は，式 (10.77 b) で $V_2 = -Z_LI_2$ と置くことにより，図 10.16 となる．これは Thevenin の定理から得られる結果と一致している．

アンテナ1からの放射波の，アンテナ2の位置での電力密度を $\overline{S}$ とし，$Z_L$ に吸収できる最大電力（**有能電力**：available power）を $P_a$ とするとき，受信アンテナ2の有効面積を次式で定義する．

$$A_{e2} \triangleq P_a / \overline{S} \tag{10.78}$$

アンテナ1の利得を $g_1$，送信電力を $P_1$，送受アンテナ間の距離を $r$ とすれば $\overline{S}=g_1P_1/4\pi r^2$ だから

$$P_a=\frac{A_{e2}g_1}{4\pi r^2}P_1 \tag{10.79}$$

$Z_L$ に最大の電力を吸収するためには $Z_L$ の値を

$$Z_L=Z_{22}{}^*=R_{22}-jX_{22} \tag{10.80}$$

とすればよく，このときの負荷電力は

$$P_a=\frac{|Z_{21}I_1|^2}{8R_{22}} \tag{10.81}$$

となる．アンテナ1の放射抵抗は $R_{11}$ だから送信電力は

$$P_1=R_{11}|I_1|^2/2 \tag{10.82}$$

したがって，式（10.81），（10.82）から

$$\frac{P_a}{P_1}=\frac{|Z_{21}|^2}{4R_{11}R_{22}} \tag{10.83}$$

式（10.79），（10.83）を比べると

$$|Z_{21}|^2=R_{11}R_{22}g_1A_{e2}/\pi r^2 \tag{10.84}$$

もしアンテナ2を送信用に，アンテナ1を受信用に使えば，式（10.84）で添字1，2を交換した式

$$|Z_{12}|^2=R_{22}R_{11}g_2A_{e1}/\pi r^2 \tag{10.85}$$

を得る．相反定理が成り立つとき $Z_{21}=Z_{12}$ だから式（10.84），（10.85）より

$$\frac{A_{e1}}{g_1}=\frac{A_{e2}}{g_2} \tag{10.86}$$

の関係が求まる．ここで考えたアンテナは任意のものでよいから，式（10.86）の比はアンテナの種類に関係しない定数である．この定数を求めるには，たとえば双極子アンテナについて $A_e/g$ を計算してみればよい．

双極子アンテナを受信用に使い，アンテナ軸を受信点の

電界 $\boldsymbol{E}$ と平行に置くと，図 10.16 の開放電圧（$Z_{21}I_1$）は $\boldsymbol{E}\cdot\boldsymbol{l}$ に等しい（$l$ は双極子の長さ）．したがって，式（10.81）は

$$P_a=\frac{|El|^2}{8R_{22}}$$

また

$$\bar{S}=|E|^2/2(120\pi)$$

だから

$$A_e=\frac{P_a}{\bar{S}}=\frac{30\pi l^2}{R_{22}}$$

ところが，双極子アンテナに対しては $l^2/R_{22}=\lambda^2/80\pi^2$，$g=1.5$ だから

$$\frac{A_e}{g}=\frac{\lambda^2}{4\pi} \tag{10.87}$$

となる．そしてこの比はアンテナの種類に無関係だから，すべてのアンテナに対して上式が成り立つ．

**双対性**

波源を含まない一様な空間での Maxwell の式は

$$\nabla\times\boldsymbol{E}+\mu\frac{\partial\boldsymbol{H}}{\partial t}=0$$

$$\nabla\cdot\boldsymbol{H}=0$$

$$\nabla\times\boldsymbol{H}-\varepsilon\frac{\partial\boldsymbol{E}}{\partial t}=0$$

$$\nabla\cdot\boldsymbol{E}=0$$

と書ける．いま変換

$$\begin{cases}\boldsymbol{E}\to-\boldsymbol{H}'Z_0\\ \boldsymbol{H}\to\boldsymbol{E}'/Z_0\end{cases} \tag{10.88}$$

を行なうと，上式は

$$\nabla\times\boldsymbol{H}'-\varepsilon\frac{\partial\boldsymbol{E}'}{\partial t}=0$$

$$\nabla\cdot\boldsymbol{E}'=0$$

$$\nabla\times\boldsymbol{E}'+\mu\frac{\partial\boldsymbol{H}'}{\partial t}=0$$

$$\nabla\cdot\boldsymbol{H}'=0$$

となり，($\boldsymbol{E}'$, $\boldsymbol{H}'$) も Maxwell の式を満足する．したがって，次の定理が成り立つ．

〔定 理 1〕 ($\boldsymbol{E}$, $\boldsymbol{H}$) が Maxwell の式の解ならば ($\boldsymbol{E}'\triangleq Z_0\boldsymbol{H}$, $\boldsymbol{H}'\triangleq-\boldsymbol{E}/Z_0$) も Maxwell の式の解である．

($\boldsymbol{E}$, $\boldsymbol{H}$) と ($\boldsymbol{E}'$, $\boldsymbol{H}'$) を互いに双対な電磁界といい，この定理の性質を**双対性** (duality) という．

たとえば，電気的双極子の作る電磁界の式 (10.20)，(10.21) に双対変換 (10.88) を施こすと磁気的双極子の作る電磁界が求まる．

# 第 11 章

# 開口面放射

## 11.1 Huygense-Kirchhoff の近似

マイクロ波帯では，VHF 帯以下で用いられる線形アンテナはほとんど用いられず，電磁ラッパや放物鏡などの，マイクロ波独得のアンテナが用いられる．これらは図11.1に示すように，空間に向かって開かれた面を通して電磁波の放射を行なうので**開口面アンテナ**（aperture antenna）と総称されている．

開口面の放射特性を調べるには Huygense-Kirchhoff の近似を用いるのが普通で，これは次の二つの近似から成り立っている．

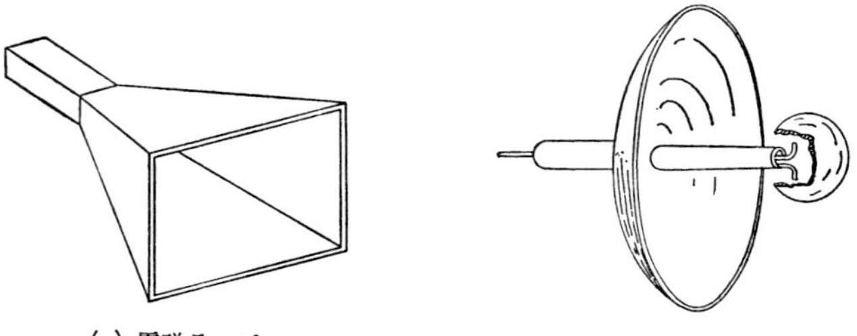

(a) 電磁ラッパ　　(b) パラボラ・アンテナ

**図 11.1** 開口面アンテナ

（i） 図 11.2 のように開口面 $a_1$ を含む無限大の平面 $a_1 \cup a_2$ を考え，$a_2$ 上の電磁界は $a_1$ 上の電磁界に比べて小さいのでこれを 0 と置く．

（ii） $a_1$ 上の電磁界は端効果がないとしたときの値を採用する．

したがって，開口面放射の問題は，平面 $a_1 \cup a_2$ 上の電磁界が与えられたとき，平面の右側の半空間に生ずる電磁界を求めることに帰着する．そしてこの問題に関しては，次の定理が基本的である．

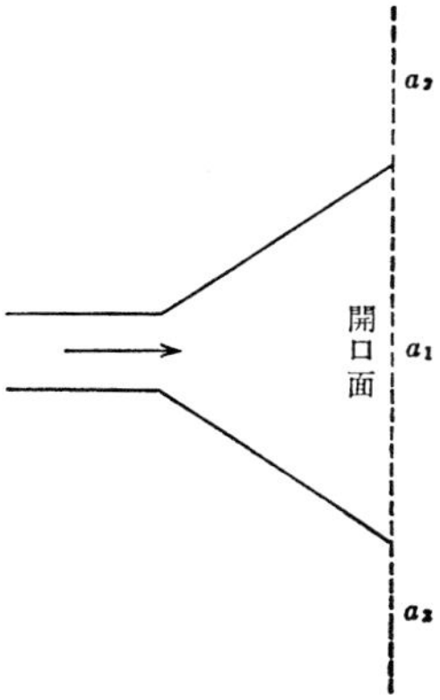

図 11.2

〔定　理　1〕 閉曲面 $a$ で囲まれた空間 $V$ 内の電磁界は，$a$ 上で電界または磁界の接線成分を与えることにより一意に決まる．ただし，$V$ 内に波源はなく，媒質は，わずかの損失（導電度 $\sigma$）をもつものとする．

（証） いま $a$ の一部 $a_1$ 上で，電界の接線成分 $E^0_{/\!/}$ が与えられ，残りの面 $a_2$ 上で磁界の接線成分 $H^0_{/\!/}$ が与えられたものとする．これに対応する $V$ 内の電磁界が二通りあるとして，それらを $(\boldsymbol{E}_1,\ \boldsymbol{H}_1)$，$(\boldsymbol{E}_2,\ \boldsymbol{H}_2)$ としよう．両者の差 $\boldsymbol{E} \triangleq \boldsymbol{E}_1 - \boldsymbol{E}_2$，$\boldsymbol{H} \triangleq \boldsymbol{H}_1 - \boldsymbol{H}_2$ は，やはり Maxwell の式を満足するから，式 (4.11) つまり次式が成り立つ．

$$\int_a (\boldsymbol{E} \times \boldsymbol{H}^*) \cdot d\boldsymbol{a} = \sigma \int_V |\boldsymbol{E}|^2 dV + j\omega \int_V (\mu |\boldsymbol{H}|^2 - \varepsilon |\boldsymbol{E}|^2) dV \qquad (11.1)$$

ところが

$$\int_a (\boldsymbol{E} \times \boldsymbol{H}^*) \cdot d\boldsymbol{a} = \int_a (\boldsymbol{E}_{/\!/} \times \boldsymbol{H}^*_{/\!/}) \cdot d\boldsymbol{a}$$

$$= \int_{a_1} (\boldsymbol{E}_{/\!/} \times \boldsymbol{H}^*_{/\!/}) \cdot d\boldsymbol{a} + \int_{a_2} (\boldsymbol{E}_{/\!/} \times \boldsymbol{H}^*_{/\!/}) \cdot d\boldsymbol{a}$$

$a_1$ 上では $\boldsymbol{E}_1$ と $\boldsymbol{E}_2$ の接線成分はいずれも $\boldsymbol{E}^0_{/\!/}$ だから，$a_1$ 上で $\boldsymbol{E}_{/\!/} = 0$，同様に $a_2$ 上で $\boldsymbol{H}_{/\!/} = 0$ したがって，$\int_a (\boldsymbol{E} \times \boldsymbol{H}^*) \cdot d\boldsymbol{a} = 0$ となり

$$\sigma \int_V |\boldsymbol{E}|^2 dV + j\omega \int_V (\mu |\boldsymbol{H}|^2 - \varepsilon |\boldsymbol{E}|^2) dV = 0$$

ゆえに $V$ 内で $|\boldsymbol{E}|^2=|\boldsymbol{H}|^2=0$，つまり $\boldsymbol{E}_1=\boldsymbol{E}_2$，$\boldsymbol{H}_1=\boldsymbol{H}_2$ で電磁界は一意に決まる．

上の定理で $\sigma>0$ としたが，実際の媒質は多少の損失があるから，これは重大な制限ではない．$\sigma=0$ の場合には $a$ 上で電磁界の接線成分が 0 である $V$ 内の共振モード分だけ不定になる．また，上の定理は曲面 $a$ が無限大平面であるときにも成り立つ．

次に平面 $a$ の左側にある波源により，平面 $a$ 上の磁界の接線成分が与えられたとき，平面 $a$ の右側の空間に生ずる電磁界の計算法を示そう．平面 $a$ を $x$-$y$ 面にとり，求める磁界を $\boldsymbol{H}(x,\ y,\ z)$ とする．$a$ の左側に次式で与えられる仮想的磁界を考える．

$$\begin{cases} H_x(x,\ y,\ -|z|)=-H_x(x,\ y,\ |z|) \\ H_y(x,\ y,\ -|z|)=-H_y(x,\ y,\ |z|) \\ H_z(x,\ y,\ -|z|)=H_z(x,\ y,\ |z|) \end{cases} \tag{11.2}$$

両者をいっしょにした全空間で定義された磁界 $\boldsymbol{H}(x,\ y,\ z)$ は，平面 $a$ の右にも左にも波源をもたないから，波源は平面 $a$ 上にあることになる．この波源は磁界の $x$，$y$ 成分に不連続を生じ，$z$ 成分には不連続を生じない．したがって，この波源は平面 $a$ 上を流れる電流分布であり，その分布は磁界の不連続から求まる．すなわち

$$\begin{cases} J_x(x,\ y)=-2H_y(x,\ y,\ 0) \\ J_y(x,\ y)=2H_x(x,\ y,\ 0) \\ J_z(x,\ y)=0 \end{cases} \tag{11.3}$$

あるいは

$$\boldsymbol{J}(x,\ y)=2\boldsymbol{a}_z\times\boldsymbol{H}(x,\ y,\ 0) \tag{11.4}$$

この電流の作るベクトル・ポテンシャルは

$$\boldsymbol{A}=\frac{\mu}{4\pi}\int_a \boldsymbol{J}(\xi,\ \eta)\frac{e^{-jkr}}{r}da \tag{11.5}$$

$$=\frac{\mu}{2\pi}\int_a \{\boldsymbol{a}_z\times\boldsymbol{H}(\xi,\ \eta,\ 0)\}\frac{e^{-jkr}}{r}da$$

これを用いて $a$ の右側の電磁界は

$$\boldsymbol{H}=\frac{1}{\mu}\nabla\times\boldsymbol{A},\quad \boldsymbol{E}=\frac{1}{j\omega\mu\varepsilon}(\nabla\nabla\cdot+k^2)\boldsymbol{A} \tag{11.6}$$

となり，$a$ 上で与えられた磁界の接線成分 $\boldsymbol{a}_z\times\boldsymbol{H}(\xi,\ \eta,\ 0)$ から一意に計算できる．

**【例　題】** 波長に比べて小さい開口面上で一定磁界 $\boldsymbol{H}(\xi,\ \eta,\ 0)=\boldsymbol{a}_y H_0$ が与えられたときの放射波を求めよ．

（**解**） 開口面の中心から受信点までの距離を $R$（$\gg\lambda$）とすると，開口面の大きさが波長に比べて小さいので $r\fallingdotseq R$ としてよい．したがって

$$\boldsymbol{A}\fallingdotseq\frac{\mu}{2\pi}\left\{\int_{a_1}\boldsymbol{a}_z\times\boldsymbol{H}(\xi,\ \eta,\ 0)da\right\}\frac{e^{-jkR}}{R}$$

$$=\frac{\mu}{2\pi}(-H_0\boldsymbol{a}_x a_1)\frac{e^{-jkR}}{R} \tag{11.7}$$

ただし，$a_1$ は開口面積である．この式は $x$ 方向を向く双極子（$I_0 l=-2H_0 a_1$）の放射波と同形である．ゆえに波長に比べて小さい開口面アンテナは双極子アンテナと全く同じ指向特性をもつ．

式 (11.5)，(11.6) に双対変換（$\boldsymbol{H}\rightarrow\boldsymbol{E}/Z_0$，$\boldsymbol{E}\rightarrow -Z_0\boldsymbol{H}$）を施こすと

$$\boldsymbol{A}'=\frac{\varepsilon}{2\pi}\int_a\{\boldsymbol{a}_z\times\boldsymbol{E}(\xi,\ \eta,\ 0)\}\frac{e^{-jkr}}{r}da \tag{11.8}$$

$$\boldsymbol{E}=\frac{1}{\varepsilon}\nabla\times\boldsymbol{A}',\quad \boldsymbol{H}=\frac{-1}{j\omega\mu\varepsilon}(\nabla\nabla\cdot+k^2)\boldsymbol{A}' \tag{11.9}$$

となるが，この式は，平面 $a$ の上で電界の接線成分が与えられたとき，波源のない方の半空間における電磁界を求める式になっている．

式 (11.5)，(11.6)；(11.8)，(11.9) をいっしょにすると

$$\left\{\begin{aligned}\boldsymbol{E}&=\frac{1}{j2\omega\mu\varepsilon}(\nabla\nabla\cdot+k^2)\boldsymbol{A}+\frac{1}{2\varepsilon}\nabla\times\boldsymbol{A}'\\ \boldsymbol{H}&=\frac{1}{2\mu}\nabla\times A-\frac{1}{j2\omega\mu\varepsilon}(\nabla\nabla\cdot+k^2)\boldsymbol{A}'\end{aligned}\right. \tag{11.10}$$

と書くこともできる．式(11.10)は Kirchhoff-Huygense の式と呼ばれ，式(11.6)，(11.9)は Rayleigh-Sommerfeld の式と呼ばれている．これらはいずれも 1 次波 $\boldsymbol{E}(\xi,\ \eta,\ 0)$，$\boldsymbol{H}(\xi,\ \eta,\ 0)$ が波源となって球面波を放射し，それが 2 次波 $\boldsymbol{A}$，$\boldsymbol{A}'$ を作ることを示しているので Huygense-

Fresnel の原理を数式化したものと考えられる.

## 11.2 平面導体による回折と散乱

**回折** (diffraction) と**散乱** ( scattering) は, いずれも平面波その他の1次波が物体に入射するとき生ずる現象を指していて, 厳密な区別はできないが, おおざっぱにいえば

(i) 回折問題：物体の影響を幾何光学的に考えたときと, 波動光学的に考えたときの差を問題とする.

(ii) 散乱問題：1次波（入射波）により励振された物体中の電荷が放射する2次波（散乱波）を問題とする.

この定義によれば, 回折問題は散乱問題に含まれることになる. 散乱問題は, Maxwell の方程式を物体表面の境界条件にしたがって解く問題に帰着できるが, これを厳密に解こうとすると, 物体の形が球のように簡単な場合でも, 数学的にかなり手が掛る. ここでは理論的にも実際的にも興味深い無限に薄い導体による散乱の問題を考察する.

入射波を ($\boldsymbol{E}_0$, $\boldsymbol{H}_0$), 散乱波を ($\boldsymbol{E}_1$, $\boldsymbol{H}_1$) とする. $\boldsymbol{H}_1$ は散乱体に誘起された電流により作られる磁界であるから図 11.3 のような対称分布をする筈である. ゆえに, 導体を含む平面のうち導体部分を $a_1$, それ以外の部分を $a_2$ とすれば, $a_2$ 上で $\boldsymbol{H}_1$ の接線成分 $\boldsymbol{H}_{1t}$ は 0 である. 全電磁界は ($\boldsymbol{E}_2=\boldsymbol{E}_0+\boldsymbol{E}_1$, $\boldsymbol{H}_2=\boldsymbol{H}_0+\boldsymbol{H}_1$) であるから次の定理が成り立つ.

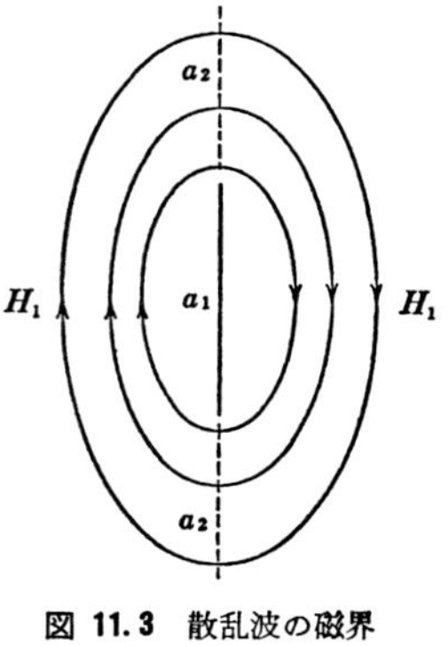

図 11.3 散乱波の磁界

〔定 理 2〕 平面導体による散乱問題においては次式が成り立つ. 全電磁界に対して

$$\boldsymbol{E}_{2t}=0 \quad \text{on} \quad a_1 \tag{11.11 a}$$

$$\boldsymbol{H}_{2t}=\boldsymbol{H}_{0t} \quad \text{on} \quad a_2 \tag{11.11 b}$$

散乱波に対して

$$\boldsymbol{E}_{1t}=-\boldsymbol{E}_{0t} \quad \text{on} \quad a_1 \tag{11.12 a}$$

$$H_{1t}=0 \quad \text{on} \quad a_2 \tag{11.12 b}$$

式 (11.11) に双対変換 $\boldsymbol{E}=-Z_0\boldsymbol{H}'$, $\boldsymbol{H}=\boldsymbol{E}'/Z_0$ を行なうと

$$-\boldsymbol{H}_2{}'_t=0 \quad \text{on} \quad a_1 \tag{11.13 a}$$

$$-\boldsymbol{E}_2{}'_t=-\boldsymbol{E}_0{}'_t \quad \text{on} \quad a_2 \tag{11.13 b}$$

となる．式 (11.12), (11.13) を比べると式 (11.13) の $(-\boldsymbol{E}_2', -\boldsymbol{H}_2')$ は平面の一部 $a_2$ が導体であるときの入射波 $(\boldsymbol{E}_0', \boldsymbol{H}_0')$ に対する散乱波となっている．

そして両者の間には

$$(Z_0\boldsymbol{H}_2'-\boldsymbol{E}_1)_t=\boldsymbol{E}_{0t} \quad \text{on} \quad a_1 \tag{11.14 a}$$

$$(\boldsymbol{E}_2'/Z_0-\boldsymbol{H}_1)_t=\boldsymbol{H}_{0t} \quad \text{on} \quad a_2 \tag{11.14 b}$$

の関係があるが，$a_1 \cup a_2$ は全平面だから〔定理 2〕により，$(Z_0\boldsymbol{H}_2'-\boldsymbol{E}_1, \boldsymbol{E}_2'/Z_0-\boldsymbol{H}_1)$ は全空間で $(\boldsymbol{E}_0, \boldsymbol{H}_0)$ に等しい．ゆえに次の定理が成り立つ．

〔定　理　3〕 平面 $a=a_1 \cup a_2$ $(a_1 \cap a_2=0)$ の一部 $a_1$ に導体があるとき入射波 $(\boldsymbol{E}_0, \boldsymbol{H}_0)$ により散乱波 $(\boldsymbol{E}_1, \boldsymbol{H}_1)$ が生じ，また $a_2$ に導体があるとき双対入射波 $(\boldsymbol{E}_0'=-Z_0\boldsymbol{H}_0, \boldsymbol{H}'=\boldsymbol{E}_0/Z_0)$ により散乱波 $(-\boldsymbol{E}_2', -\boldsymbol{H}_2')$ が生じたとすると次の関係が成り立つ．

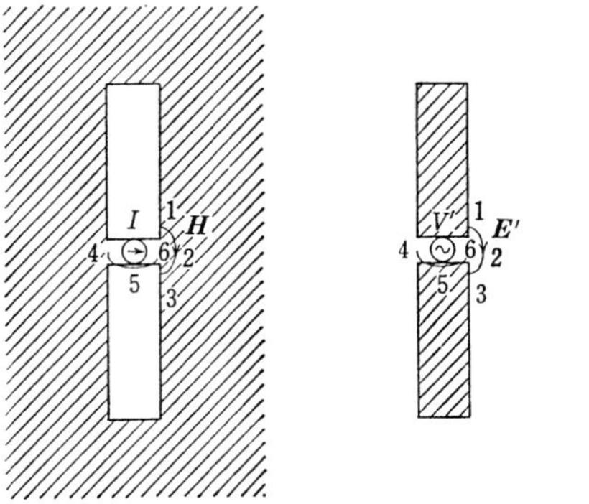

(a) 電流源で励振されるスリット・アンテナ　(b) 電圧源で励振される線形アンテナ

図 11.4 互いに双対なアンテナ

$$\boldsymbol{E}_2'=Z_0(\boldsymbol{H}_0+\boldsymbol{H}_1) \tag{11.15 a}$$

$$\boldsymbol{H}_2'=(\boldsymbol{E}_0+\boldsymbol{E}_1)/Z_0 \tag{11.15 b}$$

これを **Babinet** の原理 (Babinet's principle) という．

Babinet の原理によれば，互いに相補関係にある二つの導体 $a_1$ と $a_2$ による散乱問題は，いずれか一方が解ければ直ちに他方も解ける．

【例 題】 線形アンテナとスリット・アンテナの関係.

無限に広い平面導体上の長さ $l$ の狭いスリットは，長さ $l$ の細い線形アンテナと相補的である（図 11.4）．また電圧源の双対は電流源である．ゆえにスリット・アンテナの中心を電流源で励振したときの放射パターンは，線形アンテナの中心を電圧源で励振したときの放射パターンと同一である．ただし，電界と磁界は入れ換わる．そして

$$\boldsymbol{E}' = -Z_0\boldsymbol{H}, \qquad \boldsymbol{H}' = \boldsymbol{E}/Z_0$$

の関係があるから

$$V' = \int_{\overline{123}} \boldsymbol{E}' \cdot d\boldsymbol{s} = -Z_0 \int_{\overline{123}} \boldsymbol{H} \cdot d\boldsymbol{s} = -\frac{Z_0}{2} I$$

$$I' = 2\int_{\overline{456}} \boldsymbol{H}' \cdot d\boldsymbol{s} = \frac{2}{Z_0} \int_{\overline{456}} \boldsymbol{E} \cdot d\boldsymbol{s} = \frac{2}{Z_0} V$$

ゆえに，スリット・アンテナの放射インピーダンス $V/I = Z_r$ と線形アンテナの放射インピーダンス $V'/I' = Z_r'$ の間には

$$Z_r Z_r' = Z_0^2/4 = 35.257 \quad [\Omega] \tag{11.16}$$

の関係がある．たとえば，半波長のスリット・アンテナの放射抵抗 $R_r$ は，線形アンテナの放射抵抗 $R_r' \fallingdotseq 73\,\Omega$ から

$$R_r \fallingdotseq \frac{35.26}{73} \fallingdotseq 483 \quad [\Omega] \tag{11.17}$$

となる．

次に窓 $a_1$ をもつ無限大平面導体 $a_2$ による回折電磁界を求めよう．入射波を $(\boldsymbol{E}_0,\ \boldsymbol{H}_0)$，回折波を $(\boldsymbol{E},\ \boldsymbol{H})$ とすると〔定理 2〕から

$$\boldsymbol{E}_t = 0 \quad \text{on} \quad a_2 \tag{11.18 a}$$

$$\boldsymbol{H}_t = \boldsymbol{H}_{0t} \quad \text{on} \quad a_1 \tag{11.18 b}$$

Sommerfeld の式を使うために，正しい式（11.18 a）の代りに，近似式

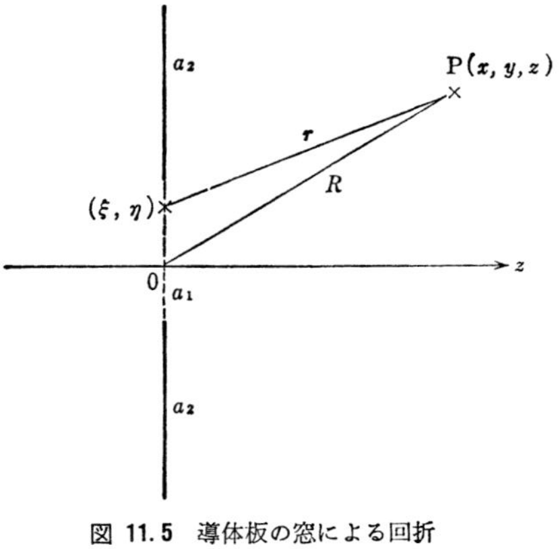


図 11.5 導体板の窓による回折

$$\boldsymbol{H}_t=0 \qquad \text{on} \quad a_2 \tag{11.18 a$'$}$$

を採用する．式 (11.18 a′)，(11.18 b) を式 (11.5) に代入すると

$$\boldsymbol{A}=\frac{\mu}{2\pi}\int_{a_1}\boldsymbol{a}_z\times\boldsymbol{H}_0(\xi,\ \eta,\ 0)\frac{e^{-jkr}}{r}d\xi d\eta \tag{11.19}$$

図 11.5 のように $a_1$ 上の 1 点を原点により，原点からかなり離れた（$a_1$ の大きさおよび波長に比べて）点 P $(x,\ y,\ z)$ の電磁界を計算しよう．このとき

$$\begin{cases} r=\sqrt{(x-\xi)^2+(y-\eta)^2+z^2} \\ \quad \fallingdotseq R-l\xi-m\eta+\dfrac{\xi^2+\eta^2-(l\xi+m\eta)^2}{2R} \\ R\triangleq\sqrt{x^2+y^2+z^2},\ \ l=x/R,\ \ m\triangleq y/R \end{cases} \tag{11.20}$$

であるから

$$\begin{cases} \dfrac{1}{r}e^{-jkr}\fallingdotseq\dfrac{1}{R}e^{-jkR}\times e^{jk\rho} \\ \rho\triangleq l\xi+m\eta+\dfrac{(l\xi+m\eta)^2-(\xi^2+\eta^2)}{2R} \end{cases} \tag{11.21}$$

となる．ゆえに

$$\begin{cases} \boldsymbol{A}=\dfrac{\mu}{2\pi R}e^{-jkR}\boldsymbol{F}(l,\ m) \\ \boldsymbol{F}(l,\ m)\triangleq\displaystyle\int_{a_1}\boldsymbol{a}_z\times\boldsymbol{H}_0e^{jk\rho}d\xi\, d\eta \end{cases} \tag{11.22}$$

したがって，$1/R^2$ 以上の項を無視すると

$$\begin{cases} \boldsymbol{H}=\dfrac{1}{\mu_0}\nabla\times\boldsymbol{A}=\dfrac{j}{\lambda R}e^{-jkR}\boldsymbol{F}\times\boldsymbol{a}_r \\ \boldsymbol{E}=Z_0\boldsymbol{H}\times\boldsymbol{a}_r \end{cases} \tag{11.23}$$

すなわち，遠方の回折波は，アンテナからの放射波と同じ形で，$\boldsymbol{F}(l,\ m)$ は指向特性を与える因数になっている．

特に簡単で興味深い場合として，入射波が導体面に垂直に入射する平面波のときを考えよう．このとき $\boldsymbol{a}_z\times\boldsymbol{H}_0(\xi,\ \eta,\ 0)$ は定ベクトル $-\boldsymbol{E}_0/Z_0$ に等しいから

$$\boldsymbol{F}(l,\ m)=-\frac{\boldsymbol{E}_0}{Z_0}\int_{a_1}e^{jk\rho}d\xi\, d\eta \tag{11.24}$$

となる．それゆえ回折波を求める問題は

$$\begin{cases} U \triangleq \int_{a_1} e^{jk\rho} d\xi\, d\eta \\ \rho = l\xi + m\eta + \dfrac{(l\xi + m\eta)^2 - (\xi^2 + \eta^2)}{2R} \end{cases} \tag{11.25}$$

を計算することに帰着する．

ここで現象的にも，計算上からも次の二つの場合に分けるのが便利である．

（i） $a_1$ 上で最も離れた2点と観測点を結ぶ直線が平行とみなせる程度に $R$ が大きい場合．これが成り立つ領域を Fraunhofer 領域という．このとき

$$\rho = l\xi + m\eta \tag{11.26}$$

と置いてよい．

（ii） 前記の2直線が平行とみなせず，$\rho$ の $1/R$ に比例する項が無視できない場合．この領域を Fresnel 領域という．

窓の幅を $a$ とすると，両領域の境目は $R \fallingdotseq a^2/2\lambda$ と考えてよい．

**（a） 方形の窓による Fresnel 回折**　窓の寸法を $a \times b$ とする．観測点 P からスクリーンに下ろした垂線の足を原点にとると，P の座標は（0, 0, $R$）となり，$l = m = 0$ となる．このとき窓の中心の座標を（$x$, $y$, 0）とすれば式(11.25) は

$$U = \int_{x-a/2}^{x+a/2} e^{-jk\xi^2/2R} d\xi \int_{y-b/2}^{y+b/2} e^{-jk\eta^2/2R} d\eta \tag{11.27}$$

となる．二つの積分は同じ形であるから，一方だけ考えればよい．

$\xi$ に関する積分に $u = \sqrt{2/\lambda R}\,\xi$ の変数変換を行ない，$u_1 = (x - a/2)/\sqrt{R\lambda/2}$，$u_2 = (x + a/2)/\sqrt{R\lambda/2}$ と置けば

$$\begin{aligned} U_x &\triangleq \int_{x-a/2}^{x+a/2} e^{-jk\xi^2/2R} d\xi \\ &= \int_{u_1}^{u_2} e^{-j\pi u^2/2} du \\ &= \int_{u_1}^{u_2} \cos\left(\frac{\pi}{2}u^2\right) du - j\int_{u_1}^{u_2} \sin\left(\frac{\pi}{2}u^2\right) du \end{aligned} \tag{11.28}$$

となる．そこで次の積分を定義する．（表11.1）

$$C(u) \triangleq \int_0^u \cos\left(\frac{\pi}{2}u^2\right) du, \quad S(u) \triangleq \int_0^u \sin\left(\frac{\pi}{2}u^2\right) du \tag{11.29}$$

**表 11.1** Fresnel 積分の表

| $u$ | $C(u)$ | $S(u)$ | $u$ | $C(u)$ | $S(u)$ | $u$ | $C(u)$ | $S(u)$ |
|---|---|---|---|---|---|---|---|---|
| 0.00 | 0.0000 | 0.0000 | 3.00 | 0.6058 | 0.4963 | 5.50 | 0.4784 | 0.5537 |
| 0.10 | 0.1000 | 0.0005 | 3.10 | 0.5616 | 0.5818 | 5.55 | 0.4456 | 0.5181 |
| 0.20 | 0.1999 | 0.0042 | 3.20 | 0.4664 | 0.5933 | 5.60 | 0.4517 | 0.4700 |
| 0.30 | 0.2994 | 0.0141 | 3.30 | 0.4058 | 0.5192 | 5.65 | 0.4926 | 0.4441 |
| 0.40 | 0.3975 | 0.0334 | 3.40 | 0.4385 | 0.4296 | 5.70 | 0.5385 | 0.4595 |
| 0.50 | 0.4923 | 0.0647 | 3.50 | 0.5326 | 0.4152 | 5.75 | 0.5551 | 0.5049 |
| 0.60 | 0.5811 | 0.1105 | 3.60 | 0.5880 | 0.4923 | 5.80 | 0.5298 | 0.5461 |
| 0.70 | 0.6597 | 0.1721 | 3.70 | 0.5420 | 0.5750 | 5.85 | 0.4819 | 0.5513 |
| 0.80 | 0.7230 | 0.2493 | 3.80 | 0.4481 | 0.5656 | 5.90 | 0.4486 | 0.5163 |
| 0.90 | 0.7648 | 0.3398 | 3.90 | 0.4223 | 0.4752 | 5.95 | 0.4566 | 0.4688 |
| 1.00 | 0.7799 | 0.4383 | 4.00 | 0.4984 | 0.4204 | 6.00 | 0.4995 | 0.4470 |
| 1.10 | 0.7638 | 0.5365 | 4.10 | 0.5738 | 0.4758 | 6.05 | 0.5424 | 0.4689 |
| 1.20 | 0.7154 | 0.6234 | 4.20 | 0.5418 | 0.5633 | 6.10 | 0.5495 | 0.5165 |
| 1.30 | 0.6386 | 0.6863 | 4.30 | 0.4494 | 0.5540 | 6.15 | 0.5146 | 0.5496 |
| 1.40 | 0.5431 | 0.7135 | 4.40 | 0.4383 | 0.4622 | 6.20 | 0.4676 | 0.5398 |
| 1.50 | 0.4453 | 0.6975 | 4.50 | 0.5261 | 0.4342 | 6.25 | 0.4493 | 0.4954 |
| 1.60 | 0.3655 | 0.6389 | 4.60 | 0.5673 | 0.5162 | 6.30 | 0.4760 | 0.4555 |
| 1.70 | 0.3238 | 0.5492 | 4.70 | 0.4914 | 0.5672 | 6.35 | 0.5240 | 0.4560 |
| 1.80 | 0.3336 | 0.4508 | 4.80 | 0.4338 | 0.4968 | 6.40 | 0.5496 | 0.4965 |
| 1.90 | 0.3944 | 0.3734 | 4.90 | 0.5002 | 0.4350 | 6.45 | 0.5292 | 0.5398 |
| 2.00 | 0.4882 | 0.3434 | 5.00 | 0.5637 | 0.4992 | 6.50 | 0.4816 | 0.5454 |
| 2.10 | 0.5815 | 0.3743 | 5.05 | 0.5450 | 0.5442 | 6.55 | 0.4520 | 0.5078 |
| 2.20 | 0.6363 | 0.4557 | 5.10 | 0.4998 | 0.5624 | 6.60 | 0.4690 | 0.4631 |
| 2.30 | 0.6266 | 0.5531 | 5.15 | 0.4553 | 0.5427 | 6.65 | 0.5161 | 0.4549 |
| 2.40 | 0.5550 | 0.6197 | 5.20 | 0.4389 | 0.4969 | 6.70 | 0.5467 | 0.4915 |
| 2.50 | 0.4574 | 0.6192 | 5.25 | 0.4610 | 0.4536 | 6.75 | 0.5302 | 0.5362 |
| 2.60 | 0.3890 | 0.5500 | 5.30 | 0.5078 | 0.4405 | 6.80 | 0.4831 | 0.5436 |
| 2.70 | 0.3925 | 0.4529 | 5.35 | 0.5490 | 0.4662 | 6.85 | 0.4539 | 0.5060 |
| 2.80 | 0.4675 | 0.3915 | 5.40 | 0.5573 | 0.5140 | 6.90 | 0.4732 | 0.4624 |
| 2.90 | 0.5624 | 0.4101 | 5.45 | 0.5269 | 0.5519 | 6.95 | 0.5207 | 0.4591 |

これらは **Fresnel 積分**と呼ばれ，その性質は，$C(u)$ を横軸に，$S(u)$ を縦軸に目盛った図 11.6 の曲線を調べるとよくわかる．この曲線は **Cornu のらせん**と呼ばれる渦巻になるが，このことは曲線の傾斜，つまり $dS(u)/dC(u)$ が

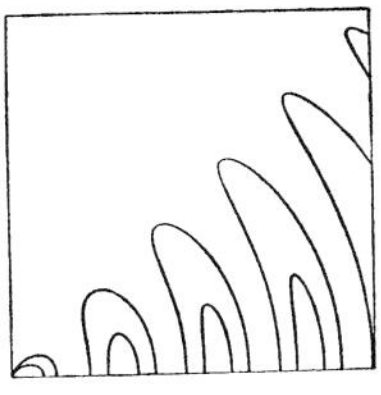

$$\frac{\sin(\pi u^2/2)}{\cos(\pi u^2/2)}=\tan\frac{\pi}{2}u^2 \tag{11.30}$$

であることから理解できる．すなわち，$u^2$ が 4 だけ増すと

曲線の傾斜は一回りして初めの値にもどる．次に曲線の長さは

$$\int_0^u \sqrt{(dC)^2+(dS)^2}=\int_0^u \sqrt{\left\{\cos^2\left(\frac{\pi}{2}u^2\right)+\sin^2\left(\frac{\pi}{2}u^2\right)\right\}}\,du$$

$$=\int_0^u du=u \tag{11.31}$$

で与えられる．いま $u'$ から出発して傾斜が一回りした点を $u''$ とすれば，上記のことから $(u'')^2=(u')^2+4$，ゆえに $u''-u'=4/(u''+u')$ となる．$u''-u'$ は一回りの長さで，これは曲線に沿って進むにしたがってしだいに小さくなってゆき，$(u''+u')\to\infty$ のときに 1 点に収束する．曲線は原点に関し対称だから収束点は $u=\pm\infty$ に対応して二つあり，その位置は (0.5, 0.5) と (−0.5, −0.5) である．

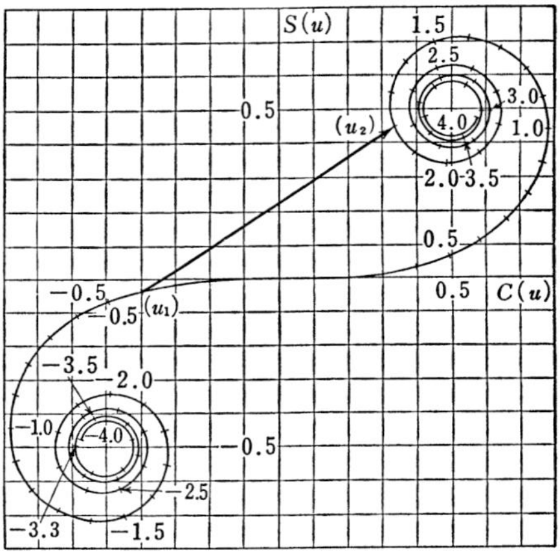

図 11.6　Cornu のらせん曲線上に $u$ の値が目盛ってある

さて，$U_x$ の値を求めるにはまず，このらせん上に点 $u_1$，$u_2$ を書き込む．するとベクトル $\overrightarrow{u_1u_2}$ は $U_x^*$ に等しいから $\overrightarrow{u_1u_2}$ の長さと傾斜から $U_x$ がわかる．特に電磁波の電力は $|\boldsymbol{F}|^2$ したがって $|U_x|^2$ に比例するから，電力の相対変化だけをみるには $(\overline{u_1u_2})^2$ の変化を調べればよい．$x$ を増加させると $u_1$ と $u_2$ は共に増加するが，$u_2-u_1=a/\sqrt{R\lambda/2}$ は一定である．したがって一定長 $a/\sqrt{R\lambda/2}$ の糸をらせんに沿って移動させるとき，糸の両端を結ぶ直線の長さの 2 乗を計ればよい．

$x$ が負の大きな値ならば糸は (−0.5, −0.5) の付近でらせんに巻きついているので $(\overline{u_1u_2})^2\fallingdotseq 0$ となり電力は 0 である．これは観測点が深い陰の部分にあることを意味している．$x$ が $-a/2$ に近づくと $u_2$ は 0 に近づく．このときは $u_2-u_1$ が大きいか，小さいかにより二通りの場合が生ずる．$u_2-u_1$ が大きいと

き（窓が大きく，$R$と$\lambda$が小さいとき）は$u_1$はまだ$(-0.5,\ -0.5)$の付近に残っていて，$\overline{u_1u_2}$は収束点間の距離の1/2に等しく，電力はスクリーンがないときの1/4に等しい．更に観測点が陰から出てくると（$x$が増すと）$u_2$はらせんに沿って進み（0.5，0.5）の点に巻き込まれてゆく．そして電力はスクリーンのないときと同じ値になる．更に$x$が増して$a/2$に近づくと，$u_1$がほぐれて原点近くにくる．そして電力は再び

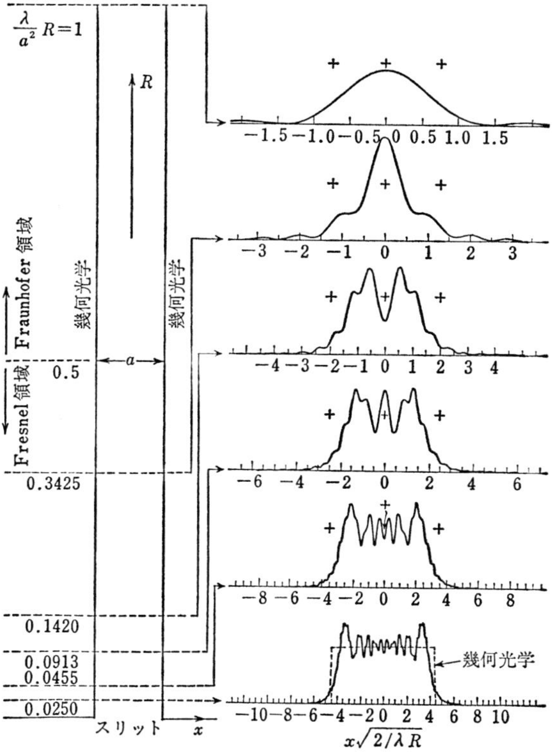


図 11.7　スリットからの距離による回折パターンの変化

スクリーンのないときの 1/4 となる．もっと$x$が増すと$u_1$も（0.5，0.5）の点に巻き込まれて$\overline{u_1u_2}$は再び 0 に近づく．これは観測点が再び陰に深く入ったことを意味している．

$u_2-u_1$が小さいとき（窓が小さく，$R$と$\lambda$が大きいとき）は観測点が Fraunhofer 領域にあることを意味しているので，別の方法で考察する．

結局，典型的な Fresnel 回折における電力分布$|U_x|^2$を画いてみると図 11.7 のようになる．また$R\lambda/a^2\ll 1$のとき，窓と陰の境界付近で$|U_x|$を画いてみると図 11.8 の

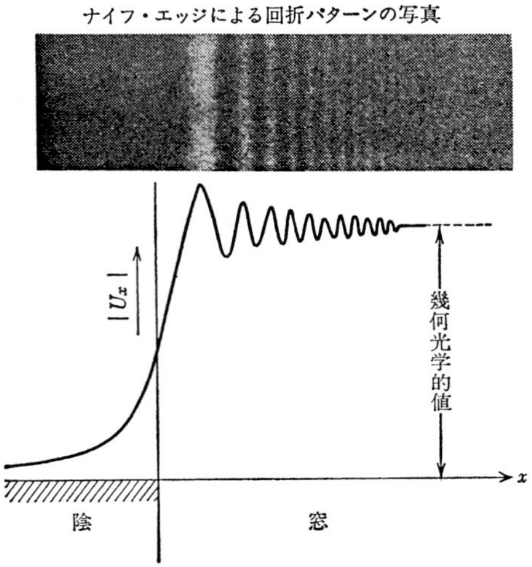


図 11.8　大きな窓の端部における Fresnel 回折

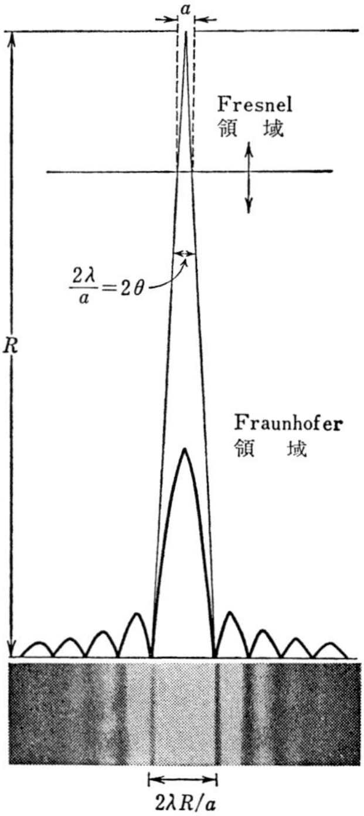


図 11.9　スリットによる Fraunhofer 回折

ようになり，実測値とよく一致していることがわかる．

**(b)　方形の窓による Fraunhofer 回折**

このとき式 (11.25)，(11.26) により

$$U=\int_{-a/2}^{a/2}e^{jkl\xi}d\xi\int_{-b/2}^{b/2}e^{jkm\eta}d\eta$$

$$=\frac{\sin(\pi la/\lambda)}{\pi l/\lambda}\cdot\frac{\sin(\pi mb/\lambda)}{\pi m/\lambda}$$

再び同じ関数形の積であるから，$x$ 方向の分布だけを考えると，電力は

$$|U_x|^2=\left|\frac{\sin(\pi la/\lambda)}{\pi l/\lambda}\right|^2$$

に比例する．窓の大きさと，強度分布 $|U_x|$ の関係を画くと図 11.9 のようになり，電波は窓から $R$ の距離でだいたい $2\lambda R/a$ の範囲に広がる．すなわち，電波の広がり角を $2\theta$ とすれば

$$\theta \fallingdotseq \lambda/a \quad \text{あるいは} \quad a\theta \fallingdotseq \lambda$$

で，窓を大きくすれば電波の広がりは小さく，窓が小さければ，電波の広がりは大きくなる．これを**不確定性関係** (uncertainty relation) という．

# 第 12 章

# 複　屈　折

## 12.1 ま え が き

これまでに考察した誘電体は，スカラ誘電率 $\varepsilon$，または一つの屈折率 $n=\sqrt{K_e}$ で特性づけられていた．そして平面波は伝搬方向や偏波方向に無関係に一定の速度 $c/n$ で伝わった．このような媒質を，**単屈折性** (singly refractive) 媒質ということがある．

大部分の結晶，多くの液体および静磁界中に置かれたプラズマなどでは，媒質の任意の方向に伝わる平面波が 2 種類あって，それぞれ異なる速度で伝わる．それで，このような媒質を**複屈折性** (doubly reflactive) 媒質という．

媒質は更に方向により波の伝わり方が違うかどうか（等方性か異方性か）偏波面を回転させるかどうか（旋光性の有無）および相反性の有無などにより細分でき，表 12.1 のようになる．

表 12.1　媒質の分類

| | 旋光性なし | 旋光性あり |
|---|---|---|
| 等方 | 単屈折<br>（ガラス） | 複屈折<br>（砂糖水） |
| 異方 | 複屈折<br>単軸（方解石）<br>双軸（白鉛鉱） | 複屈折<br>単軸（水晶）<br>単軸非相反（静磁界中のプラズマ） |

複屈折媒質では誘電率がテンソルになり，$\boldsymbol{D}$ と $\boldsymbol{E}$ の関係は一般に

$$\begin{cases} D_x=\varepsilon_{11}E_x+\varepsilon_{12}E_y+\varepsilon_{13}E_z \\ D_y=\varepsilon_{21}E_x+\varepsilon_{22}E_y+\varepsilon_{23}E_z \\ D_z=\varepsilon_{31}E_x+\varepsilon_{32}E_y+\varepsilon_{33}E_z \end{cases} \tag{12.1}$$

で与えられる．この式は $\boldsymbol{D}=[\varepsilon]\boldsymbol{E}$ とも書けて，これから $j\omega\boldsymbol{D}=[j\omega\varepsilon]\boldsymbol{E}$ を得る．$j\omega\boldsymbol{D}$ は変位電流であり，$\boldsymbol{E}$ は単位長当りの電圧だから，単位体積の媒質に対しては

$$[I]=[j\omega\varepsilon][V] \tag{12.2}$$

が成り立つ．つまり $[j\omega\varepsilon]$ は $Y$ 行列である．$Y$ 行列も $Z$ 行列と同じ正実性をもたなければならないから，$[j\omega\varepsilon]^T+[j\omega\varepsilon]^*$ は正値行列でなければならない(p. 115参照)。このことから，たとえば無損失媒質の $[\varepsilon]$ は次の形のエルミット行列となる．

$$[\varepsilon]=\begin{bmatrix} \varepsilon_{11} & \varepsilon_{12}'-j\varepsilon_{12}'' & \varepsilon_{13}'-j\varepsilon_{13}'' \\ \varepsilon_{12}'+j\varepsilon_{12}'' & \varepsilon_{22} & \varepsilon_{23}'-j\varepsilon_{23}'' \\ \varepsilon_{13}'+j\varepsilon_{13}'' & \varepsilon_{23}'+j\varepsilon_{23}'' & \varepsilon_{33} \end{bmatrix} \tag{12.3}$$

**旋光性のない透明媒質**　$[\varepsilon]$ は実対称行列である．そして $\varepsilon_{ij}$ の値は，選ばれたデカルト座標にのみ依存し，波の進行方向には無関係である．デカルト座標を回転すると $\varepsilon_{ij}$ は変化し，適当な座標系のとき

$$[\varepsilon]=\begin{bmatrix} \varepsilon_1 & 0 & 0 \\ 0 & \varepsilon_2 & 0 \\ 0 & 0 & \varepsilon_3 \end{bmatrix} \tag{12.4}$$

とすることができる．したがってこのとき

$$D_x=\varepsilon_1E_x,\ \ D_y=\varepsilon_2E_y,\ \ D_z=\varepsilon_3E_z \tag{12.5}$$

となる．この特別な $x$，$y$，$z$ 軸を媒質の**主軸** (principal axis) といい，$\varepsilon_1$，$\varepsilon_2$，$\varepsilon_3$ を**主誘電率**という．主屈折率は次式で定義される．

$$n_i \triangleq \sqrt{\varepsilon_i/\varepsilon_0} \tag{12.6}$$

**単軸性媒質**　二つの主屈折率が等しく

$$n_1=n_2\triangleq n_0,\ \ n_3\triangleq n_e \neq n_0 \tag{12.7}$$

となる場合である．$\boldsymbol{E}$ が $z$ 軸に平行か垂直の場合だけ $\boldsymbol{E}$ と

$\boldsymbol{D}$は平行となる．

**双軸性媒質**　すべての主屈折率が異なる場合で，一般性を害することなく

$$n_1 > n_2 > n_3 \tag{12.8}$$

とすることができる．

**旋光性媒質**　〔ε〕が次の形となる場合，旋光性となる．

$$[\varepsilon] = \begin{pmatrix} \varepsilon_1 & j\delta_1 & -j\delta_2 \\ -j\delta_1 & \varepsilon_2 & j\delta_3 \\ j\delta_2 & -j\delta_3 & \varepsilon_3 \end{pmatrix} \tag{12.9}$$

ここで $\varepsilon_i$，$\delta_i$ は実数である．つまり

$$D_i = \varepsilon_i E_i - j(\boldsymbol{\delta} \times \boldsymbol{E})_i \tag{12.10}$$

の関係がある．$\varepsilon_i$ は媒質だけによって決まる定数であるが，$\boldsymbol{\delta}$ は媒質だけでなく，平面波の進行方向にも関係する．

最も簡単な場合は等方性媒質たとえば砂糖水で，このとき $\varepsilon_1 = \varepsilon_2 = \varepsilon_3$ となり，また平面波の伝搬ベクトルを $\boldsymbol{k}$ とすれば

$$\boldsymbol{\delta} = b\boldsymbol{k}$$

の関係がある．したがって

$$\boldsymbol{D} = \varepsilon \boldsymbol{E} - jb\boldsymbol{k} \times \boldsymbol{E} \tag{12.11}$$

が成り立ち，相反性がある．

旋光性のある異方性媒質としては，静磁界中に置かれたプラズマが重要で，磁界の方向を $z$ 軸にとれば，波の伝搬方向に関係なく

$$[\varepsilon] = \begin{pmatrix} \varepsilon_1 & j\delta & 0 \\ -j\delta & \varepsilon_1 & 0 \\ 0 & 0 & \varepsilon_3 \end{pmatrix} \tag{12.12}$$

となり，非相反性である．

上述の $\boldsymbol{D}$ と $\boldsymbol{E}$ の関係は Lorentz の微視的理論から，どのように説明されるだろうか．

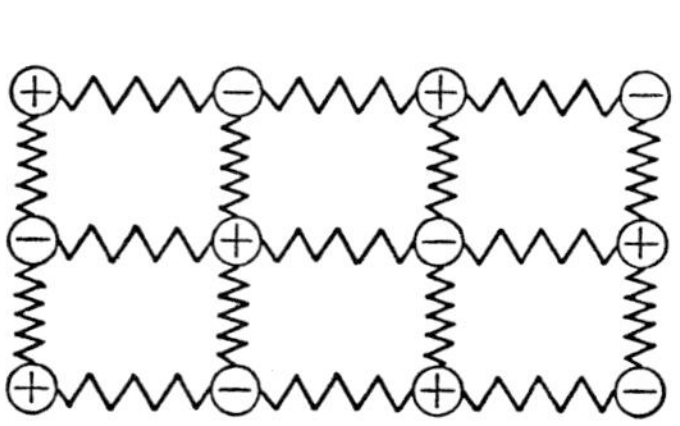


**図 12.1　異方性結晶**

まず，結晶の場合を考えると，原子は接

近していて，互いに短距離の力を及ぼし合う．したがって原子中の電子は，まわりの原子から弾性的結合力を及ぼされ，これを2次元モデルで示すと図12.1のように画ける．この図の場合，$x$ 方向の結合は弱く，$y$ 方向の結合は強い．したがって，$x$ 方向の共振周波数は低く，$y$ 方向の共振周波数は高い．もし格子が正方晶形ならば，結晶は等方性となり，$\varepsilon_{ij}=\varepsilon\delta_{ij}$ となって一つのスカラ誘電率 $\varepsilon$ で表わされる．岩塩（NaCl）はこの例である．方解石（$CaCO_3$）は岩塩の Na を Ca で，Cl を $CO_3$ で置換した結晶であるが，複雑な $CO_3$ イオンが結晶を変形して，六方晶形にしている．このとき，〔$\varepsilon$〕は実対称行列となり，単軸性結晶である．

異方性があると複屈折が起こることは容易に理解できる．$x$, $y$, $z$ を主軸とし，$\boldsymbol{E}$ が $x$ 方向に振動しているとすると，$\boldsymbol{D}$ は $\boldsymbol{E}$ に平行である．そして波は直線偏波のまま，$x$ 方向の誘電率で決まる速度で伝わる．同様に $\boldsymbol{E}$ が $y$ 方向に平行な波は，$y$ 方向の誘電率で決まる速度で伝わる．

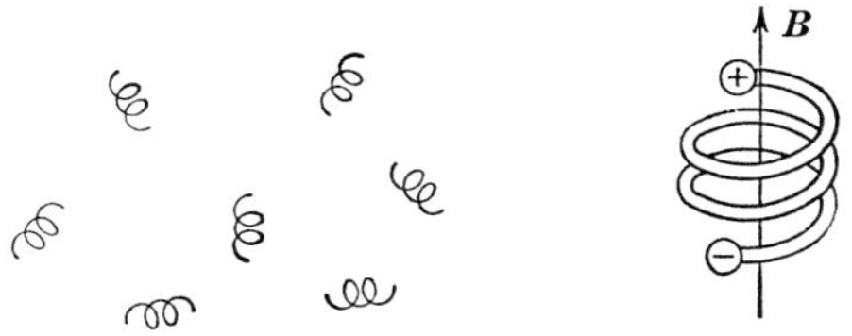


(a) らせん状分子からできている媒質　(b) 磁束中のらせん分子

図 12.2 等方性旋光媒質の例

式 (12.11) の関係は，たとえば分子がらせん状であるときに生ずる．図12.2（a）のように分子を右巻きらせん導体とみなしたモデルを考えよう．すると，分子を通る磁束が変化すれば図（b）のように Faraday の法則にしたがう誘起電圧のため，電気双極子ができる．ゆえに

$$\boldsymbol{D}=\varepsilon\boldsymbol{E}+b\partial\boldsymbol{B}/\partial t=\varepsilon\boldsymbol{E}-b\nabla\times\boldsymbol{E} \tag{12.13}$$

となる．平面波 $\boldsymbol{E}=\boldsymbol{E}_0e^{-j\boldsymbol{k}\cdot\boldsymbol{r}}$ に対しては $\nabla\times\boldsymbol{E}=-j\boldsymbol{k}\times\boldsymbol{E}$ だから式 (12.13) は式 (12.11) となる．

## 12.2 平面波に対する一般法則

正弦波に対する Maxwell の式は

$$\begin{cases} \nabla\cdot\boldsymbol{D}=0, & \nabla\cdot\boldsymbol{B}=0 \\ \nabla\times\boldsymbol{E}=-j\omega\boldsymbol{B}, & \nabla\times\boldsymbol{H}=j\omega\boldsymbol{D} \end{cases} \tag{12.14}$$

屈折率 $\boldsymbol{n}$ の単屈折媒質中には，平面波

$$\boldsymbol{E}=\boldsymbol{E}_0e^{-j\boldsymbol{k}\cdot\boldsymbol{r}},\ \boldsymbol{D}=\boldsymbol{D}_0e^{-j\boldsymbol{k}\cdot\boldsymbol{r}},\ \boldsymbol{H}=\boldsymbol{H}_0e^{-j\boldsymbol{k}\cdot\boldsymbol{r}} \tag{12.15}$$

が存在しうる．ここで $\boldsymbol{k}$ は，大きさが $k=\omega\sqrt{\varepsilon\mu}=nk_0$（$k_0$ は真空の伝搬定数）で，任意の方向を向く実ベクトルであり，$\boldsymbol{E}_0$，$\boldsymbol{D}_0$，$\boldsymbol{H}_0$ は $\boldsymbol{k}$ に垂直な複素定ベクトルである．振幅 $\boldsymbol{E}_0$ を任意に与えると $\boldsymbol{D}_0$ と $\boldsymbol{H}_0$ が一意に決まる．したがって，任意の偏波が可能である．

複屈折媒質においても，式 (12.14)，(12.15) の形の平面波は，$\boldsymbol{k}$ の任意の方向に対して可能であるが，このとき $k$ は二通りの値をもつ．それぞれの $k$ の値に対応する2組の平面波を，与えられた方向に伝わる**基本波** (basic wave) と呼ぶことにする．二つの基本波の任意の組合わせもまた平面波であるが，$k$ の値が違うために，合成波は式 (12.15) の形とはならない．逆に任意の平面波は基本波の組合わせで表わせる．つまり，基本波は完全系をなす．次に基本波を求めよう．

式 (12.15) を式 (12.14) に代入すると

$$\begin{cases} \boldsymbol{k}\cdot\boldsymbol{D}=0, & \boldsymbol{k}\cdot\boldsymbol{H}=0 \\ \boldsymbol{k}\times\boldsymbol{E}=\omega\mu\boldsymbol{H}, & \boldsymbol{k}\times\boldsymbol{H}=-\omega\boldsymbol{D} \end{cases} \tag{12.16}$$

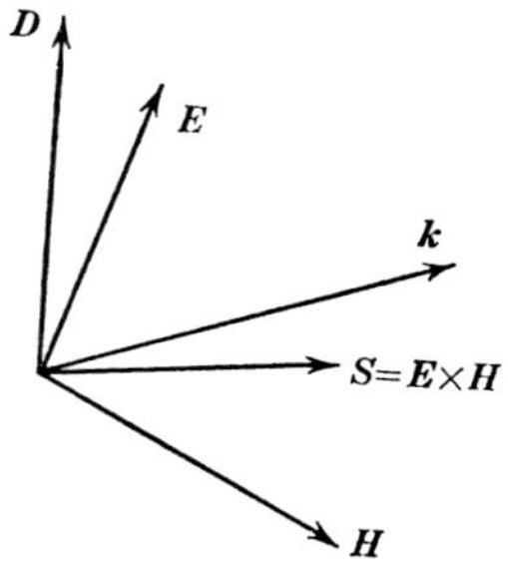


図 12.3 異方性媒質中の平面波の進行方向と電磁界の関係

したがって，$\boldsymbol{D}$, $\boldsymbol{H}$, $\boldsymbol{k}$ は互いに垂直で右手座標系をなし，$\boldsymbol{E}$ は $\boldsymbol{D}$ と $\boldsymbol{k}$ の作る平面上にあって，一般に $\boldsymbol{k}$ と垂直ではない（図 12.3）．式 (12.16) から $\boldsymbol{H}$ を消去すると

$$k^2\boldsymbol{E}-(\boldsymbol{k}\cdot\boldsymbol{E})\boldsymbol{k}-\omega^2\mu\boldsymbol{D}=0 \tag{12.17}$$

上式と $\boldsymbol{D}=[\varepsilon]\boldsymbol{E}$ の関係から，基本波の性質を導き出すことができる．

## 12.3 非旋光性単軸媒質

単軸性媒質は式 (12.5)〜(12.7) で特徴づけられる．式 (12.7) は $z$ 軸のまわりの回転に対して不変であるから，$z$ 軸を含む任意の一平面内に $\boldsymbol{k}$ がある場合を考えれば充分である．この平面を $x$-$z$ 平面としよう．すると

$$k_y=0,\quad k^2=k_x^2+k_z^2 \tag{12.18}$$

で，式 (12.17) の $x$, $y$, $z$ 成分は次式となる．

$$\begin{cases}(k_z^2-n_0^2k_0^2)E_x-k_xk_zE_z=0\\(k^2-n_0^2k_0^2)E_y=0\\-k_xk_zE_x+(k_x^2-n_e^2k_0^2)E_z=0\end{cases} \tag{12.19}$$

この式は，二つの解をもち，その一つは

$$\begin{cases}k'=n_0k_0\\E_x'=E_z'=0,\qquad E_y'\neq 0\end{cases} \tag{12.20}$$

である．ここで，もう一つの解と区別するために（′）をつけた．この波の伝搬ベクトルを $\boldsymbol{k}'$ とすれば，その大きさは，方向に関係なく $n_0k_0$ に等しい．この性質は単屈折媒質中の平面波と似ているので，この波を**正常波** (ordinary wave) といい，$n_0$ を正常屈折率という．式 (12.20) によれば，正常波の偏波方向は常に対称軸に垂直である．その上，$\boldsymbol{D}'$ と $\boldsymbol{E}'$ は常に平行で，いずれも $\boldsymbol{k}'$ に垂直である．このことも単屈折媒質中の平面波と似ている．

第 2 の解を（″）で区別すると

$$E_{0y}''=0,\quad E_{0x}''\neq 0,\quad E_{0z}''\neq 0 \tag{12.21}$$

であり，解の存在条件は式 (12.19) の係数行列を 0 と置くことにより

$$\frac{(k_x'')^2}{n_e^2}+\frac{(k_z'')^2}{n_0^2}=k_0^2 \tag{12.22 a}$$

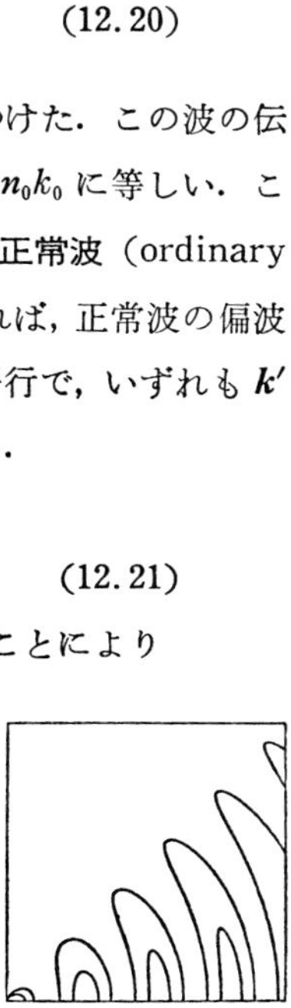

これを式 (12.19) に代入すると (12.22 b)

$$\frac{E_{0z}''}{E_{0x}''}=-\frac{n_0^2k_x''}{n_e^2k_z''}$$

この波の $\boldsymbol{D}''$ と $\boldsymbol{E}''$ は一般に平行ではないので**異常波**

(extraordinary wave) と呼ばれ，$n_e$ は異常屈折率といわれる．

上の結果を図で説明しよう．1点を起点として，すべての方向にベクトル $\boldsymbol{k}'$ と $\boldsymbol{k}''$ を画くと，ベクトルの先端は，結晶の対称軸を軸とする二つの回転面上にくる．この回転面を**伝搬ベクトル面**(wave-vector surface) という．式 (12.20) によれば，$\boldsymbol{k}'$ に対する面は，半径 $n_o k_0$ の球面であり，式 (12.22 a) によれば，$\boldsymbol{k}''$ に対する面は回転楕円面である．楕円の半径は対称軸方向では $n_o k_0$，それに垂直な方向では $n_e k_0$ である．したがって，$n_e < n_o$ のとき，伝搬ベクトル面の断面は図 12.4 となる．このような結晶を**負結晶** (negative crystal) という．方解石がその代表例で Na の $D$ 線 (5 893 Å) に対して

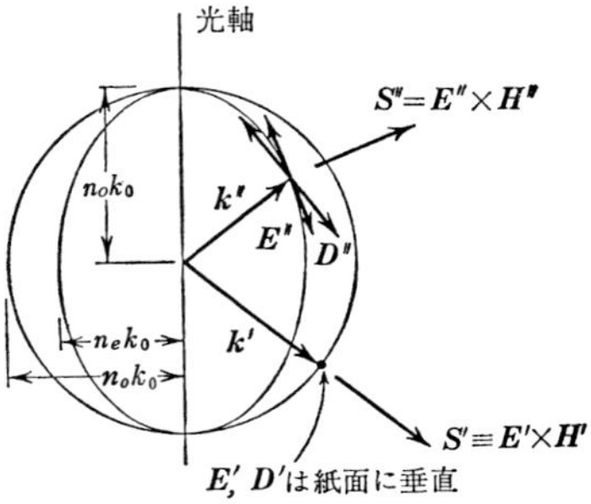


図 12.4　負結晶の伝搬ベクトル面

$$n_0 = 1.658\,3,\quad n_e = 1.486\,4$$

である．$n_e > n_0$ のときを**正結晶** (positive crystal) といい，水晶が代表例であるが，水晶は旋光性ももっている．

図 12.4 には，ベクトル $\boldsymbol{E}$ と $\boldsymbol{D}$ の方向も示されている．$\boldsymbol{E}''$ は $\boldsymbol{k}''$ に垂直でなく，$\boldsymbol{k}''$ の端点で楕円の接線方向を向く．証明は，式 (12.22 a) から $dk_z''/dk_x''$ を求めると，式 (12.22 b) の右辺に等しくなることからわかる．

poynting ベクトルは，$\boldsymbol{E}$ と $\boldsymbol{H}$ に垂直であるから，伝搬ベクトルの端点において伝搬ベクトル面に垂直な方向を向いている．したがって，異常波の電力流の方向は一般に $\boldsymbol{k}''$ の方向と異なる．

結晶の対称軸方向では $k' = k''$ となる．一般に $k' = k''$ となる方向を**光軸** (optical axis) という．

等方性媒質中では群速度（信号速度）は等位相面に垂直で $\partial\omega/\partial k$ の大きさであった．異方性媒質中ではこのことは成立しないので，以下にどの場合にでも成り立つ一般式を求めておく．群速度は振幅変調された搬送波の包絡線の移

動速度であるから，まず振幅変調波の表示を考える．波動方程式の一般解はいろいろな伝搬定数をもつ平面波の和で表わせる．すなわち

$$f(x,y,z,t)=\iiint_{-\infty}^{\infty} F(k_x,k_y,k_z)e^{j(\omega t-k_x x-k_y y-k_z z)}dk_x dk_y dk_z$$

$$=\iiint_{-\infty}^{\infty} F(\boldsymbol{k})e^{j(\omega t-\boldsymbol{k}\cdot\boldsymbol{r})}d\boldsymbol{k} \qquad (12.23)$$

振幅変調波も波であるから波動方程式の解であって，上式の形に表わせる．ただし，搬送波を

$$e^{j(\omega' t-\boldsymbol{k}'\cdot\boldsymbol{r})}$$

とすると，振幅変調波の $|F(\boldsymbol{k})|$ は $\boldsymbol{k}=\boldsymbol{k}'$ で最大，$|\boldsymbol{k}-\boldsymbol{k}'|$ が大きくなると急激に 0 に近づく関数になっている．このとき式 (12.23) の積分は $\boldsymbol{k}=\boldsymbol{k}'$ の付近だけで充分である．そこで

$$\boldsymbol{k}=\boldsymbol{k}'+\varDelta\boldsymbol{k}$$

と置き，$\omega$ を $\boldsymbol{k}'$ の付近で Taylor 展開すると

$$\omega(\boldsymbol{k})=\omega'+\{\nabla_{k'}\omega(\boldsymbol{k}')\}\cdot\varDelta\boldsymbol{k}+\cdots\cdots \qquad (12.24)$$

ただし，$\nabla_k=\boldsymbol{a}_x\partial/\partial k_x'+\boldsymbol{a}_y\partial/\partial k'_y+\boldsymbol{a}_z\partial/\partial k'_z$

包絡線の変化が搬送波の変化に比べて非常に遅いときは $|F(\boldsymbol{k}'+\varDelta\boldsymbol{k})|$ は $\varDelta\boldsymbol{k}$ の増加と共に急激に 0 に近づくので式 (12.24) で $\varDelta\boldsymbol{k}$ の 2 乗以上の項は無視できる．したがって式 (12.23) は

$$f(\boldsymbol{r},\ t)\fallingdotseq e^{j(\omega' t-\boldsymbol{k}'\cdot\boldsymbol{r})}\iiint_{-\infty}^{\infty} F(\boldsymbol{k}'+\varDelta\boldsymbol{k})e^{j\{\nabla_{k'}\omega(\boldsymbol{k}')t-\boldsymbol{r}\}\cdot\varDelta\boldsymbol{k}}d(\varDelta\boldsymbol{k}) \qquad (12.25)$$

となる．上式で積分の前の項は搬送波であるから，包絡線の方程式は

$$g(\boldsymbol{r},t)=\iiint_{-\infty}^{\infty} F(\boldsymbol{k}'+\varDelta\boldsymbol{k})e^{j\{\nabla_{k'}\omega(\boldsymbol{k}')t-\boldsymbol{r}\}\cdot\varDelta\boldsymbol{k}}d(\varDelta\boldsymbol{k})$$

$$=g\,[\nabla_{k'}\omega(\boldsymbol{k}')t-\boldsymbol{r}] \qquad (12.26)$$

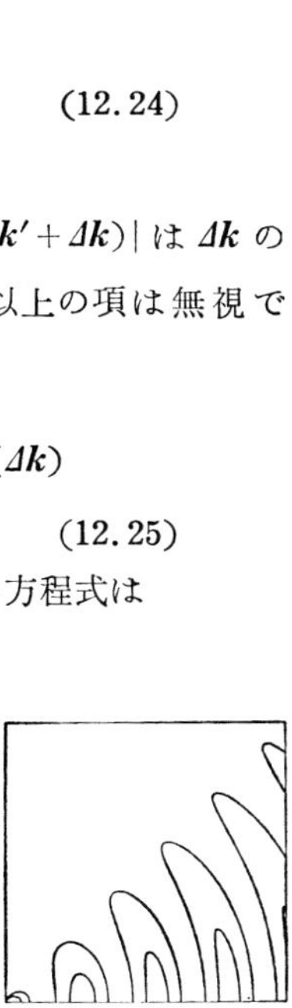

で与えられることになる．この包絡線は $\nabla_{k'}\omega(\boldsymbol{k}')t-\boldsymbol{r}$ を変数とする関数であるから，包絡線の移動速度，つまり群速度は

$$\boldsymbol{V}_g=\nabla_k\omega(\boldsymbol{k})=\boldsymbol{a}_x\frac{\partial\omega}{\partial k_x}+\boldsymbol{a}_y\frac{\partial\omega}{\partial k_x}+\boldsymbol{a}_z\frac{\partial\omega}{\partial k_z} \qquad (12.27)$$

で与えられる．

本節の場合には $\boldsymbol{V}_g$ は電力流の方向を向いている．

## 12.4 非旋光性双軸媒質

主屈折率 (12.6) がすべて異なる媒質を双軸性という．この場合，対称軸はなく，式 (12.17) は一般形のまま扱う以外になく，成分で書くと

$$\begin{cases}(k_y^2+k_z^2-n_1^2k_0^2)E_{0x}-k_xk_yE_{0y}-k_xk_zE_{0z}=0\\ -k_yk_xE_{0x}+(k_z^2+k_x^2-n_2^2k_0^2)E_{0y}-k_yk_zE_{0z}=0\\ -k_zk_xE_{0x}-k_yk_zE_{0y}+(k_x^2+k_y^2-n_3^2k_0^2)E_{0z}=0\end{cases} \qquad (12.28)$$

この式は複雑であるから，一般の解について述べることはやめ，$\boldsymbol{k}$ が三つの主軸に垂直な平面のどれかに平行である場合だけを考えよう．たとえば，式 (12.18) の条件の下では，式 (12.19) の第 1，第 3 式中の $n_0$ と $n_e$ を $n_1$ と $n_3$ に置き換え，第 2 式の $n_0$ を $n_2$ で置き換えたものが式 (12.28) である．残り

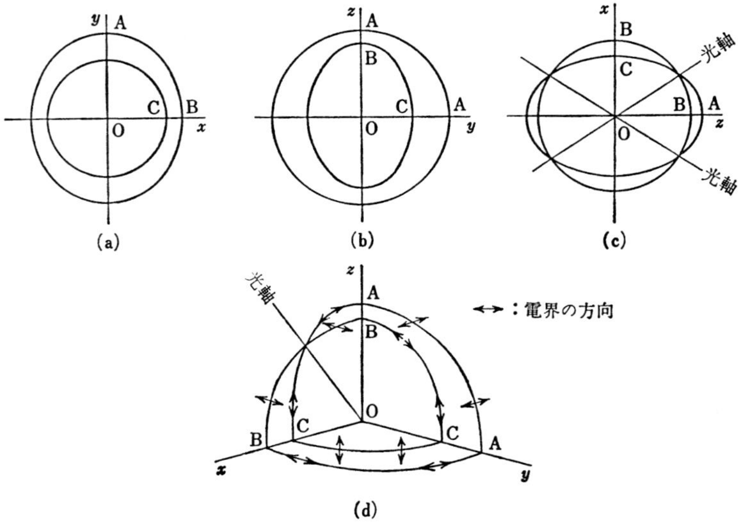


図 12.5 双軸媒質の伝搬ベクトル面

の二つの平面に対する方程式は $(x, y, z)$, $(1, 2, 3)$ を巡回置換して得られる．

主屈折率が式 (12.8) の不等式を満足するとき，三つの平面内の伝搬ベクトルの端点の軌跡はそれぞれ図 12.5 の (a), (b), (c) となる．いずれも一つの円と一つの楕円から成り立っていて，OA, OB, OC の長さは，それぞれ $n_1k_0$, $n_2k_0$, $n_3k_0$ に等しい．$x$-$y$ 平面上の四つの交点が，2本の光軸を定義する．図 (d) は上の結果を3次元的に画いたもので，伝搬ベクトル面の1/8と基本波の電界の方向が画かれている．

上で考察した場合以外の伝搬方向では常に $k' \neq k''$ で，二つの基本波の偏波方向は互いに垂直である[(1)]．

## 12.5 境界面における複屈折

一方または両方が複屈折体であるとき，境界面における反射と屈折の問題は，単屈折体の場合と同様な境界条件を用いて解くことができる．しかし，Fresnel の関係に当る式は，導出が複雑だから，ここでは Snell の法則に当るものだけを考えよう．

まず，入射波は屈折率 $n$ の単屈折体中にあるものとする．入射波の伝搬ベクトル $\boldsymbol{k}_i$ は，$nk_0$ の大きさをもち，境界面の単位垂線ベクトル $\boldsymbol{\nu}$ と共に，入射面を定義する．反射波の伝搬ベクトル $\boldsymbol{k}_r$ の大きさは，やはり $nk_0$ であり，透過波は，伝搬ベクトルがそれぞれ $\boldsymbol{k}'$, $\boldsymbol{k}''$ の二つの基本波の和で表わされる．$k'$, $k''$ は図 12.5 の伝搬ベクトル面で決められる大きさをもつ．境界条件を満足するためには，単屈折の場合と同様，次の関係が成り立たなければならない．

$$\boldsymbol{k}_i \times \boldsymbol{\nu} = \boldsymbol{k}_r \times \boldsymbol{\nu} = \boldsymbol{k}' \times \boldsymbol{\nu} = \boldsymbol{k}'' \times \boldsymbol{\nu} \qquad (12.29)$$

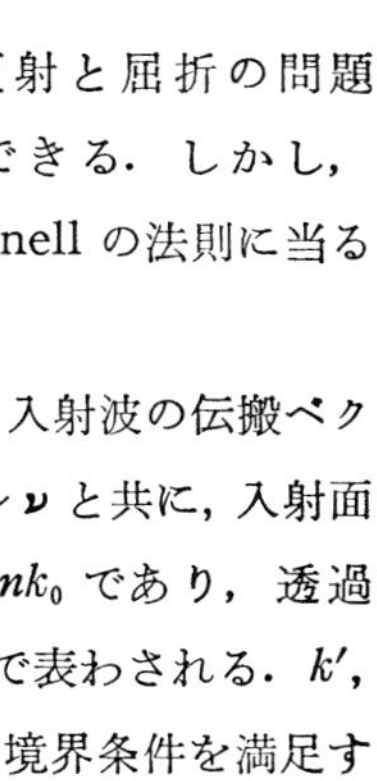

ただし，全反射は起きていないものと仮定する．明らかに，すべての伝搬ベクトルは同一平面上にある．

式 (12.29) から，反射角は入射角に等しい．$\boldsymbol{k}'$ と $\boldsymbol{k}''$

(1) 参考図書(11) の第6章参照

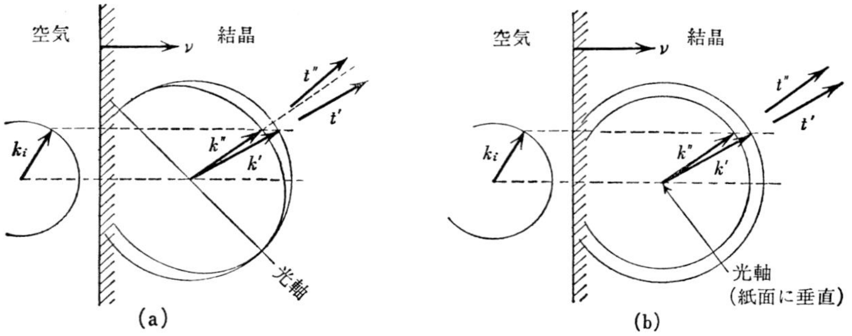


**図 12.6** 単軸負結晶中の透過波の伝搬ベクトルの定め方

の決め方の例を図 12.6 に示す．この図は負結晶の場合で，光軸が入射面に平行なときと，垂直のときとが示されている．光軸がこれ以外の方向のときや，双軸結晶の場合も，図はやや複雑になるが，原理は同じである．

これからわかるように透過波は一般に，伝搬ベクトルが異なる方向を向く二つの基本波の和で与えられる．入射波の偏波方向が特別な方向にあると基本波のいずれか一方が 0 となる．このような偏波方向は二つあり，図12.6のように光軸が入射面に平行か，垂直の場合には，TE 波と TM 波がこれに当る．

以下，1 軸結晶だけを考えよう．正常波の伝搬ベクトル面は球面であるから，正常波に対しては Snell の法則

$$n\sin\theta_1 = n_0 \sin\theta_2$$

が常に成り立つ．ところが，異常波の伝搬ベクトル面は，回転楕円体だから，一定の屈折率で表わされるような Snell の法則は成り立たない．

$\boldsymbol{k}'$, $\boldsymbol{k}''$ の端点において，伝搬ベクトル面に垂直に引かれた単位ベクトル $\boldsymbol{t}'$, $\boldsymbol{t}''$ は基本波の Poynting ベクトルの方向を示す．$\boldsymbol{t}'$ と $\boldsymbol{k}'$ は常に同一方向を向き，$\boldsymbol{t}''$ と $\boldsymbol{k}''$ は特別な場合を除き異方向を向く．光軸が入射面に平行でも垂直でもない場合は $\boldsymbol{t}''$ は入射面内にない．

## 12.6 等方旋光性媒質

等方性で旋光性をもつ媒質は，式（12.13）で特性づけられている．これは，式（12.15）の形の平面波に対しては式（12.11）となるので，式（12.17）に代入してデカルト座標で表わすと，（特定の軸が存在しないので，$\boldsymbol{k}$ 方向を $z$ 軸に選べば）

$$\begin{cases} (k^2-n^2k_0{}^2)E_{0x}-jb'k_0{}^2E_{0y}=0 \\ +jb'k_0{}^2E_{0x}+(k^2-n^2k_0{}^2)E_{0y}=0 \\ n^2k_0{}^2E_{0z}=0 \end{cases} \tag{12.30}$$

ただし，$n^2 \triangleq \varepsilon/\varepsilon_0$，$b' \triangleq kb/\varepsilon_0$．上式から $E_{0z}=0$ となり，$\boldsymbol{D}$，$\boldsymbol{H}$ と同様に $\boldsymbol{E}$ も $\boldsymbol{k}$ に垂直である．式（12.30）の係数行列式を 0 と置いて，分散式

$$[k^2-(n^2+b')k_0{}^2][k^2-(n^2-b')k_0{}^2]=0 \tag{12.31}$$

が求まり，この式の根は

$$k'=k_0(n^2+b')^{1/2},\quad k''=k_0(n^2-b')^{1/2} \tag{12.32}$$

$k'$ と $k''$ の値が違うから，複屈折の現象が起こる．

$k'$ の値を式（12.30）に代入すると

$$E_{0y}'=+jE_{0x}' \tag{12.33}$$

となる．したがって，$k'$ に対応する基本波は右回り円偏波である．同様に $k''$ に対応する基本波は左回り円偏波で

$$E_{0y}''=-jE_{0x}'' \tag{12.34}$$

の関係がある．

このような媒質中を直線偏波光が進行すると，進行にしたがって偏波面が回転する．この性質を旋光性という．直線偏波光は，等振幅の基本波の和で表わされ，特に $z=0$ で電界が $x$ 方向にある直線偏波光の電界は

$$\begin{cases} E_x=(E_0/2)(e^{-jk'z}+e^{-jk''z}) \\ E_y=(jE_0/2)(e^{-jk'z}-e^{-jk''z}) \end{cases} \tag{12.35}$$

で与えられる.

普通，$b' \ll n^2$ だから $k' \fallingdotseq nk_0+\rho$，$k'' \fallingdotseq nk_0-\rho$ ($\rho \triangleq k_0 b'/n$) と書くことができ

$$\begin{cases} E_x = E_0 \cos(\rho z) e^{-jnk_0} \\ E_y = +E_0 \sin(\rho z) e^{-jnk_0} \end{cases} \tag{12.36}$$

となる．これは直線偏波であるが，偏波面が $x$ 軸に対して $+\rho z$〔rad〕だけ傾いている．すなわち，$z$ 方向に進むにつれて偏波面が回転してゆく．偏波面の回転方向は，$\rho$ が正ならば右巻き，$\rho$ が負ならば左巻きである．$\rho$ は単位距離当りの回転面で，たとえば 100〔g〕の水に $d$〔g〕の砂糖を含む砂糖水では $\rho=+0.116d$〔rad/cm〕($\lambda_0=5\,893$ Å) である.

## 12.7　Faraday 効果

静磁界中に置れた等方性媒質中を，直線偏波が磁界の方向に進むにつれて，偏波面が回転してゆく現象を **Faraday 効果** (Faraday effect) という．この現象は，旋光性媒質中を光が進むときに起こる現象と似ているが，Faraday 効果の場合，電波が磁界の方向に進むとき左旋性であるが，逆に進むときは右旋性になる点が大切な相違点である.

Faraday 効果は，静磁界中で強制振動させられている電子を考えることにより古典的に説明できる．そこで，電荷 $-e$，質量 $m$ の 1 個の電子が，弾性的に結合している，共振周波数 $\omega_0$ の Lorentz 原子を考えよう．この原子が，周波数 $\omega$，振幅 $\boldsymbol{E}_0$ の正弦波電界により強制振動させられるとすれば，静磁界がないときの運動方程式は式 (2.8) である．静磁界 $\boldsymbol{B}$ が存在すると，Lorentz の力が作用し，放射などによる損失項を無視すれば，運動方程式は

$$\ddot{\boldsymbol{s}} + \omega_0{}^2 \boldsymbol{s} + \frac{e}{m} \dot{\boldsymbol{s}} \times \boldsymbol{B} = -\frac{e}{m} \boldsymbol{E}_0 e^{j\omega t} \tag{12.37}$$

$z$ 軸を $\boldsymbol{B}$ の方向に選んでデカルト座標成分で書くと

$$\left\{ (\omega^2-\omega_0{}^2) s_x + j2\omega_L \omega s_y = -\frac{e}{m} E_x \right.$$

$$\left\{\begin{array}{l} -j2\omega_L\omega s_x+(\omega^2-\omega_0^2)s_y=-\dfrac{e}{m}E_y \\ (\omega^2-\omega_0{}^2)s_z=-\dfrac{e}{m}E_z \end{array}\right. \quad (12.38)$$

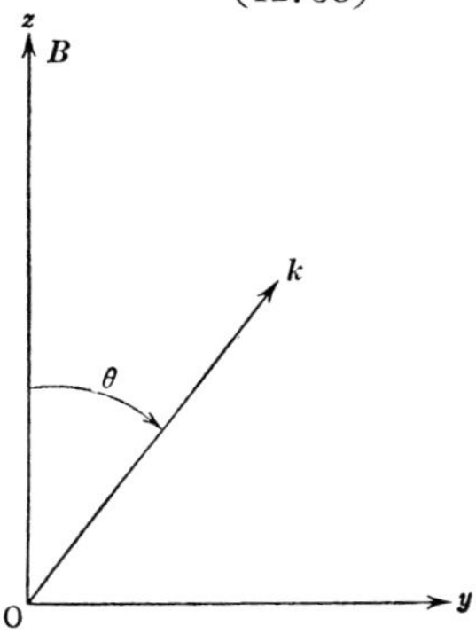

図 12.7

ただし，$\omega_L \triangleq eB/2m$ で **Lamor** 周波数（Lamor frequency）と呼ばれる．

単位体積中の原子数を $N$ とすると

$$\boldsymbol{D}=\varepsilon_0\boldsymbol{E}+(-e\boldsymbol{s})N \quad (12.39)$$

であり，式 (12.38) より $\boldsymbol{s}$ を求めて代入すると

$$\boldsymbol{D}=\varepsilon_0[K_{ij}]\boldsymbol{E} \quad (12.40)$$

ただし

$$\left\{\begin{array}{l} K_{11}=K_{22}=\left[1-\dfrac{\omega_p{}^2(\omega^2-\omega_0{}^2)}{(\omega^2-\omega_0{}^2)^2-(2\omega_L\omega)^2}\right] \\ K_{12}=-K_{21}=j\dfrac{2\omega_p{}^2\omega_L\omega}{(\omega^2-\omega_0{}^2)^2-(2\omega_L\omega)^2} \\ K_{33}=\left(1-\dfrac{\omega_p{}^2}{\omega^2-\omega_0{}^2}\right) \end{array}\right. \quad (12.41)$$

ここで $\omega_p \triangleq (Ne^2/m\varepsilon_0)^{1/2}$ で，プラズマ周波数（plasma frequency）と呼ばれる．

式 (12.40) を式 (12.17) に代入すれば基本波が求まる．一般性をそこなうことなく $\boldsymbol{k}$ が $y$-$z$ 面にあると考えてよい．図 12.7 のように，$\boldsymbol{B}$ と $\boldsymbol{k}$ の角を $\theta$ とし，式 (12.17) を成分で書くと

$$\left\{\begin{array}{l} (k^2-k_0{}^2K_{11})E_x-(k_0{}^2K_{12})E_y=0 \\ -k_0{}^2K_{21}E_x+(k^2\cos^2\theta-k_0{}^2K_{22})E_y-k^2\cos\theta\sin\theta\,E_{0z}=0 \\ \qquad -k^2\cos\theta\sin\theta\,E_y+(k^2\sin^2\theta-k_0{}^2K_{33})E_{0z}=0 \end{array}\right. \quad (12.42)$$

したがって，分散式は

$$\begin{vmatrix} k^2-k_0{}^2K_{11} & -k_0{}^2K_{12} & 0 \\ -k_0{}^2K_{21} & k^2\cos^2\theta-k_0{}^2K_{22} & -k^2\sin\theta\cos\theta \\ 0 & -k^2\sin\theta\cos\theta & k^2\sin^2\theta-k_0{}^2K_{33} \end{vmatrix}=0 \quad (12.43)$$

ここで

$$K_1 \triangleq K_{11}+jK_{12},\quad K_2=K_{11}-jK_{12},\quad K_3 \triangleq K_{33}$$

と定義すると，式（12.43）は次式となる．

$$-\tan^2\theta=\frac{\left(\dfrac{k_0{}^2}{k^2}-\dfrac{1}{K_1}\right)\left(\dfrac{k_0{}^2}{k^2}-\dfrac{1}{K_2}\right)}{\left(\dfrac{k_0{}^2}{K^2}-\dfrac{1}{K_3}\right)\left(\dfrac{k_0{}^2}{k^2}-\dfrac{1}{2}\left[\dfrac{1}{K_1}+\dfrac{1}{K_2}\right]\right)} \tag{12.44}$$

この式は $\theta$ 方向の屈折率 $k/k_0$ を決める．

$\boldsymbol{B}$ 方向に伝わる波に対しては $\cos\theta=1$, $\sin\theta=0$ だから，式（12.42）は式（12.30）と全く同じ形になり（$K_{12}$ が純虚数であることに注意），旋光性を生ずることがわかる．これが Faraday 効果である．基本波は，左回りと右回りの円偏波で，それぞれの屈折率は式（12.44）から

$$\begin{cases}\dfrac{k'}{k_0}=n_L=\left(1-\dfrac{\omega_p{}^2}{\omega^2-\omega_0{}^2-2\omega_L\omega}\right)^{1/2}\\[2ex]\dfrac{k''}{k_0}=n_R=\left(1-\dfrac{\omega_p{}^2}{\omega^2-\omega_0{}^2+2\omega_L\omega}\right)^{1/2}\end{cases} \tag{12.45}$$

で与えられる．したがって偏波面の単位長当りの回転角は

$$\rho=(k'-k'')/2 \tag{12.46}$$

で与えられ $\omega_L \ll \omega$ のとき，つまり弱い $\boldsymbol{B}$ の場合には $\boldsymbol{B}$ に比例する．

なお，本節の式で $\omega_0=0$ と置けばプラズマの場合となる．

# 第 13 章

# ホログラフィー

## 13.1 まえがき

1948年 Dennis Gabor (英) は, wave front reconstraction と称するレンズを使わない巧妙な映像再現法を提案した. Gabor は目的物によって散乱された光と, これと可干渉な適当な補助光を重畳すると, 散乱波の振幅だけでなく位相についての情報も同時に写真フィルム上に記録できることに気づき, 更にこのようにして作られたフィルム上の干渉図形 (これを彼はホログラム[1]と呼んだ) から元の目的物の像が再現できることを示した.

現在, ホログラフィー (holography) と呼ばれているこの映像再現法は, 初期にはあまり注目されなかったが, レーザーなどの発展にともない, 現在では重要な映像再現技術の一つとなっている.

(1) ホログラム holo-gram = total recording.

## 13.2 原 理

**振幅と位相の記録** ホログラフィーは，記録と再現という二つの操作から成り立っている．まず記録について考えよう．

ホログラフィーは，散乱波の波面を再現する技術であるから，散乱波の振幅と位相に関する情報を記録することが必要である．しかし，写真フィルムをはじめとするすべての記録媒体は，光の強さだけを記録できるだけである．したがって，位相情報を記録するためには，位相情報を振幅の変化に変換することが必要である．これを行なう標準的な方法は干渉法であり，振幅と位相が既知の可干渉な補助波（これを**参照波** reference wave という）を目的とする散乱波に加えてやる（図 13.1）．

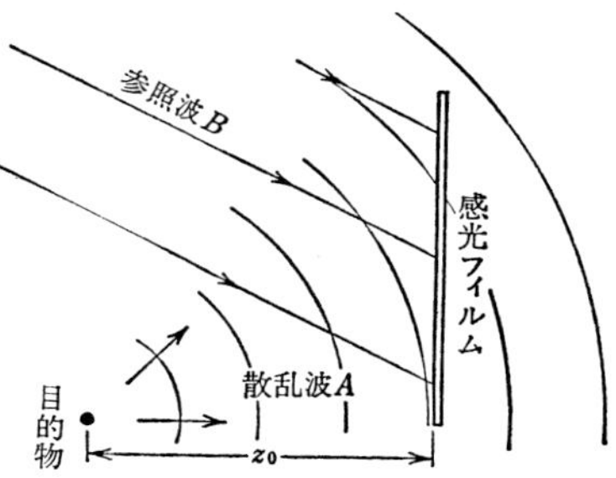


図 13.1 ホログラムの作製

すると合成波の振幅は，もとの散乱波の振幅と位相によって決められる．すなわち，散乱波

$$A(x, y, z)=|A(x, y, z)|\exp[-j\phi(x, y, z)] \tag{13.1}$$

に参照波

$$B(x, y, z)=|B(x, y, z)|\exp[-j\psi(x, y, z)] \tag{13.2}$$

を加えると，合成波の強度は

$$I(x, y, z)=|A|^2+|B|^2+2|AB|\cos(\phi-\psi) \tag{13.3}$$

となり，第 1 項と第 2 項は二つの波の振幅だけで決まるが，第 3 項は両者の位相差にも関係する．このようにして，散乱波 $A(x, y, z)$ の振幅と位相に関する情報が写真フィルム上に記録できる．この干渉図形の記録を**ホログラム**という．参照波 $B(x, y, z)$ に要求される性質については後で述べる．

現像された写真フィルムに光を投射したとき，光の振幅透過率は，感光時の

光の強さと

$$h(x,\ y)=h_0+bI(x,\ y) \tag{13.4}$$

なる直線関係にあるものとする．ここで

$$h(x,\ y)=\frac{\text{フィルムの}\ (x,\ y)\ \text{点を透過する光の振幅}}{\text{フィルムの}\ (x,\ y)\ \text{点に入射する光の振幅}} \tag{13.5}$$

であり，$h_0$，$b$ はフィルムの性質と露出時間に関係する定数，$I$ は感光時の光の強さである．

したがって，式 (13.3) の合成波によって感光されたフィルムの透過率は

$$h(x,\ y)=h_0+b(|A|^2+|B|^2+AB^*+A^*B) \tag{13.6}$$

ここで，参照波の振幅を一定と仮定すると，ホログラムの透過率は

$$h(x,\ y)=h_0'+b(|A|^2+AB^*+A^*B) \tag{13.7}$$

となる．

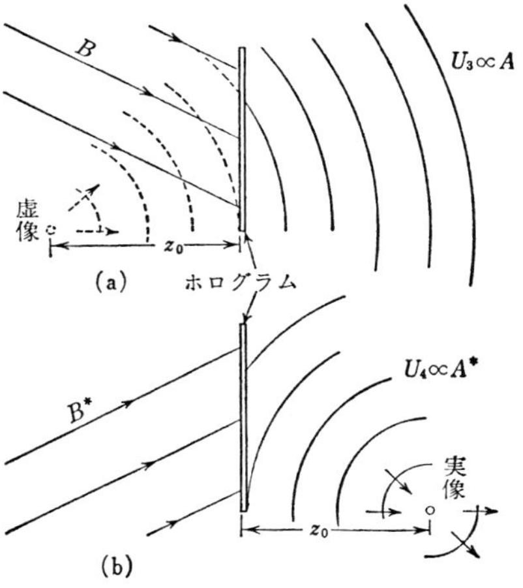


図 13.2 ホログラムによる映像の再現

**波面と映像の再現**　ホログラムに再現用の光 $B'(x,\ y)$ を照射すれば（図 13.2)，透過光は

$$\begin{cases} B'(x,\ y)h(x,\ y)=U_1+U_2+U_3+U_4 \\ U_1=h_0B',\quad U_2=b|A|^2B' \\ U_3=bB^*B'A,\quad U_4=bBB'A^* \end{cases} \tag{13.8}$$

となる．もし $B'$ が参照波 $B$ に等しければ，第 3 項は

$$U_3=b|B|^2A(x,\ y) \tag{13.9}$$

となる．参照波の強さ $|B|^2$ は一定であると仮定したので，$U_3(x,\ y)$ は定数を除いて，散乱波 $A(x,\ y)$ と全く同じである．したがって，Huygens-Kirchhoff-Sommerfeld

の理論により，$U_3(x,\ y)$ により $z>0$ に作られる波 $U_3(x,\ y,\ z)$ は $A(x,\ y,\ z)$ と同じであり，図 13.2 (a) のようにわれわれは散乱物体の虚像を見ることができる．$B'$ を $B^*$ に等しくとれば図 13.2 (b) のように実像をうる．

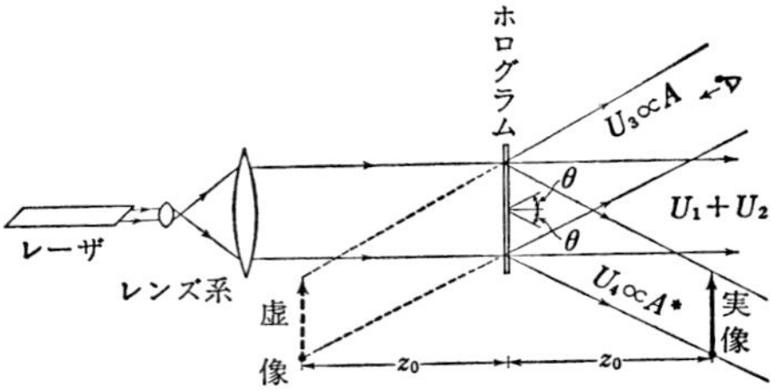

(b) ホログラムによる映像の再現

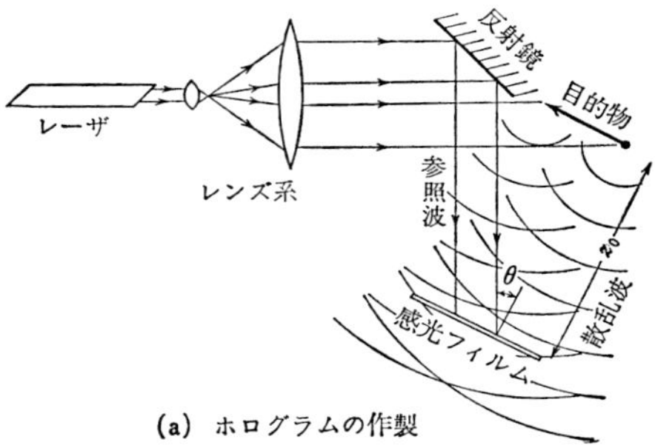

(a) ホログラムの作製

図 13.3 斜角参照波ホログラフィー

もちろん，$U_3$ あるいは $U_4$ だけを取り出すには多少の工夫が必要であって，図 13.3 に一つの方法を示してある．これは，Leith-Upatnieks のホログラフィーまたは斜角参照波ホログラフィー (offset reference holography) と呼ばれる方法である．ホログラムを作るには，レーザとレンズ系とで平行光線をつくる．その一部は目標物を照らし，他の部分は鏡で反射され，フィルムに $\theta$ なる角で入射する参照波となる．フィルム上の光の振幅は

$$U(x,\ y)=A(x,\ y)+B_0\exp(-jk_y y) \qquad (13.10)$$

ただし $k_y=(2\pi/\lambda)\sin\theta$

したがって光の強度は

$$I(x,\ y)=B_0^2+|A|^2+B_0A\exp(jk_y y)+B_0A^*\exp(-jk_y y) \qquad (13.11)$$

ホログラムの透過率は

$$h(x,\ y)=h_0+b(B_0^2+|A|^2+B_0Ae^{jk_y y}+B_0A^*e^{-jk_y y}) \qquad (13.12)$$

となる．このホログラムを図 (b) のように振幅 $B_0$ の垂直入射波で照射すると，透過光は

$$U(x,\ y)=U_1+U_2+U_3+U_4$$

$$\begin{cases} U_1 = B_0(h_0 + b|B_0|^2), & U_2 = bB_0|A|^2 \\ U_3 = bB_0{}^2 A e^{jk_y y}, & U_4 = bB_0{}^2 A^* e^{-jk_y y} \end{cases} \tag{13.13}$$

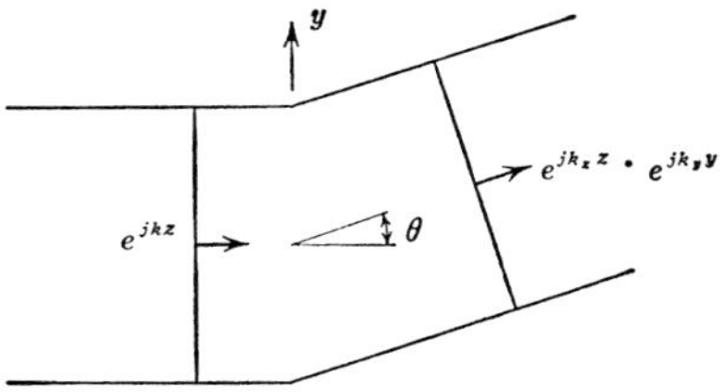

図 13.4 波面の屈折

$U_1$ は入射波がそのまま弱って出てきたものにすぎない．$U_2$ は入射波が $|A(x, y)|^2$ に比例して弱められて出てきたものであり，主として $z$ 方向に進む(多少 $x$, $y$ 方向に広がるが)，$U_3$ は $\exp(jk_y y)$ がなければ，$A(x, y)$ と同じ分布であり，$z=-z_0$ にある散乱体の虚像から散乱された光分布を生ずる．$\exp(jk_y y)$ は虚像の位置を $z$ 軸から角 $\theta$ だけずらせる作用をする．(図 13.3 (b))．このことは図 13.4 から明らかであろう．$U_4$ は $\exp(-jk_y y)$ を除けば $A^*(x, y)$ に比例する．$A(x, y, z)\exp(j\omega t)$ は，散乱体から発散する波であり，この散乱波の時間を逆転した $A(x, y, z)\exp(-j\omega t)$ は散乱体に収束してゆく波を表わしている．物理的に意味のあるのは $\mathrm{Re}[A(x, y, z)\exp(-j\omega t)] = \mathrm{Re}[A^*(x, y, z)\exp(j\omega t)]$ であるから，$A(x, y, z)\exp(-j\omega t)$ と $A^*(x, y, z)\exp(j\omega t)$ は物理的に同じ内容をもつ．したがって時間変化を常に $\exp(j\omega t)$ と書くことにすれば，$A(x, y, z)$ は目標物からの散乱波，$A^*(x, y, z)$ はこの散乱波を逆向きにした収束波である．しかし，フィルム面 ($z=0$) で $A^*(x, y, 0)$ の値をとる波のフィルム面外における値は $A^*(x, y, z)$ でもあり得るし，$A^*(x, y, -z)$ でもありうる．両者の唯一の違いは，フィルム面から見て，前者は $-z$ 方向に進み，後者は $+z$ 方向に進むことで，両者は鏡像となっている．$U_4$ は $+z$ 方向に進む波を表わしているので，フィルム面から $+z_0$ だけ離れた位置に目標物の実像を作る．そして $\exp(-jk_y y)$ の効果は，実像の位置を $\theta$ だけ傾けることであるから図 13.3 (b) のようになる．それゆえ，$U_3$ のみが到達する位置に目を置けば，目標物の虚像だけが再現されてみえる．

# 第 14 章

# 相対論的電磁気学

## 14.1 ま え が き

19 世紀には物理学を支配する根本的法則が二つ知られていた．一つは真空中の質点運動に関する Newton の法則，他の一つは真空中の電磁界に関する Maxwell の方程式である．

Newton の法則は，一つの惰性系 $K(x, y, z, t)$ において，運動方程式

$$m\frac{d^2\boldsymbol{r}}{dt^2}=\boldsymbol{F} \tag{14.1}$$

が成り立つことである．この惰性系は一つだけでなく，一つの惰性系 $K(x, y, z, t)$ に対して，たとえば $+z$ 方向に一定速度 $v$ で動いている座標系 $K'(x', y', z', t')$ も惰性系であり

$$x'=x,\ \ y'=y,\ \ z'=z-vt,\ \ t'=t \tag{14.2}$$

の関係がある．式 (14.2) の座標変換を **Galilei 変換** (Galilean transformation) という．Newton 力学では，質量と力は Galilei 変換で変わらないと考えているので，式 (14.1) の法則はガリレイ変換に対して不変となり，新しい惰性系 $K'$ での運動方程式も全く同じ形で

$$m'\frac{d^2\boldsymbol{r}'}{dt'^2}=\boldsymbol{F}' \tag{14.3}$$

が成り立つ．これを Newton 力学の Galilei 変換に対する不変性という．

これに反して，Maxwell の方程式は Galilei 変換に対して不変ではない．このことは真空中の Maxwell の方程式から導びかれる光の波動方程式

$$\frac{\partial^2\varphi}{\partial x^2}+\frac{\partial^2\varphi}{\partial y^2}+\frac{\partial^2\varphi}{\partial z^2}-\frac{1}{c^2}\frac{\partial^2\varphi}{\partial t^2}=0 \tag{14.4}$$

が Galilei 変換に対して不変でないことからわかる．すなわち Galilei 変換 (14.2) を行なうと $\partial/\partial x=\partial/\partial x'$, $\partial/\partial y=\partial/\partial y'$, $\partial/\partial z=0/\partial z'$ であるが，$\partial/\partial t=(\partial/\partial t')(\partial t'/\partial t)+(\partial/\partial z')(\partial z'/\partial t)=\partial/\partial t'-v\partial/\partial z'$ だから，式 (14.4) は

$$\frac{\partial^2\varphi}{\partial x'^2}+\frac{\partial^2\varphi}{\partial y'^2}+\left(1-\frac{v^2}{c^2}\right)\frac{\partial^2\varphi}{\partial z'^2}+\frac{2v}{c^2}\frac{\partial^2\varphi}{\partial z'\partial t'}-\frac{1}{c^2}\frac{\partial^2\varphi}{\partial t'^2}=0 \tag{14.5}$$

となり，式 (14.4) と同じ形にならない．そして式 (14.5) の解で $z'$ 方向に進む平面波 $\varphi=\exp j\omega'(t'-z'/u)$ の伝搬速度 $u$ を求めると $u=v\pm c$ となって真空中の光速 $u$ が惰性系の速度 $v$ に依存して変わることになる．Michelson と Morley は有名な干渉実験（1887 年～）で，この光速の変化を検出しようとしたが，このような変化は発見できなかった．そこで Einstein はすべての惰性系で Maxwell の式が同じ形になるべきであると考えた．そうすると惰性系 $K'$ においても光は式 (14.4) と同じ波動方程式

$$\frac{\partial^2\varphi}{\partial x'^2}+\frac{\partial^2\varphi}{\partial y'^2}+\frac{\partial^2\varphi}{\partial z'^2}-\frac{1}{c^2}\frac{\partial^2\varphi}{\partial t'^2}=0 \tag{14.6}$$

を満足し，光の速度は惰性系に無関係に常に一定値 $c$ となる筈である．そして，このためには $(x, y, z, t)$ と $(x', y', z', t')$ は式 (14.2) の Galilei 変換と違う変換式によって結ばれなければならない．

惰性系 $K$ で等速運動している質点は，惰性系 $K'$ においても等速運動している筈であるから $(x, y, z, t)$ と $(x', y', z', t')$ の関係は線形でなければならない．Einstein は波動方程式を不変に保つ線形変換は

$$\begin{cases} x'=x, \quad y'=y \\ z'=\gamma(z-vt), \quad t'=\gamma\left(t-\dfrac{v}{c^2}z\right) \\ \gamma \triangleq 1/\sqrt{1-\beta^2}, \quad \beta \triangleq \dfrac{v}{c} \end{cases} \tag{14.7}$$

であることを証明した（ただし，本節ではすべて $x=y=z=t=0$ のとき $x'=y'=z'=t'=0$ となるように座標系を定義し，$K'$ 系は $K$ 系に対し $+z$ 方向に速度 $v$ で動いているものと仮定している）．式 (14.7) の変換は **Lorentz 変換** (Lorentz transformation) と呼ばれている．

相対速度 $v$ が光速 $c$ に比べて非常に小さいとき（日常起こるほとんどの場合）は $(v/c)^2$ の項を省略できるから Lorentz 変換 (14.7) は Galilei 変換 (14.2) と一致する．

一般には Lorentz 変換と Galilei 変換は異なるので，20 世紀初めの物理学者はいずれの変換を採用すべきかという決断を求められた．Newton 力学が正しく，その不変性を要求するならば Galilei 変換を採用しなければならず，そのとき Maxwell の式は不変でなくなってしまう．これに対して，Maxwell の電磁法則が正しく，その不変性を要求すれば Lorentz 変換を採用し，Newton の方程式を変更しなければならない．20世紀の物理学は後者の道を選んだ．そしてこのことはその後のあらゆる物理実験により支持されてきたのである．

Lorentz 変換を採用することにより Newton 力学のみならず，従来の物理概念全体が著しく変更され，特殊相対論 (special theory of relativity) という新しい物理体系が構成された．

## 14.2　同　　時　　性

Newton 力学においては，一つの座標系で同時に起きた出来事は，他の座標系から見ても同時であった．Lorentz 変換を採用すると，このことは一般に成り立たなくなる．

これを説明するために，二つの出来事 $P_1$ と $P_2$ を考えよう．$K$ 系から見た

座標を $(x_1, y_1, z_1, t_1)$，$(x_2, y_2, z_2, t_2)$，$K'$ 系から見た座標を $(x_1', y_1', z_1', t_1')$，$(x_2', y_2', z_2', t_2')$ とすると

$$t_1=\gamma[t_1'+(v/c^2)z_1']$$
$$t_2=\gamma[t_2'+(v/c^2)z_2']$$

の関係があるから

$$t_2-t_1=\gamma[(t_2'-t_1')+(v/c^2)(z_2'-z_1')] \tag{14.8}$$

いま $K'$ 系で $P_1$ と $P_2$ が同時に起きたとすれば，$t_1'=t_2'$ であるが，このとき $z_1'\neq z_2'$ なら $t_2-t_1\neq 0$ である．このことは $K'$ 系で同時に起きた出来事 $P_1$，$P_2$ を $K$ 系で観測すると必ずしも同時でないことを意味する．

逆に $t_1'\neq t_2'$ でも適当な $v$ を選べば，$t_2=t_1$ とすることができる．それには

$$c|t_2'-t_1'|<|z_2'-z_1'| \tag{14.9}$$

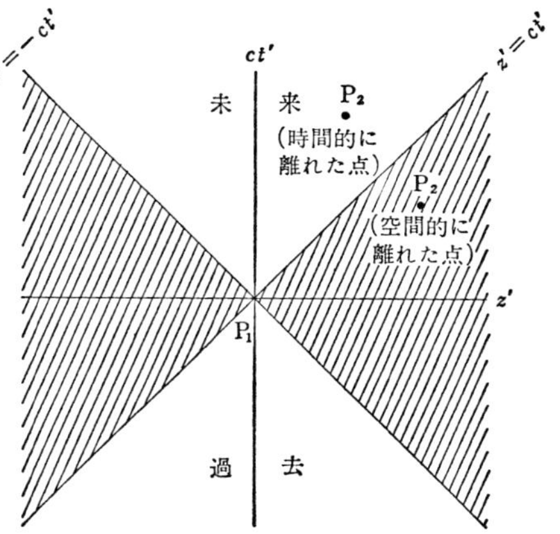


図 14.1 空間的領域と時間的領域

の条件が成り立っていればよい（図 14.1 の斜線領域）．しかし，この場合，どんな $v$ を選んでも $z_2'=z_1'$ とすることはできないので，二つの出来事 $P_1$，$P_2$ は空間的に離れているという．

これに対して

$$c(t_2'-t_1')>|z_2'-z_1'|>0 \tag{14.10}$$

ならば，いかなる $v$ に対しても $c(t_2-t_1)>0$ となるので，$P_1$ は $P_2$ より先に起きたということができる．また

$$c(t_2'-t_1')<-|z_2'-z_1'|<0 \tag{14.11}$$

ならば常に $c(t_2-t_1)<0$ となり，$P_1$ は $P_2$ の後に起きたといえる．それで式 (14.10) を満足する領域を $P_1$ に対す

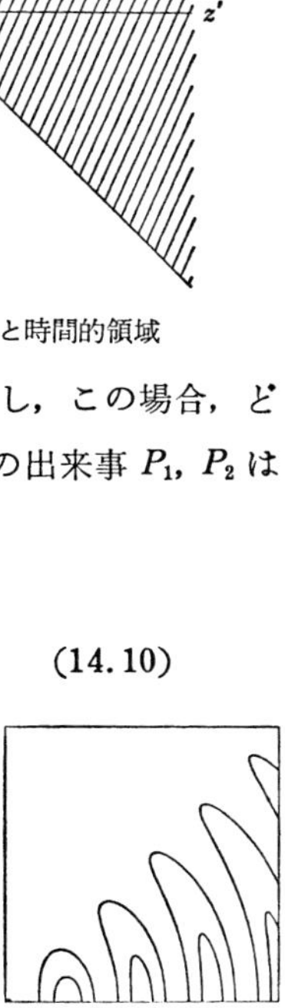

る**未来領域**，式 (14.11) を満足する領域を**過去領域**という．そして，式(14.10) または式 (14.11) の関係にある二つの出来事は時間的に離れているという．たとえば，$P_1$ が原因，$P_2$ が結果であるとすると，$P_2$ はかならず $P_1$ の未来領域になければならない．未来領域にある点には情報が送れるが，それ以外の点には送れない(1)．

図 14.1 の $z=\pm ct$ という直線は，Lorentz 変換で不変だから，過去領域，未来領域は Lorentz 変換で不変であり，したがって，因果関係も Lorentz 変換で不変である．すなわち，ある惰性系で $P_1$ が原因，$P_2$ が結果ならば，すべての惰性系で $P_1$ が原因，$P_2$ が結果である．

式 (14.8) の特別な場合として，$t_1'=t_2'$，$z_1'=z_2'$ ならば $t_1=t_2$，つまり，ある系の同一地点で同時に起きた出来事は，どの系から見ても同時である．

次に $K'$ 系の 1 点 $z_1'$ に置かれた時計が時刻 $t_1'$ を指す出来事を $P_1$，時刻 $t_2'$ を指す出来事を $P_2$ とする．このとき $z_2'=z_1'$ だから式 (14.8) より

$$t_2-t_1=\gamma(t_2'-t_1') \tag{14.12}$$

すなわち．$K$ で計った時間は $K'$ で計った時間より大きい．いいかえると運動している時計は静止している時計よりゆっくり時を刻む．一般に運動している系で起こる現象はすべて $\sqrt{1-\beta^2}$ 倍だけゆっくり変化する．運動している原子から出る光の周波数が低くなる現象や，高速で動く中間子の寿命が延びるなどはその例である．

## 14.3　Lorentz 収縮

惰性系 $K'$ で $z$ 軸に平行に静止している長さ $l'$ の物指しを考え，両端の $z'$ 座標を $z_1'$，$z_2'$ とすると，$l'=z_2'-z_1'$ である．次に $K$ 系で時刻 $t$ に測定した物指しの両端の $z$ 座標を $z_1$，$z_2$ とすると

(1)　超光速で伝わる粒子を用いれば未来領域以外にも情報を送れる．そして，そのような粒子（タチオン：Tachyon と名づけられている）は理論的考察の対象になってはいるが，未だ検出されたことはない．

$$z_1{}' = \gamma(z_1 - vt)$$

$$z_2{}' = \gamma(z_2 - vt)$$

の関係があるから，$K$ 系で見た物指しの長さ $l = z_2 - z_1$ は

$$l = \sqrt{1-\beta^2}\, l' \tag{14.13}$$

となる．すなわち，物指しと平行に $v$ の速度で運動する観測者が計ると物指しの長さは $\sqrt{1-\beta^2}$ 倍に縮む．これを **Lorentz 収縮** (Lorentz contraction) という．物指しに垂直に運動する観測者に対しては長さは変わらない．したがって体積 $V'$ の物体に対して $v$ の速度で運動する観測者が見ると，体積は $\sqrt{1-\beta^2}$ $V'$ に減少する．

## 14.4　4 元ベクトル

相対論では三つの空間成分と一つの時間成分をもつ量がよく現われる．出来事の空間的位置と時刻を示す座標 $(x,\ y,\ z,\ t)$ はその代表例である．このような量を **4 元ベクトル** (four vector) といい，$x$，$y$，$z$，$t$ 成分をそれぞれ上下の添字 1，2，3，4 で区別する．

一つの 4 元ベクトルを $K$ 系で観測したときの成分が $(a^1,\ a^2,\ a^3,\ a^4)$，$K'$ 系で観測したときの成分が $(a^{1\prime},\ a^{2\prime},\ a^{3\prime},\ a^{4\prime})$ であるとき，両者の間に

$$a^{1\prime} = a^1,\ a^{2\prime} = a^2,\ a^{3\prime} = \gamma(a^3 - \beta a^4),\ a^{4\prime} = \gamma(a^4 - \beta a^3) \tag{14.14}$$

の関係があれば $(a^1,\ a^2,\ a^3,\ a^4)$ を**反変ベクトル** (contravariant vector) といい，単に $a^\mu$ で表わす．たとえば $x^1 = x$，$x^2 = y$，$x^3 = z$，$x^4 = ct$ と書くと $x^\mu$ は式 (14.7) により反変ベクトルである．

これに対し，一つの 4 元ベクトルを $K$ 系で観測したときの成分が $(a_1,\ a_2,\ a_3,\ a_4)$，$K'$ 系で観測したときの成分が $(a_1{}',\ a_2{}',\ a_3{}',\ a_4{}')$ であるとき，両者の間に

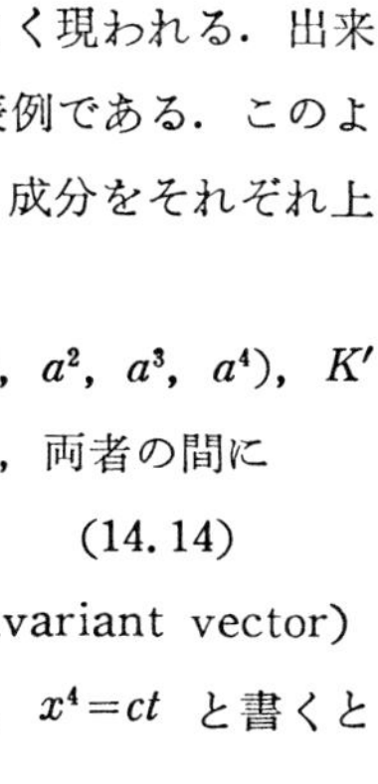

$$a_1{}' = a_1,\ a_2{}' = a_2,\ a_3{}' = \gamma(a_3 + \beta a_4),$$

$$a_4{}' = \gamma(a_4 + \beta a_3) \tag{14.15}$$

の関係があれば $(a_1,\ a_2,\ a_3,\ a_4)$ を**共変ベクトル** (covariant vector）といい，単に $a_\mu$ で表わす．（$a^1$, $a^2$, $a^3$, $a^4$）を一つの反変ベクトルとすれば

$$a_1=a^1,\qquad a_2=a^2,\qquad a_3=a^3,\qquad a_4=-a^4 \tag{14.16}$$

の関係により共変ベクトル（$a_1$, $a_2$, $a_3$, $a_4$）が作れる．この場合，$a^\mu$ と $a_\mu$ は別個のベクトルではなく，一つのベクトル $\boldsymbol{a}$ の異なる表示であると考えられるから $a^\mu$ をベクトル $\boldsymbol{a}$ の反変成分，$a_\mu$ を共変成分と呼ぶことがある．

二つのベクトル $\boldsymbol{a}$, $\boldsymbol{b}$ の内積を次式で定義する．

$$\boldsymbol{a}\cdot\boldsymbol{b}=a^1b_1+a^2b_2+a^3b_3+a^4b_4=a^\mu b_\mu \tag{14.17}$$

上式で $a^\mu b_\mu$ は $\sum_{\mu=1}^{4} a^\mu b_\mu$ の意味で，今後は上下の添字が同一のギリシャ文字のときは，その添字について1から4まで和をとるものと約束する．これを **Einstein の規約**という．

式（14.14），（14.15）を使うと

$$a'^\mu b'_\mu=a^\mu b_\mu \tag{14.18}$$

つまり，二つのベクトルの内積は Lorentz 変換で変わらない．一般に Lorentz 変換で変わらない1成分の量をスカラという．

式（14.18）で述べたこととは逆に，4成分の量（$b_1$, $b_2$, $b_3$, $b_4$）があって，任意の反変ベクトル（$a^1$, $a^2$, $a^3$, $a^4$）との内積 $a^\mu b_\mu$ がいつもスカラとなるならば $b_\mu$ は共変ベクトルであることが証明できる．

次に二つの反変ベクトル $a^\mu$, $b^\mu$ から16個の成分の積 $T^{\mu\nu}\triangleq a^\mu b^\nu$ を作ると，これらは Lorentz 変換でどのように変換されるだろうか．たとえば

$$\left\{\begin{aligned}&T'^{11}=a'^1b'^1=a^1b^1=T^{11}\\&T'^{13}=a'^1b'^3=a^1\gamma(b^3-\beta b^4)=\gamma(T^{13}-\beta T^{14})\\&T'^{34}=a'^3b'^4=\gamma(a^3-\beta a^4)\gamma(b^4-\beta b^3)\\&\qquad\qquad=\gamma^2(T^{34}-\beta T^{44}-\beta T^{33}+\beta^2T^{43})\end{aligned}\right. \tag{14.19}$$

などのようになる．一般にこの $T^{\mu\nu}$ と同じ変換をする量を2階の**反変テンソル**という．同様に $a_\mu b_\nu$ と同じ変換をする量を2階の**共変テンソル**，$a^\mu b_\nu$ と同じ変換をする量を2階の**混合テンソル**といい，それぞれ $T_{\mu\nu}$, $T_\nu{}^\mu$ などと書く．同様にもっと高階のテンソルも定義でき，たとえば $T^\lambda{}_{\mu\nu}$ は3階の混合テンソ

ルを表わし，これは $a^{\lambda}b_{\mu}c_{\nu}$ と同じ変換則にしたがう．混合テンソルで上下の添字の等しいものだけを選んで和を作ると2階低いテンソルができる．たとえば，$T^{\mu}{}_{\mu\nu}$ は一つの共変ベクトルである．このようにして階数を下げる操作を**縮約**（contraction）と呼ぶ．

ここで，スカラ量 $\varphi$ を $x^{\mu}$ で微分した量 $\partial_{\mu}\varphi \triangleq \partial\varphi/\partial x^{\mu}$ を考えると

$$dx^{\mu}\partial_{\mu}\varphi = \frac{\partial\varphi}{\partial x^{\mu}}dx^{\mu} = d\varphi (=\text{スカラ})$$

で $dx^{\mu}$ は反変ベクトルだから，$\partial_{\mu}\varphi$ は共変ベクトルである．更に $\partial_{\mu}\varphi$ を形式的に $\partial_{\mu}$ と $\varphi$ の積と考えるならば，微分作用素 $\partial_{\mu}=\partial/\partial x^{\mu}$ を共変ベクトルと考えることができる．同様に $x_{\mu}$ による微分作用素 $\partial^{\mu}=\partial/\partial x_{\mu}$ は反変ベクトルと考えられる．$\partial^{\mu}$ と $\partial_{\mu}$ の内積に当る微分作用素は

$$\partial^{\mu}\partial_{\mu} = \frac{\partial^2}{\partial x^2} + \frac{\partial^2}{\partial y^2} + \frac{\partial^2}{\partial z^2} - \frac{1}{c^2}\frac{\partial^2}{\partial t^2}$$

で，これが Lorentz 変換に対して不変であることは本章の初めに述べた．

## 14.5　4元速度と4元電流

$dx^{\mu}$ と $dx_{\mu}$ はそれぞれ反変および共変ベクトルであるから，内積

$$\begin{aligned} dx^{\mu}dx_{\mu} &= dx^2+dy^2+dz^2-c^2dt^2 \\ &= \left\{\left(\frac{dx}{dt}\right)^2+\left(\frac{dy}{dt}\right)^2+\left(\frac{dz}{dt}\right)^2-c^2\right\}dt^2 \end{aligned}$$

はスカラである．したがって

$$ds \triangleq \sqrt{1-\beta^2}\,dt = \sqrt{1-\left\{\left(\frac{dx}{dt}\right)^2+\left(\frac{dy}{dt}\right)^2+\left(\frac{dz}{dt}\right)^2\right\}\Big/c^2}\,dt \quad (14.20)$$

もスカラである．このスカラで反変ベクトル $dx^{\mu}$ を割ったものは反変ベクトルで次の成分をもつ

$$u^{\mu} \triangleq (\gamma v_x,\ \gamma v_y,\ \gamma v_z,\ \gamma c) \quad (14.21)$$

$u^{\mu}$ の空間成分は $\beta^2 \ll 1$ のとき（$v_x$, $v_y$, $v_z$）と一致するので $u^{\mu}$ を**4元速度**という．

さて，粒子のもつ電荷はスカラでどの慣性系から見ても同じ値であることが実験的に知られているので，電荷に対して静止している観測者が見た電荷密度を$\rho_0$とすると，電荷に対して$v$で動く観測者が見た電荷密度は体積の Lorentz 収縮のために $\rho=\rho_0/\sqrt{1-\beta^2}$ となる．そこで，$\rho_0 u^\mu$ という反変ベクトルを考えると，これは

$$J^\mu \triangleq (\rho v_x,\ \rho v_y,\ \rho v_z,\ \rho c)=(J_x,\ J_y,\ J_z,\ c\rho) \tag{14.22}$$

となり，空間成分は電流密度，時間成分は電荷密度（の$c$倍）となっている．それで$J^\mu$を**4元電流密度**という．$J^\mu$が反変ベクトルであることから，変換式

$$J'_x=J_x,\ J'_y=J_y$$
$$J'_z=\gamma(J_z-\beta c\rho)$$
$$\rho'=\gamma\left(\rho-\frac{\beta}{c}J_z\right)$$

が求まる．一般に速度に平行な成分を//，垂直な成分を⊥で表わすと

$$\begin{cases} \boldsymbol{J}'_\perp=\boldsymbol{J}_\perp \\ J'_{/\!/}=\gamma(J_{/\!/}-v\rho) \\ \rho'=\gamma\left(\rho-\dfrac{v}{c^2}J_{/\!/}\right) \end{cases} \tag{14.23}$$

## 14.6　真空中の Maxwell の方程式

ベクトル・ポテンシャルとスカラ・ポテンシャルをまとめて

$$A^1=A_x,\ A^2=A_y,\ A^3=A_z,\ A^4=\phi/c \tag{14.24}$$

と書き$A^\mu$を**4元ポテンシャル**という．すると

$$\partial^\mu\partial_\mu A^\nu=-\mu_0 J^\nu \tag{14.25 a}$$

$$\partial_\mu A^\mu=0 \tag{14.25 b}$$

相対論ではこれらの式がすべての慣性系で同じ形を保つこと，つまり Lorentz 変換で不変であることを要求する．いま，Lorentz の条件式 (14.25 b) に着目すると

$$\partial_\mu A^\mu=\frac{\partial A^\mu}{\partial x^\mu}=\frac{\partial A^\mu}{\partial x'^\nu}\frac{\partial x'^\nu}{\partial x^\mu}=0$$

ところが $\partial x'^{\nu}/\partial x^{\mu}$ は $x'^{\nu}$ に無関係な定数だから

$$\partial_{\mu}A^{\mu}=\frac{\partial}{\partial x'^{\nu}}\left(A^{\mu}\frac{\partial x'^{\nu}}{\partial x^{\mu}}\right)=0 \tag{14.26}$$

一方，式 (14.25 b) の不変性から

$$\partial'_{\nu}A'^{\nu}=\frac{\partial}{\partial x'^{\nu}}(A'^{\nu})=0 \tag{14.27}$$

式 (14.26) と式 (14.27) を比べると $B'^{\nu}$ を積分定数として

$$A'^{\nu}=A^{\mu}\frac{\partial x'^{\nu}}{\partial x^{\mu}}+B'^{\nu} \tag{14.28}$$

$K$ 系で電磁界が 0 なら $K'$ 系でも 0 であるから $B'^{\nu}=0$ でなければならず，式 (14.28) で $B'^{\nu}=0$ ということは $A^{\mu}$ が反変ベクトルであることを意味する．このようにして 4 元ポテンシャル $A^{\nu}$ が反変ベクトルであることがわかった．

電磁界 ($\boldsymbol{E}$, $\boldsymbol{B}$) は ($\boldsymbol{A}$, $\phi$) から次式で求まる．

$$\boldsymbol{E}=-\nabla\phi-\frac{\partial \boldsymbol{A}}{\partial t}$$

$$\boldsymbol{B}=\nabla\times\boldsymbol{A}$$

これを上の記号で書き換えると，$A^{\mu}=A_{\mu}(\mu\neq4)$，$A^{4}=-A_{4}$ に注意して

$$E_x=-\frac{\partial\phi}{\partial x}-\frac{\partial A_x}{\partial t}=c(\partial_1A_4-\partial_4A_1)$$

$$B_x=\frac{\partial A_z}{\partial y}-\frac{\partial A_y}{\partial z}=\partial_2A_3-\partial_3A_2$$

などとなるから $E_x/c$，$B_x$ などは 2 階の共変テンソルの成分である．そこで

$$F_{\mu\nu}=\begin{pmatrix} 0 & B_z & -B_y & E_x/c \\ -B_z & 0 & B_x & E_y/c \\ B_y & -B_x & 0 & E_z/c \\ -E_x/c & -E_y/c & -E_z/c & 0 \end{pmatrix} \tag{14.29}$$

という 2 階の共変テンソルを定義することができる．すなわち，相対論の立場では $\boldsymbol{E}$ と $\boldsymbol{B}$ は別々の物理量でなく，一つの 2 階共変テンソルの成分にすぎない．

$F_{\mu\nu}$ を用いると Maxwell の式のうち $\nabla\times\boldsymbol{E}+\partial\boldsymbol{B}/\partial t=0$,

$\nabla\cdot\boldsymbol{B}=0$ の2式は

$$\partial^\lambda F_{\mu\nu}+\partial^\nu F_{\lambda\mu}+\partial^\mu F_{\nu\lambda}=0 \tag{14.30}$$

というテンソル方程式にまとめられてしまう．

媒質が真空の場合には $c=1/\sqrt{\varepsilon_0\mu_0}$ の関係があるので $G_{\mu\nu}\triangleq F_{\mu\nu}/\mu_0$ というテンソルを作ると

$$G_{\mu\nu}=\begin{pmatrix} 0 & H_z & -H_y & cD_x \\ -H_z & 0 & H_x & cD_y \\ H_y & -H_x & 0 & cD_z \\ -cD_x & -cD_y & -cD_z & 0 \end{pmatrix} \tag{14.31}$$

となり，これを使うと Maxwell の残りの式 $\nabla\cdot\boldsymbol{D}=\rho$, $\nabla\times\boldsymbol{H}-\partial\boldsymbol{D}/\partial t=\boldsymbol{J}$ は

$$\partial^\nu G_{\mu\nu}=J_\mu \tag{14.32}$$

というテンソル式にまとめられる．

$F_{\mu\nu}$, $G_{\mu\nu}$ が2階の共変テンソルであることから，$K$ 系で測定した電磁界と $K'$ 系で測定した電磁界の間の関係が求まる．たとえば，$F_{14}'=E_x'/c$ について考えると，これは $a_1'b_4'$ と同じ変換にしたがう．$a_\mu=a^\mu$ $(\mu\neq 4)$, $a_4=-a^4$ に注意して式 (14.14), (14.15) を用いると

$$a_1'b_4'=a_1\gamma(b_4+\beta b_3)=\gamma(a_1b_4+\beta a_1b_3)$$

となるから

$$F_{14}'=\gamma(F_{14}+\beta F_{13})$$

ゆえに

$$E_x'=\gamma(E_x-vB_y)$$

同様に

$$E_y'=\gamma(E_y+vB_x)$$

$$E_z'=E_z$$

となる．上式は速度 $v$ の方向を $z$ 方向とした場合であるが，一般に，速度方向成分を $/\!/$，速度に垂直な成分を $\perp$ で表わすと

$$\begin{cases} \boldsymbol{E}_{/\!/}'=\boldsymbol{E}_{/\!/} \\ \boldsymbol{E}_\perp'=\gamma(\boldsymbol{E}+\boldsymbol{v}\times\boldsymbol{B})_\perp \end{cases} \tag{14.33}$$

$$
\begin{cases}
B_{/\!/}{}' = B_{/\!/} \\
B_{\perp}{}' = \gamma\left(B - \dfrac{v}{c^2}\times E\right)_{\perp}
\end{cases}
$$

と書ける．同様に

$$
\begin{cases}
D_{/\!/}{}' = D_{/\!/} \\
D_{\perp}{}' = \gamma\left(D + \dfrac{v}{c^2}\times H\right)_{\perp} \\
H_{/\!/}{}' = H_{/\!/} \\
H_{\perp}{}' = \gamma(H - v\times D)_{\perp}
\end{cases}
\tag{14.34}
$$

速度 $v$ が小さいときは $\beta^2$ の項が省略でき

$$
\begin{cases}
E' \fallingdotseq E + v\times B \\
H' \fallingdotseq H - v\times D
\end{cases}
\tag{14.35}
$$

などとなるが，これらは初等電磁気学でよく知られた式である．

終りに，電磁界の操作的定義を与える Lorentz の力について考えよう．電荷密度に働く Lorentz 力の密度は

$$f = \rho E + J\times B \tag{14.36}$$

で与えられるが，これに対応するテンソル式は

$$f_\nu = J^\mu F_{\mu\nu} \tag{14.37}$$

式 (14.36) と式 (14.37) を比べると $f_1 = f_x$, $f_2 = f_y$, $f_3 = f_z$ となることは容易にわかる．$-cf_4 = cf^4 = E_xJ_x + E_yJ_y + E_zJ_z$ は電磁界が電荷になす仕事の密度を表わしている．

## 14.7 物質中の Maxwell の方程式

媒質が真空でない場合も Maxwell の式は形式的に真空の場合と全く同じである．したがって，電磁界を式 (14.33), (14.34) の変換式にしたがうテンソルと考えれば Maxwell の方程式は媒質に対して運動する座標系においてもそのまま成り立ち，式 (14.29)～(14.32) は媒質が真

空でない場合にも正しい．しかし，次の注意が必要である．

すなわち，真空の場合にはすべての惰性系で（$\boldsymbol{E}$, $\boldsymbol{B}$），（$\boldsymbol{D}$, $\boldsymbol{H}$）を直接操作的に定義することができ，式 (14.33)，(14.34) は $K$ 系で測定された電磁界と $K'$ 系で測定された電磁界の間の関係を示している．ところが媒質が真空でない場合は一般に媒質に対して運動している座標系 $K$ から直接媒質中の($\boldsymbol{E}$, $\boldsymbol{B}$)，($\boldsymbol{D}$, $\boldsymbol{H}$) を測定する方法がない．たとえば，媒質中の $\boldsymbol{E}$ を測定するには $\boldsymbol{E}$ に平行な細長い穴に試験電荷を入れ，それに働く力を測らなければならないが，物質中にあけられた穴は物質と共に $\boldsymbol{v}$ の速度で移動するので，試験電荷も $\boldsymbol{v}$ の速度で穴と共に移動させなければならない．そのため直接測定できる力の密度は $\rho\boldsymbol{E}$ ではなく

$$\boldsymbol{f}=\rho(\boldsymbol{E}+\boldsymbol{v}\times\boldsymbol{B})$$

である．一般に運動媒質中の電磁界で直接操作的に定義できるのは

$$\begin{cases}\tilde{\boldsymbol{E}}\triangleq\boldsymbol{E}+\boldsymbol{v}\times\boldsymbol{B}\\ \tilde{\boldsymbol{B}}\triangleq\boldsymbol{B}-\dfrac{\boldsymbol{v}}{c^2}\times\boldsymbol{E}\\ \tilde{\boldsymbol{D}}\triangleq\boldsymbol{D}+\dfrac{\boldsymbol{v}}{c^2}\times\boldsymbol{H}\\ \tilde{\boldsymbol{H}}\triangleq\boldsymbol{H}-\boldsymbol{v}\times\boldsymbol{D}\end{cases}\tag{14.38}$$

であり，（$\boldsymbol{E}$, $\boldsymbol{B}$），（$\boldsymbol{D}$, $\boldsymbol{H}$）は（$\tilde{\boldsymbol{E}}$, $\tilde{\boldsymbol{B}}$），（$\tilde{\boldsymbol{D}}$, $\tilde{\boldsymbol{H}}$）から誘導される間接的な量である．たとえば

$$\begin{cases}\boldsymbol{E}_{/\!/}=\tilde{\boldsymbol{E}}_{/\!/},\ \ \boldsymbol{E}_{\perp}=\gamma^2(\tilde{\boldsymbol{E}}-\boldsymbol{v}\times\tilde{\boldsymbol{B}})_{\perp}\\ \boldsymbol{B}_{/\!/}=\tilde{\boldsymbol{B}}_{/\!/},\ \ \boldsymbol{B}_{\perp}=\gamma^2\left(\tilde{\boldsymbol{B}}+\dfrac{\boldsymbol{v}}{c^2}\times\tilde{\boldsymbol{E}}\right)_{\perp}\end{cases}\tag{14.39}$$

真空の場合と違うもう一つの点は構成方程式である．真空の場合にはすべての惰性系において

$$\boldsymbol{D}=\varepsilon_0\boldsymbol{E},\ \ \boldsymbol{H}=\boldsymbol{B}/\mu_0\tag{14.40}$$

が成り立つが，真空でない媒質においては，媒質に対して静止している惰性系 $K'$ においてのみ

$$\boldsymbol{D}'=\varepsilon\boldsymbol{E}',\ \ \boldsymbol{H}'=\boldsymbol{B}'/\mu\tag{14.41}$$

の関係がある．式 (14.33)，(14.34) を使うと一般の惰性系 $K$ においては

$$
\begin{cases}
\boldsymbol{D}_{/\!/}=\varepsilon\boldsymbol{E}_{/\!/},\quad \boldsymbol{H}_{/\!/}=\boldsymbol{B}_{/\!/}/\mu \\
\left(\boldsymbol{D}+\dfrac{\boldsymbol{v}}{c^2}\times\boldsymbol{H}\right)_{\perp}=\varepsilon(\boldsymbol{E}+\boldsymbol{v}\times\boldsymbol{B})_{\perp} \\
(\boldsymbol{H}-\boldsymbol{v}\times\boldsymbol{D})_{\perp}=\left(\boldsymbol{B}-\dfrac{\boldsymbol{v}}{c^2}\times\boldsymbol{E}\right)_{\perp}\Big/\mu
\end{cases}
\tag{14.42}
$$

が成り立つ．この関係を $F_{\mu\nu}$, $G_{\mu\nu}$ とで書くと

$$
\begin{cases}
G_{\mu\nu}u^{\nu}=\varepsilon F_{\mu\nu}u^{\nu} & (14.43)\\
(G_{\mu\nu}u^{\lambda}+G_{\lambda\mu}u^{\nu}+G_{\nu\lambda}u^{\mu})=(F_{\mu\nu}u^{\lambda}+F_{\lambda\mu}u^{\nu}+F_{\nu\lambda}u^{\mu})/\mu
\end{cases}
$$

というテンソル式になる．また導電性媒質の場合には以上のほか，静止系で

$$\boldsymbol{J}'=\sigma\boldsymbol{E}' \tag{14.44}$$

の関係がある．ゆえに $K$ 系では式 (14.23), (14.33) により

$$
\begin{cases}
\boldsymbol{J}_{\perp}=\sigma\gamma(\boldsymbol{E}+\boldsymbol{v}\times\boldsymbol{B})_{\perp}\\
\gamma(J_{/\!/}-v\rho)=\sigma E_{/\!/}
\end{cases}
\tag{14.45}
$$

これをテンソル式で書くと

$$J_{\mu}+\frac{(J_{\nu}u^{\nu})}{c^2}u_{\mu}=\sigma F_{\mu\nu}u^{\nu} \tag{14.46}$$

となる．

## 14.8 等速運動する電荷による電磁界

〈**真空中**〉 $K$ 系に対し $z$ 方向へ $v$ の速度で運動する点電荷 $q$ の作る電磁界を求めよう．このためにまず，電荷に対し静止する系 $K'$ における静電界を求め，これを $K$ 系に変換する．

電荷は不変量で $K'$ 系で静止しているから，ポテンシャルは

$$
\begin{cases}
\phi'=\dfrac{q}{4\pi\varepsilon_0 r'}\\
\boldsymbol{A}'=0
\end{cases}
\tag{14.47}
$$

となる．これを $K$ 系に変換するには $A^{\mu}=(\boldsymbol{A},\ \phi/c)$ が反変ベクトルであることに注意すればよく

$$\begin{cases} A_x = A_x{}' = 0 \\ A_y = A_y{}' = 0 \\ A_z = \gamma \dfrac{v}{c^2}\phi' = \dfrac{\gamma v}{c^2}\cdot\dfrac{q}{4\pi\varepsilon_0}\cdot\dfrac{1}{\sqrt{x'^2+y'^2+z'^2}} \\ \qquad\qquad = \dfrac{\mu_0}{4\pi}\cdot\dfrac{\gamma v q}{\sqrt{x^2+y^2+\gamma^2(z-vt)^2}} \\ \phi = \gamma\phi' = \dfrac{1}{4\pi\varepsilon_0}\cdot\dfrac{\gamma q}{\sqrt{x^2+y^2+\gamma^2(z-vt)^2}} \end{cases} \tag{14.48}$$

$t=0$ のとき電荷は $x=y=z=0$ にあるから点 $\boldsymbol{r}=(x,\ y,\ z)$ におけるポテンシャルは

$$\begin{cases} \boldsymbol{A} = \dfrac{\mu_0}{4\pi}\cdot\dfrac{\boldsymbol{v}q}{r(1-\beta^2\sin^2\theta)^{1/2}} \\ \phi = \dfrac{1}{4\pi\varepsilon_0}\cdot\dfrac{q}{r(1-\beta^2\sin^2\theta)^{1/2}} \end{cases} \tag{14.49}$$

ただし，$\theta$ は $\boldsymbol{r}$ と $\boldsymbol{v}$ のなす角である．

この問題を $\boldsymbol{A}$ と $\phi$ に対する微分方程式で表わすと，速度 $\boldsymbol{v}$ で動く点電荷 $q$ の電荷密度は $q\delta(\boldsymbol{r}-\boldsymbol{v}t)$ と書けるから

$$\begin{cases} \nabla^2\boldsymbol{A} - \varepsilon_0\mu_0\dfrac{\partial^2\boldsymbol{A}}{\partial t^2} = -\mu_0 q\boldsymbol{v}\delta(\boldsymbol{r}-\boldsymbol{v}t) \\ \nabla^2\phi - \varepsilon_0\mu_0\dfrac{\partial^2\phi}{\partial t^2} = -\dfrac{1}{\varepsilon_0}q\delta(\boldsymbol{r}-\boldsymbol{v}t) \end{cases} \tag{14.50}$$

となる．したがって式 (14.48)，(14.49) は式 (14.50) の特解となっている．運動電荷のまわりの電磁界を求めるには $\boldsymbol{A}$，$\phi$ から微分計算してもよいが，直接電磁界を Lorentz 変換する方が簡単である．まず $K'$ 系では

$$\boldsymbol{E}' = \frac{q}{4\pi\varepsilon_0}\cdot\frac{\boldsymbol{r}'}{r'^3}$$

$$\boldsymbol{B}' = 0$$

ゆえに $K$ 系では

$$\begin{cases} \boldsymbol{E}_{/\!/} = \dfrac{q}{4\pi\varepsilon_0}\cdot\dfrac{z'\boldsymbol{a}_z}{r'^3} = \dfrac{q}{4\pi\varepsilon_0}\cdot\dfrac{\gamma(z-vt)\boldsymbol{a}_z}{[x^2+y^2+\gamma^2(z-vt)^2]^{3/2}} \\ \boldsymbol{E}_{\perp} = \dfrac{\gamma q}{4\pi\varepsilon_0}\cdot\dfrac{x\boldsymbol{a}_x + y\boldsymbol{a}_y}{[x^2+y^2+\gamma^2(z-vt)^2]^{3/2}} \end{cases} \tag{14.51}$$

すなわち

$$\boldsymbol{E}=\frac{q}{4\pi\varepsilon_0}\cdot\frac{\boldsymbol{r}}{\boldsymbol{r}^3}\cdot\frac{(1-\beta^2)}{(1-\beta^2\sin^2\theta)^{3/2}} \tag{14.52}$$

したがって，電界は $\theta=\pi/2$ で最大となり，電気力線は図 14.2 のように $\boldsymbol{v}$ に垂直な面内に圧縮される．

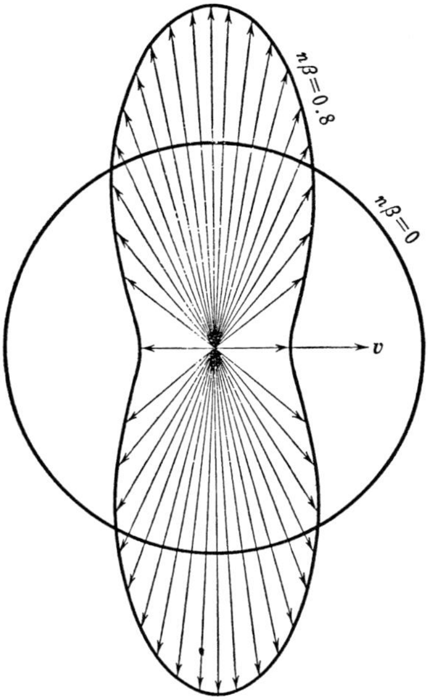


図 14.2　高速荷電体の作る電界

**〈物質中〉**　媒質定数（$\varepsilon$, $\mu$）の誘電体中を一定速度 $\boldsymbol{v}$ で動く点電荷 $q$ によるポテンシャルは次の方程式を満足する．

$$\begin{cases}\nabla^2\boldsymbol{A}-\varepsilon\mu\dfrac{\partial^2\boldsymbol{A}}{\partial t^2}=-\mu q\boldsymbol{v}\delta(\boldsymbol{r}-\boldsymbol{v}t)\\[2mm] \nabla^2\phi-\varepsilon\mu\dfrac{\partial^2\phi}{\partial t^2}=-\dfrac{1}{\varepsilon}q\delta(\boldsymbol{r}-\boldsymbol{v}t)\end{cases} \tag{14.53}$$

上式は式 (14.50) の（$\varepsilon_0$,，$\mu_0$）を（$\varepsilon$, $\mu$）で置き換えただけであるから解は式 (14.48)，(14.49) の $\varepsilon_0$, $\mu_0$, $c\,(=1/\sqrt{\varepsilon_0\mu_0})$ をそれぞれ $\varepsilon$, $\mu$, $c/n\,(=1/\sqrt{\varepsilon\mu})$ と書き換えればよい．ただし，式 (14.48)，(14.49) は $v<c$ のときにだけ意味があるので，このような書き換えで求めた式は $v<c/n$ のときだけ意味がある．したがって式 (14.49) に当る式は

$$\begin{cases} n\beta<1 \text{ のとき}\\[1mm] \boldsymbol{A}=\dfrac{\mu}{4\pi}\cdot\dfrac{q\boldsymbol{v}}{\boldsymbol{r}(1-n^2\beta^2\sin^2\theta)^{1/2}}\\[2mm] \phi=\dfrac{1}{4\pi\varepsilon}\cdot\dfrac{q}{\boldsymbol{r}(1-n^2\beta^2\sin^2\theta)^{1/2}}\end{cases} \tag{14.54}$$

となる．つまり $n\beta<1$ のときは真空中の場合と大差なく図 14.2 は一般に $n\beta=0.8$ のときの電界を表わしている．

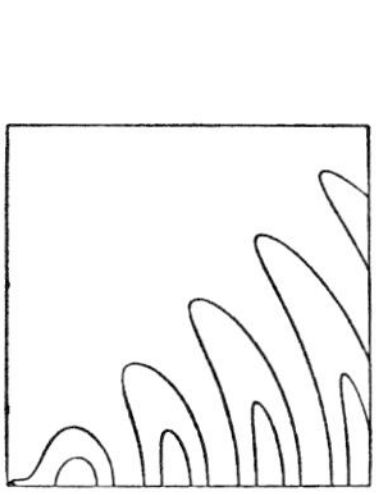

荷電粒子の速度が電波の速度を越える場合（$n\beta>1$）は式 (14.53) を解かなければならない．

式 (14.53) で $\boldsymbol{v}$ の方向を $z$ 方向とすれば，電磁界は全

体として形を変えずに $v$ の速度で $z$ 方向に移動する筈である．つまり，$A$, $\phi$ は $A(x,\ y,\ z-vt)$, $\phi(x,\ y,\ z-vt)$ の形の関数である．それゆえ

$$\tau \triangleq vt-z \tag{14.55}$$

と置くと

$$\frac{\partial}{\partial z}=-\frac{\partial}{\partial \tau},\quad \frac{\partial}{\partial t}=v\frac{\partial}{\partial \tau} \tag{14.56}$$

の関係がある．したがって式 (14.53) で，たとえば $\phi$ に対する式は

$$\frac{\partial^2\phi}{\partial x^2}+\frac{\partial^2\phi}{\partial y^2}-a^2\frac{\partial^2\phi}{\partial \tau^2}=-\frac{q}{\varepsilon}\delta(x)\,\delta(y)\,\delta(\tau) \tag{14.57}$$

$$a^2\triangleq n^2\beta^2-1>0$$

となる．

式 (14.57) は，2次元空間の $z$ 軸に沿い，単位長当り $q$ の線電荷が，$\tau=0$ の瞬間（$\tau$ を時間と考え，$1/a$ を電波の速度と考える）に突然現われて消える場合のスカラ・ポテンシャルに対する式と同じ形である．

3次元空間の（$x=0$, $y=0$, $z=z_1$）の点に $\tau=0$ の瞬間に $qdz_1$ の点電荷が突然現われて消える場合のスカラ・ポテンシャル $d\phi$ は式 (10.10) で $q(t)=qdz_1\delta(\tau)$ とした場合であるから式 (10.15) により

$$d\phi=\frac{qdz_1}{4\pi\varepsilon}\cdot\frac{\delta(\tau-a\sqrt{\rho^2+(z-z_1)^2}\,)}{\sqrt{\rho^2+(z-z_1)^2}}$$

$$\rho^2\triangleq x^2+y^2$$

ゆえに全体の線電荷によるポテンシャルは

$$\phi=\frac{q}{4\pi\varepsilon}\int_{-\infty}^{\infty}\frac{\delta(\tau-a\sqrt{\rho^2+(z-z_1)^2}\,)}{\sqrt{\rho^2+(z-z_1)^2}}dz_1 \tag{14.58}$$

$$=\frac{2q}{4\pi\varepsilon}\int_0^{\infty}\frac{\delta(\tau-ar)}{r}dz$$

$$r=\sqrt{x^2+y^2+z^2}$$

となる．

$$\frac{dr}{dz}=\frac{z}{r}=\frac{\sqrt{r^2-\rho^2}}{r}$$

であるから

$$\phi=\frac{q}{2\pi\varepsilon a}\int_0^\infty\frac{\delta(\tau-ar)}{\sqrt{r^2-\rho^2}}d(ar)$$
$$=\frac{1}{2\pi\varepsilon}\cdot\frac{q}{\sqrt{\tau^2-a^2\rho^2}}\qquad \tau>a\rho$$
$$=0\qquad \tau<a\rho \tag{14.59}$$

ゆえに

$$\theta_0\triangleq\cot^{-1}(-a)$$

とすれば

$$\phi=\frac{1}{2\pi\varepsilon}\cdot\frac{q}{r(1-n^2\beta^2\sin^2\theta)^{1/2}}\qquad \pi\geqq\theta>\theta_0$$
$$=0\qquad \theta_0>\theta\geqq0 \tag{14.60}$$

次に式（14.53）のベクトル・ポテンシャルはスカラ・ポテンシャルと

$$\boldsymbol{A}=\varepsilon\mu\boldsymbol{v}\phi$$

の関係があるから

$$\boldsymbol{A}=\frac{\mu}{2\pi}\cdot\frac{q\boldsymbol{v}}{r(1-n^2\beta^2\sin^2\theta)^{1/2}}\qquad \pi\geqq\theta>\theta_0$$
$$=0\qquad \theta_0>\theta\geqq0 \tag{14.61}$$

となる．

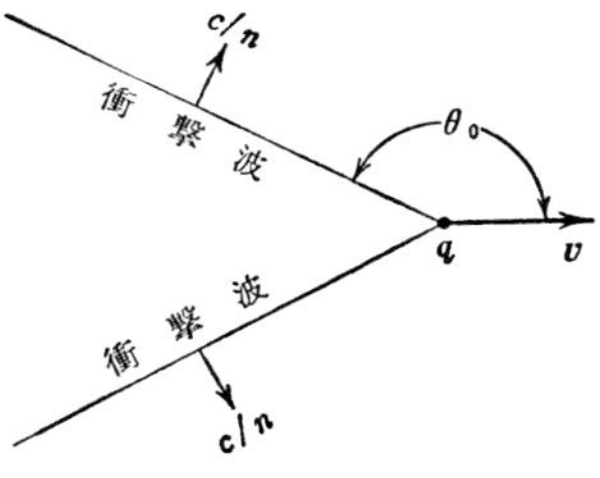


図 14.3　Cherenkov 放射

これらのポテンシャルは $\theta=\theta_0$ で無限大となるから，場のだいたいの様子は図 14.3 のようになる．これは空気中を超音速で動く物体が衝撃波を発生するのと同じ現象で，電荷が電波の速度より速く動くと電磁的衝撃波ができることを示している．この現象を **Cherenkov 放射** (Cherenkov radiation) という．

電界を求めるために

$$\boldsymbol{E}=-\nabla\phi-\frac{\partial\boldsymbol{A}}{\partial t}=-\nabla\phi+v\frac{\partial\boldsymbol{A}}{\partial\tau}$$

を計算すると

$$E_r=\frac{q}{2\pi\varepsilon r^2}\left[\frac{\sqrt{n^2\beta^2-1}\,\delta(\theta-\theta_0)}{(1-n^2\beta^2\sin^2\theta)^{1/2}}+\frac{1-n^2\beta^2}{(1-n^2\beta^2\sin^2\theta)^{3/2}}\right]$$

$$E_\theta=0, \qquad E_\varphi=0 \tag{14.62}$$

となる．

第1項が衝撃波，第2項は航跡波(wake)である．一例として $n\beta=1.2$ の場合の電界の相対強度を図 14.4 に示した．航跡波の電界が $-\boldsymbol{r}$ 方向を向き，あたかも負電荷(動いている電荷 $q$ を正電荷として)が発生したように見えることは興味深い．また，衝撃波と航跡波のそれぞれの電束密度の面積分は発散し，それぞれは無限大の電荷から生じたように見える（もちろん，両者の和は正しい電荷 $q$ となる)．これはやや現実的でないが，このような結果になった原因は，点電荷を用いたことと，媒質の分散性を無視したためと考えられる（実際の媒質では $\omega\to\infty$ のとき $\varepsilon\to\varepsilon_0$ となる)．

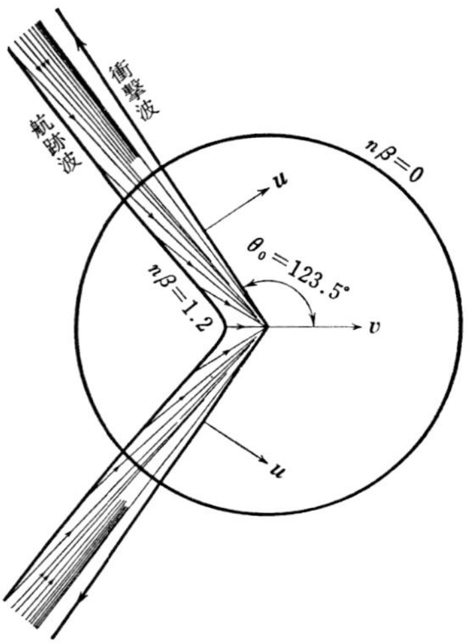


図 14.4 超光速荷電体の作る電界

## 14.9 運動物体の表面による反射

真空中を $z$ 方向に進行する平面波が，$K$系に対して速度 $v$ で $z$ 方向に移動する物体に入射するときの反射現象を考える．物体は定数 ($\varepsilon$, $\mu$) の誘電体で，表面は $x$-$y$ 面に平行な平面とする(図 14.5)．

$K$ 系で見た入射波，反射波，透過波の電磁界をそれぞれ ($\boldsymbol{E}_i$, $\boldsymbol{B}_i$)，($\boldsymbol{E}_r$, $\boldsymbol{B}_r$)，($\boldsymbol{E}_t$, $\boldsymbol{B}_t$) とし，物体に静止する $K'$ 系での測定値に（′）をつける．$K'$ 系で見ると誘電体は静止していて，第5章で扱った反射現象と全く同じであるから，入射電界の

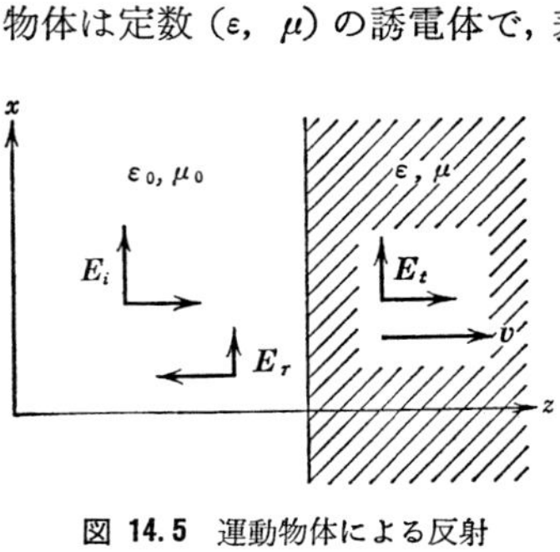


図 14.5 運動物体による反射

方向を $x$ 方向にとると

$$\left\{\begin{aligned} E'_{ix}&=E'_{i0}\,e^{j(\omega't'-k_0'z')}\\ B'_{iy}&=E'_{ix}/c\\ E'_{rx}&=\frac{Z-Z_0}{Z+Z_0}E'_{i0}\,e^{j(\omega't'+k_0'z')}\\ B'_{ry}&=-E'_{rx}/c\\ E'_{tx}&=\frac{2Z}{Z+Z_0}E'_{i}\,e^{j(\omega't'-k'z')}\\ B'_{ty}&=E'_{tx}/u' \end{aligned}\right. \tag{14.63}$$

ここで　$k_0'=\omega'\sqrt{\mu_0\varepsilon_0}$，$Z_0=\sqrt{\mu_0/\varepsilon_0}$，$c=1/\sqrt{\mu_0\varepsilon_0}$

$k'=\omega'\sqrt{\mu\varepsilon}$，$Z=\sqrt{\mu/\varepsilon}$，$u'=1/\sqrt{\mu\varepsilon}$

これを Lorentz 変換により $K$ 系にもどすと

$$E_{ix}=\gamma(E'_{ix}+vB'_{iy})=\gamma(1+\beta)E'_{ix}$$

$$E_{rx}=\gamma(E'_{rx}+vB'_{ry})=\gamma(1-\beta)E'_{rx}$$

$$E_{tx}=\gamma(E'_{tx}+vB'_{ty})=\gamma\left(1+\frac{v}{u'}\right)E'_{tx}$$

ゆえに，$K$ 系で見た電界反射係数，透過係数はそれぞれ

$$\left\{\begin{aligned} \frac{E_{rx}}{E_{ix}}&=\frac{1-\beta}{1+\beta}\cdot\frac{E'_{rx}}{E'_{ix}}=\frac{1-\beta}{1+\beta}\cdot\frac{Z-Z_0}{Z+Z_0}\\ \frac{E_{tx}}{E_{ix}}&=\frac{1+v/u'}{1+\beta}\cdot\frac{E'_{tx}}{E'_{ix}}=\frac{1+v/u'}{1+\beta}\cdot\frac{2Z}{Z+Z_0} \end{aligned}\right. \tag{14.64}$$

となる．$\beta<0$ のとき，つまり光源に近づく物体からの反射係数は 1 より大きくなりうる．これは，近づく物体が電波を普通より強くはね返すからで，物体の運動エネルギーの一部が電磁エネルギーに変わるためである．

次に伝搬因子はどのように変わるかを考える．座標の Lorentz 変換により入射波の位相は

$$\begin{aligned} \omega't'-k_0'z'&=\omega'\gamma\left(t-\frac{v}{c^2}z\right)-k_0'\gamma(z-vt)\\ &=\gamma(\omega'+vk_0')t-\gamma\left(k_0'+\frac{v}{c^2}\omega'\right)z \end{aligned}$$

のように変換する．このことは$K$系で見た入射波の周波数と伝搬定数がそれぞれ

$$\begin{cases} \omega_i=\gamma(\omega'+vk_0')=\gamma\omega'(1+\beta) \\ k_i=\gamma\left(k_0'+\dfrac{v}{c^2}\omega'\right)=\gamma k_0'(1+\beta) \end{cases} \tag{14.65}$$

となることを意味している．一般に

$$k^\mu=(k_x,\ k_y,\ k_z,\ \omega/c)$$

は反変ベクトルである．なぜならば $k_\mu x^\mu=k_x x+k_y y+k_z z-\omega t$ が位相を表わし，位相（波の山とか谷を示す定数）はどの慣性系から見ても同じであるから $k_\mu x^\mu$ はスカラでなければならず，$k^\mu$ は反変ベクトルでなければならない．

したがって，反射波の位相については

$$\omega_r=\gamma(\omega'-vk_0')=\gamma\omega'(1-\beta)$$

$$k_r=\gamma\left(k_0'-\frac{v}{c^2}\omega'\right)=\gamma k_0'(1-\beta)$$

を得る．つまり，$K$系で見ると反射波の周波数は入射波の周波数と異なり

$$\omega_r=\frac{1-\beta}{1+\beta}\omega_i \tag{14.66}$$

の関係がある．すなわち，遠ざかる物体で反射すると周波数が下がり，近づく物体で反射すると周波数が上がる．これを **Doppler 効果** (Doppler effect) という．Doppler 効果はレーダで飛行物体の速度を検出するときなどに用いられる．

次に透過波の周波数と伝搬定数は次のように変換する．

$$\omega_t=\gamma(\omega'+vk')=\gamma\omega'\left(1+\frac{v}{u'}\right)$$

$$k_t=\gamma\left(k'+\frac{v}{c^2}\omega'\right)=\gamma k'\left(1+\frac{u'v}{c^2}\right)$$

したがって透過波の伝搬速度は

$$u=\frac{\omega_t}{k_t}=\frac{u'+v}{1+u'v/c^2}=u'\frac{1+n\beta}{1+\beta/n} \tag{14.67}$$

ただし　　$n=c/u'=$屈折率

となる．特に $\beta\ll 1$ のとき

$$u\fallingdotseq u'+(1-1/n^2)v \tag{14.68}$$

すなわち，媒質の運動により電磁波の速度は $(1-1/n^2)v$ だけ増減する．これは Fizeau の実験結果を説明している．

# 第 15 章

## 電磁波の運動量と放射圧

すべて，力を及ぼすものは必ずそれと同じ大きさで逆向きの力を受ける（反作用の原理）．そして，力を受ければ必ず運動量が変化するが，力を受けたものの運動量変化と力を及ぼしたものの運動量変化のベクトル和は 0 である（運動量保存の法則）．

電磁波の通り道に電荷があると電荷は Lorentz 力を受けて運動量が増加する．それゆえ，力を及ぼす側の電磁波も運動量をもっていて，この運動量の減少分が Lorentz 力に対応すると考えなくてはならない．

このことを定量的に述べるために，($\varepsilon$, $\mu$, $\sigma$) の定数をもつ媒質中を進行する平面波の運動量を考えよう．電界，磁界，進行方向を $x$, $y$, $z$ の方向にとると

$$\begin{cases} E_x = E_0 e^{j(\omega t - kz)}, \quad B_y = \dfrac{k}{\omega} E_x \\ k = \beta - j\alpha = \omega\sqrt{\mu(\varepsilon - j\sigma/\omega)} \end{cases} \tag{15.1}$$

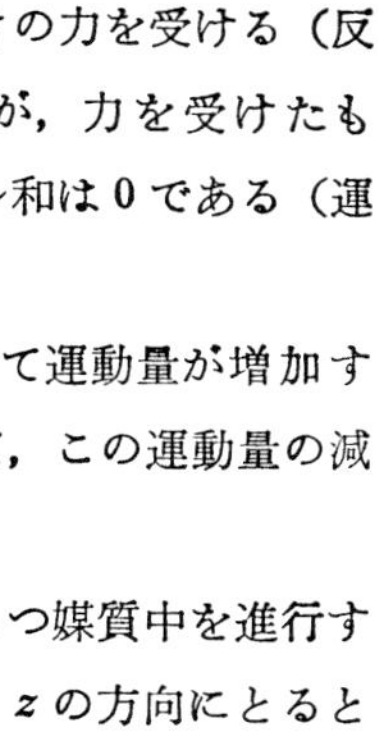

Lorentz 力は $z$ 方向を向き，その時間平均は

$$\bar{f} = \frac{1}{2}\mathrm{Re}(\boldsymbol{J}\times\boldsymbol{B}^*)_z = \frac{1}{2}(\sigma E_x B_y^*)$$

$$= \frac{\sigma\beta}{2\omega}|E_0|^2 e^{-2\alpha z} \tag{15.2}$$

電磁波の運動量密度も $z$ 方向を向き，その時間平均を $\bar{g}$ とすると

$$-f=\frac{d\bar{g}}{dt}=\frac{d\bar{g}}{dz}\cdot\frac{dz}{dt}=\frac{d\bar{g}}{dz}\times(\text{電波の速度})=\frac{d\bar{g}}{dz}\Big/\frac{d\beta}{d\omega}$$

ゆえに

$$\frac{d\bar{g}}{dz}=-\frac{\sigma}{2}\cdot\frac{\beta}{\omega}\cdot\frac{d\beta}{d\omega}\,e^{-2\alpha z}|E_0|^2$$

となり

$$\bar{g}=\frac{\sigma}{4\alpha}\cdot\frac{\beta}{\omega}\,\frac{d\beta}{d\omega}|E_0|^2 \tag{15.3}$$

を得る．非分散性媒質中を伝わる減衰なしの平面波の場合は $\beta/\omega=d\beta/d\omega=1/u$ であり，また $\sigma\to0$ のとき $\sigma/\alpha\to2\omega\varepsilon/\beta$ であるから

$$\bar{g}=\frac{\varepsilon}{2}|E_0|^2/u=\overline{W}/u=\frac{1}{2}\mathrm{Re}(D_xB_y{}^*) \tag{15.4}$$

となる．

一般に電磁波はエネルギー流密度

$$\boldsymbol{S}=\boldsymbol{E}\times\boldsymbol{H},\qquad \overline{\boldsymbol{S}}=\frac{1}{2}\mathrm{Re}(\boldsymbol{E}\times\boldsymbol{H}^*) \tag{15.5}$$

と共に次式で与えられる運動量密度をもつことがわかる．

$$\boldsymbol{g}=\boldsymbol{D}\times\boldsymbol{B},\qquad \bar{\boldsymbol{g}}=\frac{1}{2}\mathrm{Re}(\boldsymbol{D}\times\boldsymbol{B}^*) \tag{15.6}$$

応用として，真空中に置かれた完全黒体上に，光が垂直入射するとき及ぼす力を計算してみよう．黒体に吸収された光は消滅するので，毎秒当りの運動量の変化は毎秒入射する運動量に等しく，これは運動量密度に速度を乗じた値に等しい．ゆえに，光が黒体に及ぼす力は単位面積当り

$$\overline{F}=\bar{g}c=\overline{W} \tag{15.7}$$

となる．すなわち光（電磁波）は吸収体に対して，エネルギー密度に等しい圧力を及ぼす．これを光圧（light pressure）または**放射圧**（radiation pressure）という．鏡のような完全反射体の場合には運動量の変化が吸収体の場合の 2 倍になるから，圧力も 2 倍になる．

たとえば，地表における太陽光線の Poynting ベクトルは約 1.4 kW/m$^2$ であり，反射体に対する光圧は約 $10^{-5}$newton/m$^2$$=10^{-7}$g/cm$^2$ となる．慧星

の尾が太陽の付近で太陽と反対の方向になびくのは太陽光線の光圧と太陽の放出する高速粒子の衝突によるものと考えられている．

# 第 16 章

# 幾 何 光 学

媒質が一様でないため $\varepsilon$ や $\mu$ が場所の関数となる場合，Maxwell の方程式を解くことは一般に困難である．しかし，媒質の変化がゆるやかであるか，波長が短かいなどの理由で，一波長程度の距離に対する媒質の変化が無視できる場合には，波の進路を光線で表わす**幾何光学** (geometrical optics) の方法がよい近似を与える．

幾何光学近似では局部的に媒質を一様とみなすので解は局部的に平面波の形をとると仮定する．すなわち

$$\boldsymbol{E}=\boldsymbol{E}_0 e^{j(\omega t-k_0 L)}, \quad \boldsymbol{H}=\boldsymbol{H}_0 e^{j(\omega t-k_0 L)} \tag{16.1}$$

$\boldsymbol{E}_0$, $\boldsymbol{H}_0$, $L$ は場所のゆるやかな関数である．上式を Maxwell の式に代入すると

$$\begin{cases} j\dfrac{\lambda_0}{2\pi}\nabla\times\boldsymbol{E}_0-\boldsymbol{E}_0\times\nabla L=\mu c\boldsymbol{H}_0 \\ -j\dfrac{\lambda_0}{2\pi}\nabla\times\boldsymbol{H}_0+\boldsymbol{H}_0\times\nabla L=\varepsilon c\boldsymbol{E}_0 \end{cases} \tag{16.2}$$

となるが，$\lambda_0\nabla\times\boldsymbol{E}_0$ と $\lambda_0\nabla\times\boldsymbol{H}_0$ は一波長当りの $\boldsymbol{E}_0$ と $\boldsymbol{H}_0$ の変化の程度であるから，これを無視すると次の近似式が成り立つ．

$$Z_0\boldsymbol{H}_0 \fallingdotseq \boldsymbol{s}\times\boldsymbol{E}_0, \quad \boldsymbol{E}_0 \fallingdotseq Z_0\boldsymbol{H}_0\times\boldsymbol{s} \tag{16.3}$$

$$\nabla L = n\boldsymbol{s}, \quad n = c\sqrt{\varepsilon\mu} = c/u \tag{16.4}$$

$\boldsymbol{s}$ は $\boldsymbol{E}_0$ と $\boldsymbol{H}_0$ に垂直な単位ベクトルで Poynting ベクトルの方向，つまり光線の方向を示す．

式 (16.4) の絶対値の 2 乗を求めると

$$\left(\frac{\partial L}{\partial x}\right)^2 + \left(\frac{\partial L}{\partial y}\right)^2 + \left(\frac{\partial L}{\partial z}\right) = n^2 \tag{16.5}$$

光学では $L$ を**アイコナール** (eikonal) といい，式 (16.5) をアイコナール方程式と呼んでいる．$L(x, y, z)$＝一定 の面は等位相面，つまり波面 (wave front) である．

光線に沿って計った距離を $s$ とし，光線の方程式を

$$x = x(s), \quad y = y(s), \quad z = z(s)$$

とする．式 (16.4) を成分で書くと

$$\frac{\partial L}{\partial x} = n\frac{dx}{ds}, \quad \frac{\partial L}{\partial y} = n\frac{dy}{ds}, \quad \frac{\partial L}{\partial z} = n\frac{dz}{ds} \tag{16.6}$$

また式 (16.4) を $\boldsymbol{s}$ 方向について書くと

$$\frac{dL}{ds} = n \tag{16.7}$$

式 (16.6), (16.7) から $L$ を消去すると

$$\begin{cases} \dfrac{\partial n}{\partial x} - \dfrac{d}{ds}\left(n\dfrac{dx}{ds}\right) = 0 \\[2ex] \dfrac{\partial n}{\partial y} - \dfrac{d}{ds}\left(n\dfrac{dy}{ds}\right) = 0 \\[2ex] \dfrac{\partial n}{\partial z} - \dfrac{d}{ds}\left(n\dfrac{dz}{ds}\right) = 0 \end{cases} \tag{16.8}$$

を得る．この式は後で証明するように光路長 $\int_1^2 n\,ds$ に対する変分式

$$\delta\int_1^2 n\,ds = 0 \tag{16.9}$$

が成り立つことを述べている．

式 (16.9) は

$$\delta\int_1^2 \frac{ds}{u} = \delta\int_1^2 dt = 0 \tag{16.10}$$

とも書ける．これは光線が点1から点2に伝わるとき最小時間（または最大時間）でゆけるような道を通るということで，**Fermat の原理**といわれている．

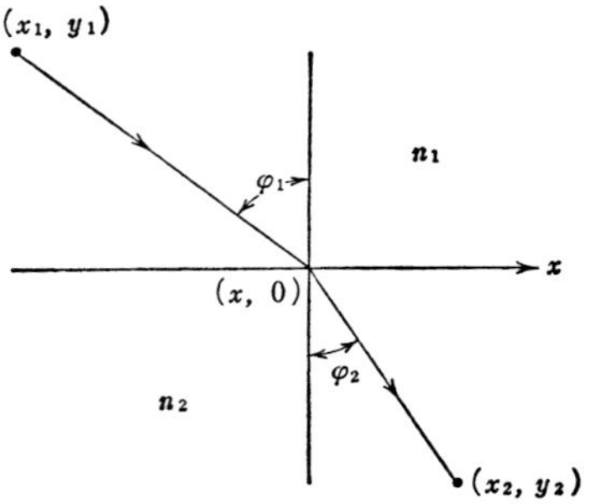


図 16.1　Fermat の原理と屈折

**【例　題】** 式 (16.9) を用いて屈折の法則を求めてみる．図 16.1 のように点1から点2にゆく光線を考えると，屈折率が一定の領域では最小時間の道は直線だから境界のどの点を通過したら $\int_1^2 n\,ds$ が最小となるかを求めればよい．境界の通過点を $(x,\ 0)$ とすると

$$L_{12}=\int_1^2 n\,ds=n_1\sqrt{(x-x_1)^2+y_1{}^2}+n_2\sqrt{(x_2-x)^2+y_2{}^2}$$

これが最小になる点は $dL_{12}/dx=0$ から求まる．

$$\frac{dL_{12}}{dx}=\frac{n_1(x-x_1)}{\sqrt{(x-x_1)^2+y_1{}^2}}-\frac{n_2(x_2-x)}{\sqrt{(x_2-x)^2+y_2{}^2}}=0$$

図 16.1 を見ると上式は

$$n_1\sin\varphi_1=n_2\sin\varphi_2$$

と書ける．これは Snell の法則である．

式 (16.9) から式 (16.8) を得るには，点1から点2に至る正しい道に対して光路長 $\int_1^2 n\,ds$ が極少値をとることに注意する．たとえば $x$ 座標だけが少しずれて $x(s)+x_1(s)$ となったとしよう．$x_1(s)$ は小さいずれで，ずれた道も点1，2を通らなければならないから $x_1(s_1)=x_1(s_2)=0$ である．光路長のずれは次式で与えられる．

$$\delta\int_1^2 n\,ds=\int_1^2 n(x+x_1,\ y,\ z)\sqrt{(dx+dx_1)^2+dy^2+dz^2}$$
$$-\int_1^2 n(x,\ y,\ z)\sqrt{dx^2+dy^2+dz^2} \tag{16.11}$$

ところが $x_1$ が微少であるから

$$n(x+x_1,\ y,\ z)\fallingdotseq n(x,\ y,\ z)+\frac{\partial n}{\partial x}x_1$$

$$\sqrt{(dx+dx_1)^2+dy^2+dz^2}\fallingdotseq\sqrt{dx^2+dy^2+dz^2}\left(1+\frac{dx_1}{ds}\cdot\frac{dx}{ds}\right)$$

となり

$$\delta\int_1^2 n\,ds=\int_1^2\left\{\frac{\partial n}{\partial x}x_1+n\frac{dx_1}{ds}\,\frac{dx}{ds}\right\}ds$$

$$=\left[n\frac{dx}{ds}x_1\right]_1^2+\int_1^2\left\{\frac{\partial n}{\partial x}-\frac{d}{ds}\left(n\frac{dx}{ds}\right)\right\}x_1ds$$

$x_1(s_1)=x_1(s_2)=0$ だから第 1 項は 0 である．正しい道に対して光路長が極小になるためには微小な任意のずれ $x_1$ に対して $\delta\int_1^2 n\,ds$ が 0 でなければならない．したがって

$$\frac{\partial n}{\partial x}-\frac{d}{ds}\left(n\frac{dx}{ds}\right)=0$$

でなければならない．このようにして式 (16.9) から式 (16.8) が求まることがわかった．

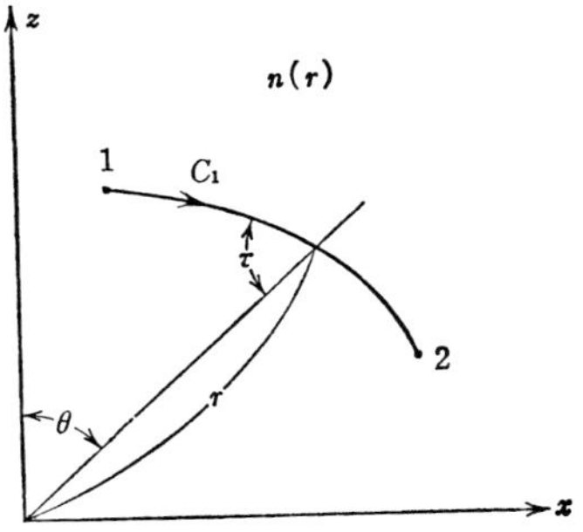


図 16.2　球対称媒質中の光線

(**Luneburg レンズ**)　半径 $R$ の球形誘電体で屈折率が

$$n(r)=\sqrt{2-(r/R)^2} \qquad (16.12)$$

で与えられる Luneburg レンズを考える．

まず，一般に屈折率が $r$ だけの関数である場合には Snell の屈折法則に当る式が

$$rn\sin\tau=\text{一定} \qquad (16.13)$$

となることを示そう．ただし $\tau$ は光線と半径のなす角である．

(証　明)　点 1 を始点，点 2 を終点とする．点 1，2 と球の中心とで定義される平面を $x$-$z$ 平面として球座標を定める (図 16.2)．まず光線は $x$-$z$ 面上の曲線である．その理由は点 1，2 を通る $x$-$z$ 平面上の曲線を $C_1$ とし，これと $\varphi$ 座標だけがわずかに違う曲線 $C_2$ を考える．$n$ が $r$ だけの関数だから $C_1$ と $C_2$ の対応する点 (同一の $\theta$ の点) では $n$ の値は等しい．ところが $C_2$ は $C_1$ より長さが長いから

$$\int_{C_1} n\,ds<\int_{C_1} n\,ds$$

となり，$\varphi$ 方向の変分に関しては $\int_{C_1} n\,ds$ が極小値となる．

したがって，光線は $x$-$z$ 平面上の曲線となる．

次に $x$-$z$ 面上で光線の方程式を

$$r=r(s) \qquad \theta=\theta(s)$$

とし，$\theta$ 座標が $\theta_1(s)$ だけずれた曲線との光路差を求めると式（16.11）の計算と同様にして

$$\delta\int_1^2 n\,ds=\int_1^2 n\sqrt{(dr)^2+r^2(d\theta+d\theta_1)^2}-\int_1^2 n\sqrt{(dr)^2+r^2(d\theta)^2}$$

$$=\left[nr^2\frac{d\theta}{ds}\theta_1\right]_1^2-\int_1^2\frac{d}{ds}\left(nr^2\frac{d\theta}{ds}\right)\theta_1 ds$$

$\theta_1(s_1)=\theta_2(s_2)=0$ であるから $\delta\int_1^2 n\,ds=0$ となるためには

$$\frac{d}{ds}\left(nr^2\frac{d\theta}{ds}\right)=0$$

でなければならない，$rd\theta/ds=\sin\tau$ だから式（16.13）を得る．

Luneburg レンズのとき，式（16.13）は

$$r^2\sqrt{2-(r/R)^2}\frac{d\theta}{ds}=\text{一定}=\frac{1}{K} \tag{16.14}$$

となる．

$$ds/d\theta=\sqrt{(dr)^2+r^2(d\theta)^2}/d\theta=\sqrt{(dr/d\theta)^2+r^2}$$

を代入すると式（16.14）は

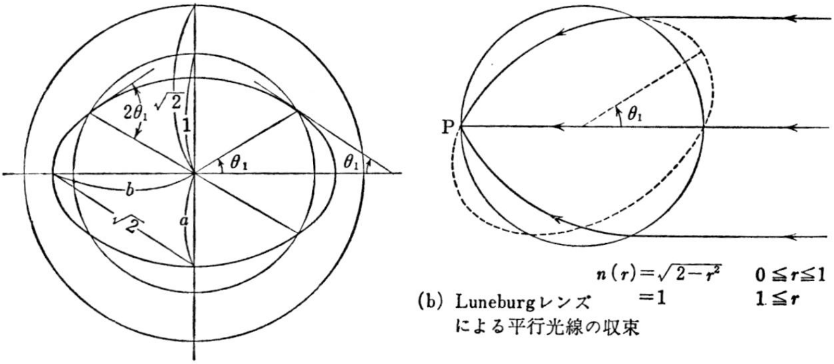


(a)　$n(r)=\sqrt{2-r^2}$　$r\leq\sqrt{2}$ の媒質中における光の通路（楕円）

(b) Luneburg レンズによる平行光線の収束

$n(r)=\sqrt{2-r^2}$　$0\leqq r\leqq 1$
$\quad\;\;=1$　$1\leqq r$

図 16.3　Luneburg レンズ

$$\frac{dr}{d\theta}=\sqrt{K^2r^4[2-(r/R)^2]-r^2} \tag{16.15}$$

となる．この微分方程式の一つの解は

$$r^2\left\{\frac{\cos^2(\theta-\theta_1)}{\cos^2\theta_1}+\frac{\sin^2(\theta-\theta_1)}{\sin^2\theta_1}\right\}=2R^2 \tag{16.16}$$

である．これは $R=1$ のとき図 16.3（a）に示すような楕円で，半径 $R$ の円の直径の一端から直径に対し $2\theta_1$ の角度で出発した光線が円周に到着するとき直径に平行になる．そのため，図 16.3(b）のように平行光線はレンズ表面上の1点に集まる．逆にPに波源を置くと平行光線（平面波）が出てゆく．

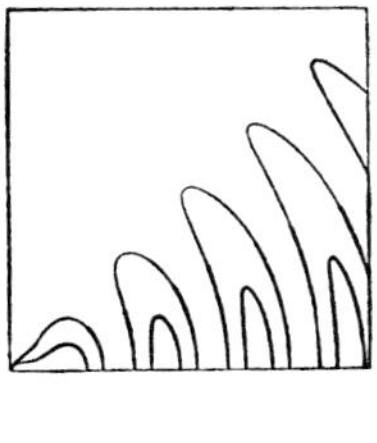

第 17 章

# 球面波とその応用

双極子の放射する波は，代表的球面波であるが，図 17.1 に示すもっと複雑な **4 重極子** (quadrupole)， **8 重極子** (octupole) ……などが放射する波も球面

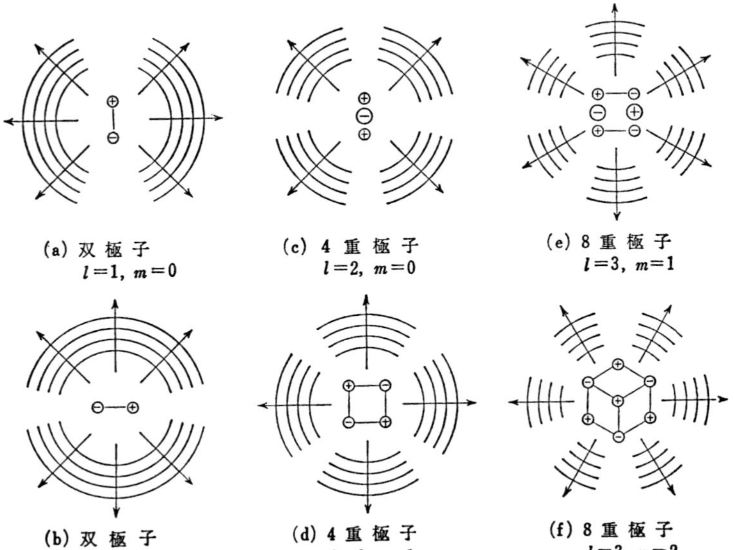

(a) 双極子 $l=1,\ m=0$

(c) 4 重極子 $l=2,\ m=0$

(e) 8 重極子 $l=3,\ m=1$

(b) 双極子 $l=1,\ m=1$

(d) 4 重極子 $l=2,\ m=1$

(f) 8 重極子 $l=3,\ m=2$

図 17.1 多重極放射．($l$, $m$ の意味については 227 頁参照)

波であって，全部をまとめて**多重極放射** (multipole radiation) と呼ぶ．これらはすべて球座標における Maxwell 方程式の解で，球形の空洞共振器，球状物体による散乱の問題を解析するのに有用である．以下これについて考えよう．

## 17.1 TE 波と TM 波

本章では球座標 $(\boldsymbol{r}, \theta, \varphi)$ を用い，$\boldsymbol{r}$ 方向に進行する波を扱う．導波管中の波との類推から，$E_r \neq 0$, $H_r=0$ である TM 波 (E 波) と $E_r=0$, $H_r \neq 0$ である TE 波 (H 波) とが独立に存在することが予想できる．まず TM 波を考えると $E_r$ を与えることにより，他のすべての成分が決まるから自由度は 1 である．便利のため電磁ポテンシャル $(\boldsymbol{A}, \phi)$ を使うと

$$\boldsymbol{B}=\nabla\times\boldsymbol{A} \tag{17.1}$$

$$\boldsymbol{E}=-\nabla\phi-j\omega\boldsymbol{A} \tag{17.2}$$

$$\nabla\times\nabla\times\boldsymbol{A}+j\omega\mu\varepsilon\nabla\phi-\omega^2\varepsilon\mu\boldsymbol{A}=0 \tag{17.3}$$

などの関係がある．

TM 波では $H_r=B_r=0$ であるから，式 (17.1) により

$$B_r=(\nabla\times\boldsymbol{A})_r=\frac{1}{\boldsymbol{r}\sin\theta}\left\{\frac{\partial}{\partial\theta}(\sin\theta A_\varphi)-\frac{\partial A_\theta}{\partial\varphi}\right\}=0 \tag{17.4}$$

この式を満足する自由度 1 の電磁ポテンシャルで一番簡単な形のものは

$$A_r\neq 0, \quad A_\varphi=A_\theta=0, \quad \phi=\frac{j}{\omega\varepsilon\mu}\frac{\partial A_r}{\partial\boldsymbol{r}} \tag{17.5}$$

である．ただし，最後の式は Lorentz 条件と同じ役割をする式である．

そこで TM 波であることを添字 $E$ で示して

$$U^E \triangleq (1/j\omega\varepsilon\mu)A_r \tag{17.6}$$

と定義すると，式 (17.1)，(17.2)，(17.5) によりすべての電磁界成分は $U^E$ で表わされる．すなわち

$$
\left\{
\begin{aligned}
E_r^E &= \frac{\partial^2 U^E}{\partial r^2} + k^2 U^E \\
E_\theta^E &= \frac{\partial^2 U^E}{r\partial r\partial\theta} \\
E_\varphi^E &= \frac{1}{r\sin\theta}\,\frac{\partial^2 U^E}{\partial r\,\partial\varphi} \\
H_r^E &= 0 \\
H_\theta^E &= \frac{j\omega\varepsilon}{r\sin\theta}\,\frac{\partial U^E}{\partial\varphi} \\
H_\varphi^E &= \frac{-j\omega\varepsilon}{r}\,\frac{\partial U^E}{\partial\theta}
\end{aligned}
\right.
\tag{17.7}
$$

そして $\boldsymbol{A}$ が式 (17.4) を満足することから，$U^E$ は次の波動方程式を満足する．

$$
\frac{\partial^2 U}{\partial r^2} + \frac{1}{r^2\sin\theta}\,\frac{\partial}{\partial\theta}\left(\sin\theta\frac{\partial U}{\partial\theta}\right) + \frac{1}{r^2\sin^2\theta}\,\frac{\partial^2 U}{\partial\varphi^2} + k^2 U = 0
\tag{17.8}
$$

このようにして，TM 波が独立解として存在することがわかった．

次に TE 波について考えよう．TM 波と TE 波が双対関係にあることに注意して，双対変換式 (10.88) を式 (17.7) に行なう．TE 波であることを添字 $H$ で表わすと

$$
\left\{
\begin{aligned}
H_r^H &= \frac{\partial^2 U^H}{\partial r^2} + k^2 U^H \\
H_\theta^H &= \frac{\partial^2 U^H}{r\partial r\partial\theta} \\
H_\varphi^H &= \frac{1}{r\sin\theta}\,\frac{\partial^2 U^H}{\partial r\,\partial\varphi} \\
E_r^H &= 0 \\
E_\theta^H &= \frac{-j\omega\mu}{r\sin\theta}\,\frac{\partial U^H}{\partial\varphi} \\
E_\varphi^H &= \frac{j\omega\mu}{r}\,\frac{\partial U^H}{\partial\theta}
\end{aligned}
\right.
\tag{17.9}
$$

もちろん，$U^H$ も波動方程式 (17.8) を満足する．

$U^E$ と $U^H$ を **Debye** ポテンシャルと呼ぶ．

## 17.2 球座標における波動方程式の解

前節の考察によって，球座標における Maxwell 方程式の解を求める問題は，波動方程式 (17.8) の解を求める問題に帰着した．式 (17.8) は変数分離法で解ける．すなわち

$$U=R(\boldsymbol{r})\Theta(\theta)\Phi(\varphi) \tag{17.10}$$

と仮定して，式 (17.8) に代入し，$\boldsymbol{r}^2\sin^2\theta/(R\Theta\Phi)$ を掛けると

$$\frac{\boldsymbol{r}^2\sin^2\theta}{R}\frac{d^2R}{d\boldsymbol{r}^2}+\frac{\sin\theta}{\Theta}\frac{d}{d\theta}\left(\sin\theta\frac{d\Theta}{d\theta}\right)+k^2\boldsymbol{r}^2\sin^2\theta=\frac{-1}{\Phi}\frac{d^2\Phi}{d\varphi^2}$$

この式は，$\varphi$ のみの関数である右辺が $\varphi$ に無関係な左辺に等しいことを示している．それゆえ，これらは $\boldsymbol{r}$，$\theta$，$\varphi$ に無関係な定数に等しい筈で，この定数を $m^2$ と書くと上式は次の 2 式に分離する．

$$\frac{d^2\Phi}{d\varphi^2}=-m^2\Phi \tag{17.11}$$

$$\frac{\boldsymbol{r}^2}{R}\frac{d^2R}{d\boldsymbol{r}^2}+k^2\boldsymbol{r}^2=\frac{m^2}{\sin^2\theta}-\frac{1}{\Theta\sin\theta}\frac{d}{d\theta}\left(\sin\theta\frac{d\Theta}{d\theta}\right) \tag{17.12}$$

式 (17.12) の左辺は $\theta$ に無関係，右辺は $\boldsymbol{r}$ に無関係である．それゆえいずれも $\boldsymbol{r}$，$\theta$ に無関係な定数に等しい筈である．この定数を $K$ と書くと式 (17.12) は次の 2 式に分離する．

$$\frac{1}{\sin\theta}\frac{d}{d\theta}\left(\sin\theta\frac{d\Theta}{d\theta}\right)+\left[K-\frac{m^2}{\sin^2\theta}\right]\Theta=0 \tag{17.13}$$

$$\frac{d^2R}{d\boldsymbol{r}^2}+\left[k^2-\frac{K}{\boldsymbol{r}^2}\right]R=0 \tag{17.14}$$

**(a)** $\Phi(\varphi)$：式 (17.11) から

$$\Phi(\varphi)=e^{jm\varphi} \tag{17.15}$$

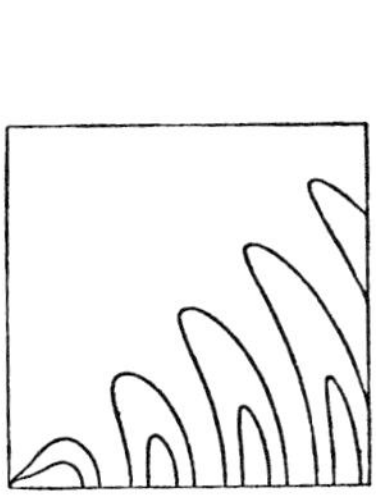

をうる．電磁界は $\varphi$ に関して一価であるから，本章で考える場合のように物理空間が $0\leqq\varphi<2\pi$ の範囲のすべての点を含む場合には $m$ は整数でなければならない．

**(b)** $\Theta(\boldsymbol{\theta})$：式 (17.13) で $\cos\theta=\xi$ の変換を行なった

式

$$(1-\xi^2)\frac{d^2\Theta}{d\xi^2}-2\xi\frac{d\Theta}{d\xi}+\left[K-\frac{m^2}{1-\xi^2}\right]\Theta=0 \tag{17.16}$$

を **Legendre の陪微分方程式**という．本章で取り扱う問題のように，物理空間が $0\leqslant\theta\leqslant\pi(-1\leqslant\xi\leqslant1)$ の範囲にわたるときは，電磁界，したがって $\Theta$ はこの範囲で有限でなければならない．式 (17.16) の解で $-1\leqslant\xi\leqslant1$ の範囲で常に有限となるものは $K$ が特別の整数（固有値）

$$K=l(l+1),\quad l=|m|,\ |m|+1,\ |m|+2,\ \cdots\cdots \tag{17.17}$$

である場合だけに存在することがわかっている[(1)]．そしてこの有限解は**第1種 Legendre 陪関数** (associated Legendre function of the first kind) といわれ，次式で与えられる．

$$P_l^m(\xi)=\frac{(1-\xi^2)^{m/2}}{l!\,2^l}\frac{d^{l+m}}{d\xi^{l+m}}(\xi^2-1)^l \tag{17.18}$$

以上の結果から式 (17.13) の解で物理条件を満たすものは

$$\Theta(\theta)=P_l^m(\cos\theta) \tag{17.19}$$

である．なお $P_l^0(\xi)$ は単に $P_l(\xi)$ と書く習慣である．

$P_l^m(x)$ の具体的な形については付録 VII 参照．

**(c) $R(r)$**：式 (17.14) で $kr=\rho$ と置き，式 (17.17) を考慮すると次式となる．

$$\frac{d^2R}{d\rho^2}+\left[1-\frac{l(l+1)}{\rho^2}\right]R=0 \tag{17.20}$$

この式の解は半奇数次の Bessel 関数で表わすことができ，次の 4 個の関数のうちの任意の 2 個の線形結合で与えられる．

$$u_l(\rho)=(\pi\rho/2)^{1/2}J_{l+1/2}(\rho) \tag{17.21}$$

$$v_l(\rho)=(\pi\rho/2)^{1/2}N_{l+1/2}(\rho) \tag{17.22}$$

$$w_l^{(1)}(\rho)=u_l(\rho)+jv_l(\rho)=(\pi\rho/2)^{1/2}H_{l+1/2}^{(1)}(\rho) \tag{17.23}$$

---

(1) たとえば Wittaker and Watson : A Course of Modern Analysis, 4 th ed., Cambridge Univ Press, 1940. また参考図書 (21) p.120 の解説は読み易い．

$$w_l^{(2)}(\rho)=u_l(\rho)-jv_l(\rho)=(\pi\rho/2)^{1/2}H^{(2)}_{l+1/2}(\rho) \qquad (17.24)$$

これらの関数は **Riccati-Bessel** 関数と呼ばれていて，三角関数あるいは指数関数の有限項の和で表わすことができる．たとえば

$$\left.\begin{cases} u_0=\sin\rho, & v_0=-\cos\rho \\ u_1=-\cos\rho+\rho^{-1}\sin\rho, & v_1=-\sin\rho-\rho^{-1}\cos\rho \\ w_0^{(1)}=e^{j\rho}, & w_0^{(2)}=e^{-j\rho} \\ w_1^{(1)}=(j-\rho^{-1})e^{j\rho}, & w_1^{(2)}=(-j-\rho^{-1})e^{-j\rho} \\ \cdots\cdots & \cdots\cdots \end{cases}\right\} \qquad (17.25)$$

のようである．したがって $u_l$, $v_l$ は $r$ 方向に沿う定在波を表わし，$e^{j\omega t}w_l^{(1)}$ は $-r$ 方向への進行波 (incoming wave) を，$e^{j\omega t}w_l^{(2)}$ は $+r$ 方向への進行波 (outgoing wave) を表わしていることがわかる．

以上を総合すると球座標で表わした波動方程式の基本解として

$$u_l(kr)P_l^m(\cos\theta)e^{j(\omega t+m\varphi)} \qquad (17.26)$$

$$w_l^{(2)}(kr)P_l^m(\cos\theta)e^{j(\omega t+m\varphi)} \qquad (17.27)$$

などが得られる．特に式 (17.27) で与えられる基本解を式 (17.7) あるいは式 (17.9) に代入すると図 17.1 に示した双極，4 重極，8 重極……による放射電磁界が求まる．図 17.1 の $l$, $m$ は式 (17.27) の $l$, $m$ を示したものである．

そして一般解は基本解の線形結合で表わされ，たとえば放射波を表わす一般解は

$$U=e^{j\omega t}\sum_{l=0}^{\infty}\sum_{m=-l}^{l}a_{ml}w_l^{(2)}(kr)\,P_l^m(\cos\theta)e^{jm\varphi} \qquad (17.28)$$

で与えられる．式 (17.28) を放射波の**多極展開** (multipole expansion) という．

## 17.3 球形空洞共振器

半径 $a$ の球形空洞共振器の共振モードを考えよう．共振モードは波源のない定在波であるから，式 (17.26) の形

の基本波から導びかれる．それゆえ

$$U_l^m = u_l(kr) P_l^m(\cos\theta) e^{jm\varphi} \tag{17.29}$$

を式 (17.7) に代入すると，共振 TM モードの電磁界は次式となる．

$$\left\{\begin{aligned}
E_r^E &= \frac{l(l+1)}{r^2} u_l(kr) P_l^m(\cos\theta) e^{jm\varphi} \\
E_\theta^E &= \frac{1}{r} \frac{d}{dr} [u_l(kr)] \frac{d}{d\theta} [P_l^m(\cos\theta)] e^{jm\varphi} \\
E_\varphi^E &= \frac{jm}{r\sin\theta} \frac{d}{dr} [u_l(kr)] P_l^m(\cos\theta) e^{jm\varphi} \\
H_r^E &= 0 \\
H_\theta^E &= \frac{-km}{Z_0 r\sin\theta} u_l(kr) P_l^m(\cos\theta) e^{jm\varphi} \\
H_\varphi^E &= \frac{-jk}{Z_0 r} u_l(kr) \frac{d}{d\theta} [P_l^m(\cos\theta)] e^{jm\varphi}
\end{aligned}\right\} \tag{17.30}$$

境界条件は

$$r = a \text{ で } E_\theta = E_\varphi = 0 \tag{17.31}$$

であり，TM モードの場合には式 (17.30)，(17.31) から

$$\frac{d}{da} [u_l(ka)] = 0 \tag{17.32}$$

この式から共振周波数が決まる．たとえば，$l=1$，$m=0$ のとき(2)，式 (17.32) は

$$\frac{d}{da} [u_1(ka)] = 0 = [1 - 1/(ka)^2] \sin(ka) + (1/ka) \cos(ka)$$

となり，共振周波数を決める式は

$$\cot\rho_{10} = 1/\rho_{10} - \rho_{10} : \rho_{10} \triangleq ka \tag{17.33}$$

と書ける．数値計算により最小根は

$$\rho_{101} \fallingdotseq 2.744$$

それゆえ球形共振器の最低次モードは $TM_{101}$ で，その共振波長は

$$\lambda^E{}_{101} = 2\pi a/\rho_{101} \fallingdotseq 2.290a \tag{17.34}$$

---

(2)　$l \geqq |m|$ だから $l=0$ のとき $m=0$ であり，このとき式 (17.30) により共振モードは存在しない．それゆえ $l=1$，$m=0$ は最低次の共振モードである．

で与えられる.

同様に TE モードの共振周波数は

$$u_l(ka)=0 \tag{17.35}$$

から決まる.

## 17.4 球面波による平面波の展開

球による平面波の散乱を解析する際に，平面波を球面波の和で表わしておくことが必要である.

$z$ 方向に進行する平面電磁波（電界方向を $x$ 軸とする）

$$\boldsymbol{E}=\boldsymbol{a}_x e^{-jkz}=\boldsymbol{a}_x e^{-j\rho\cos\theta},\quad \boldsymbol{H}=\boldsymbol{a}_y e^{-jkz}/Z_0=\boldsymbol{a}_y e^{-j\rho\cos\theta}/Z_0 \tag{17.36}$$

の $E_r$ と $H_r$ を計算すると

$$\left\{\begin{aligned} E_r &= e^{-j\rho\cos\theta}\sin\theta\cos\varphi \\ H_r &= (1/Z_0)e^{-j\rho\cos\theta}\sin\theta\sin\varphi \end{aligned}\right. \tag{17.37}$$

となるから，式(17.36)の平面波は $m=\pm1$ の項だけを含む．そして $P_l^m(\cos\theta)\propto P_l^{-m}(\cos\theta)$ であることと，式 (17.37) が $\rho=0$ で有限であることを考慮すると，式 (17.36) の平面波は $\{a_l^E\}$，$\{a_l^H\}$ を適当な係数として

$$U^E=(1/k^2)\sum_{l=1}^{\infty}a_l^E u_l(\rho)P_l^1(\cos\theta)\cos\varphi \tag{17.38}$$

から導びかれる TM 波と

$$U^H=(1/k^2Z_0)\sum_{l=1}^{\infty}a_l^H u_l(\rho)P_l^1(\cos\theta)\sin\varphi \tag{17.39}$$

から導びかれる TE 波の合成により表わせる.

上式を式 (17.7)，(17.9) に代入して，式 (17.37) と比べると

$$\left\{\begin{aligned} &\sum_{l=1}^{\infty}a_l^E\{u_l''(\rho)+u_l(\rho)\}P_l^1(\cos\theta)\cos\varphi \\ &\qquad = e^{-j\rho\cos\theta}\sin\theta\cos\varphi \\ &\sum_{l=1}^{\infty}a_l^H\{u_l''(\rho)+u_l(\rho)\}P_l^1(\cos\theta)\sin\varphi \\ &\qquad = e^{-j\rho\cos\theta}\sin\theta\sin\varphi \end{aligned}\right. \tag{17.40}$$

ゆえに

$$a_l^E=a_l^H\ (=a_l\ と置く) \tag{17.41}$$

式 (17.20) を用いると

$$\sum_{l=1}^{\infty} a_l l(l+1) u_l(\rho) P_l^1(\xi) = \sqrt{1-\xi^2}\,\rho^2 e^{-j\rho\xi} \tag{17.42}$$

ここで

$$\rho \ll 1 : u_l(\rho) \fallingdotseq \frac{2^l l!\ \rho^{l+1}}{(2l+1)!} \tag{17.43}$$

$$\xi \ll 1 : P_l^1(\xi) \fallingdotseq \sqrt{1-\xi^2}\ \frac{(2l-1)!}{\{(l-1)!\}^2 2^{l-0}} \xi^{l-1} \tag{17.44}$$

に注意して，式 (17.42) の両辺の $\rho^{l+1}\xi^{l-1}$ の係数を等値すると

$$a_l l(l+1) \frac{2^l l!\ (2l-1)!}{(2l+1)!\{(l-1)!\}^2 2^{l-1}} = (-j)^{l-1} \frac{1}{(l-1)!}$$

となり

$$a_l = (-j)^{l-1} \frac{(2l+1)}{l(l+1)} \tag{17.45}$$

をうる.

## 17.5 球による平面波の散乱

原点にある半径 $a$ の誘電体球に向かい，$-z$ 方向から平面波 ($\boldsymbol{E}_i$, $\boldsymbol{H}_i$) が入射するときの散乱問題を考える (図 17.2). 球と外部空間の定数をそれぞれ ($\varepsilon_1$, $\mu_1$), ($\varepsilon_0$, $\mu_0$) とし，$\boldsymbol{E}_i$ の方向を $x$ 軸にとる.

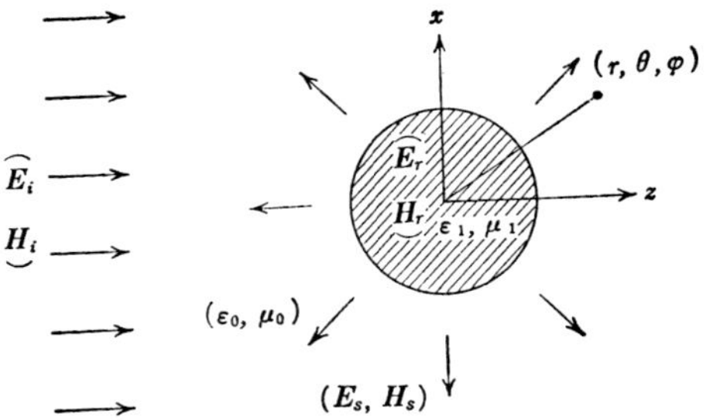

図 17.2 球による平面波の散乱

散乱波を ($\boldsymbol{E}_s$, $\boldsymbol{H}_s$), 誘電体内部の電磁界を ($\boldsymbol{E}_r$, $\boldsymbol{H}_r$) とすると，散乱波は outgoing wave, 内部界は有限であることから，それらの Debye ポテンシャルは次式のように展開できる.

$$\left\{\begin{aligned} U_s^E &= \frac{-1}{k_0^2} \sum_{l=1}^{\infty} \frac{(-j)^{l-1}(2l+1)}{l(l+1)} b_l^E w_l^{(2)}(k_0 r) P_l^1(\cos\theta)\cos\varphi \\ U_s^H &= \frac{-1}{Z_0 k_0^2} \sum_{l=1}^{\infty} \frac{(-j)^{l-1}(2l+1)}{l(l+1)} b_l^H w_l^{(2)}(k_0 r) P_l^1(\cos\theta)\sin\varphi \end{aligned}\right. \tag{17.46}$$

$$\begin{cases} U_r^E = \dfrac{1}{k_1^2}\displaystyle\sum_{l=1}^{\infty}\dfrac{(-j)^{l-1}(2l+1)}{l(l+1)}c_l^E u_l(k_1 r)P_l^1(\cos\theta)\sin\varphi \\ U_r^H = \dfrac{1}{Z_1 k_1^2}\displaystyle\sum_{l=1}^{\infty}\dfrac{(-j)^{l-1}(2l+1)}{l(l+1)}c_l^H u_l(k_1 r)P_l^1(\cos\theta)\sin\varphi \end{cases} \tag{17.47}$$

境界条件は誘電体表面で電磁界の接線成分の連続性であるが，式 (17.7), (17.9) と $\cos\varphi$, $\sin\varphi$ の直交性により，次式で表わせる．

$r=a$ にて

$$\begin{cases} \dfrac{\partial}{\partial r}(U_i^E + U_s^E - U_r^E) = 0 \\ \dfrac{\partial}{\partial r}(U_i^H + U_s^H - U_r^H) = 0 \\ \varepsilon_0(U_i^E + U_s^E) - \varepsilon_1 U_r^E = 0 \\ \mu_0(U_i^H + U_s^H) - \mu_1 U_r^H = 0 \end{cases} \tag{17.48}$$

さらに $P_l^1(\cos\theta)$ の直交性

$$\int_0^{\pi} P_l^1(\cos\theta)\,P_{l'}^1(\cos\theta)\,\sin\theta\,d\theta = \frac{2(l+1)l}{(2l+1)}\delta_{ll'} \tag{17.49}$$

を用いると，式 (17.48) は $l$ について分離できて

$$\begin{cases} n\{u_l'(\rho_0) - b_l^E w_l^{(2)'}(\rho_0)\} = c_l^E u_l'(\rho_1) \\ \mu\{u_l'(\rho_0) - b_l^E w_l^{(2)'}(\rho_0)\} = c_l^H u_l'(\rho_1) \\ \mu\{u_l(\rho_0) - b_l^E w_l^{(2)}(\rho_0)\} = c_l^E u_l(\rho_1) \\ n\{u_l(\rho_0) - b_l^H w_l^{(2)}(\rho_0)\} = c_l^H u_l(\rho_1) \end{cases} \tag{17.50}$$

ただし，$f'(\rho) \triangleq df(\rho)/d\rho$, $n=\sqrt{\varepsilon_1/\varepsilon_0}$, $\mu=\mu_1/\mu_0$

$\rho_0 = k_0 a$, $\rho_1 = k_1 a$

散乱問題で重要なのは $b_l^E$, $b_l^H$ であるから，$c_l^E$, $c_l^H$ を省去すると

$$b_l^E = \frac{\mu u_l(\rho_0)u_l'(\rho_1) - n u_l(\rho_1)u_l'(\rho_0)}{\mu w_l^{(2)}(\rho_0)u_l'(\rho_1) - n u_l(\rho_1)w_l^{(2)'}(\rho_0)} \tag{17.51}$$

$$b_l^H = \frac{n u_l(\rho_0)u_l'(\rho_1) - \mu u_l(\rho_1)u_l'(\rho_0)}{n w_l^{(2)}(\rho_0)u_l'(\rho_1) - \mu u_l(\rho_1)w_l^{(2)'}(\rho_0)} \tag{17.52}$$

本節で述べた解析は G. Mie が 1908 年に発表したもので Mie theory と呼ばれている．

## 17.6 散乱断面積

散乱問題では主として散乱体から非常に離れた所の散乱波に着目する．この場合 $k_0\boldsymbol{r}\gg 1$ であるから近似式

$$w_l^{(2)}(k_0\boldsymbol{r})\fallingdotseq(j)^{l+1}e^{-jk_0r} \tag{17.53}$$

が使える．更に $k_0\boldsymbol{r}\gg 1$ のとき散乱波は TEM 波に近づくので主要成分は次式で与えられる．

$$\left\{\begin{aligned} E_{s\theta}&=Z_0H_{s\varphi}=jf_\theta(\theta)\cos\varphi\frac{e^{-jk_0r}}{k_0\boldsymbol{r}}\\ E_{s\varphi}&=-Z_0H_{s\theta}=-jf_\varphi(\theta)\sin\varphi\frac{e^{-jk_0r}}{k_0\boldsymbol{r}}\end{aligned}\right. \tag{17.54}$$

ただし

$$\left\{\begin{aligned} f_\theta(\theta)&\triangleq\sum_{l=1}^{\infty}\frac{2l+1}{l(l+1)}\left\{b_l^E\frac{dP_l^1(\cos\theta)}{d\theta}+b_l^H\frac{P_l^1(\cos\theta)}{\sin\theta}\right\}\\ f_\varphi(\theta)&\triangleq\sum_{l=1}^{\infty}\frac{2l+1}{l(l+1)}\left\{b_l^E\frac{P_l^1(\cos\theta)}{\sin\theta}+b_l^H\frac{dP_l^1(\cos\theta)}{d\theta}\right\}\end{aligned}\right. \tag{17.55}$$

で，$f_\theta(\theta)$，$f_\varphi(\theta)$ を散乱振幅と呼ぶ．

散乱波の電力密度は次式となる．

$$\begin{aligned}\overline{S}_s(\theta,\ \varphi)&=\frac{1}{2}\mathrm{Re}(E_{s\theta}H_{s\varphi}{}^*-E_{s\varphi}H_{s\theta}{}^*)\\ &=\frac{1}{2Z_0(k_0\boldsymbol{r})^2}\{|f_\theta(\theta)|^2\cos^2\varphi+|f_\varphi(\theta)|^2\sin^2\varphi\}\end{aligned} \tag{17.56}$$

この電力密度は方向により値が変わる．一般にある方向にどのような強さで散乱するかを表わす量として**微分散乱断面積**（differential scattering cross section）$d\sigma/d\Omega$ がある．これは（$\theta$，$\varphi$）方向の単位立体角内に散乱される電力 $I_s\triangleq \boldsymbol{r}^2\overline{S}_s(\theta,\ \varphi)$ と入射電力密度 $I_i=|E_i|^2/(2Z_0)$ との比で定義され，いまの場合 $|E_i|=1$ だから

$$\frac{d\sigma}{d\Omega}\triangleq\frac{I_s}{I_i}=\frac{1}{k_0{}^2}\{|f_\theta(\theta)|^2\cos^2\varphi+|f_\varphi(\theta)|^2\sin^2\varphi\} \tag{17.57}$$

で与えられる．ここで $d\Omega$ は微小立体角を表わす．

特に $\theta=0$, $\theta=\pi$ の場合が重要である．前者は入射波の進む方向への散乱の強さを表わし，**前方散乱断面積** (forward scattering cross section) と呼ばれる．後者は波源の方向にもどる散乱波の強さを表わし，**後方散乱断面積** (backward scattering cross section) と呼ばれる．これはレーダの探知能力を表わすのに用いられる．

これらを具体的に表わすには，まず

$$
\begin{aligned}
&[P_l^1(\cos\theta)/\sin\theta]_{\theta=0}=[P_l^1(\cos\theta)/\sin\theta]_{\theta=\pi}\\
&=\left[\frac{dP_l^1(\cos\theta)}{d\theta}\right]_{\theta=0}=-\left[\frac{dP_l^1(\cos\theta)}{d\theta}\right]_{\theta=\pi}=\frac{l(l+1)}{2}
\end{aligned}
\tag{17.58}
$$

に注意すると

$$
\begin{cases}
f_\theta(0)=f_\varphi(0)=(1/2)\sum_{l=1}^{\infty}(2l+1)(b_l^E+b_l^H)\\
-f_\theta(\pi)=f_\varphi(\pi)=(1/2)\sum_{l=1}^{\infty}(2l+1)(b_l^E-b_l^H)
\end{cases}
\tag{17.59}
$$

となるから

$$
\begin{cases}
\left(\dfrac{d\sigma}{d\Omega}\right)_{\theta=0}=\left|\sum_{l=1}^{\infty}(2l+1)(b_l^E+b_l^H)\right|^2\Big/(2k_0)^2\\
\left(\dfrac{d\sigma}{d\Omega}\right)_{\theta=\pi}=\left|\sum_{l=1}^{\infty}(2l+1)(b_l^E-b_l^H)\right|^2\Big/(2k_0)^2
\end{cases}
\tag{17.60}
$$

と求まる．

更に全体としての散乱の強さを表わす量として**散乱断面積** (scattering cross section) $\sigma_s$ がある．これは散乱波の全電力 $P_s=\int\overline{S}_s d\Omega$ と入射電力密度 $I_i$ との比で定義され

$$
\sigma_s=\frac{P_s}{I_i}\triangleq\int_0^{2\pi}d\varphi\int_0^{\pi}\{|f_\theta(\theta)|^2\cos^2\varphi+|f_\varphi(\theta)|^2\sin^2\varphi\}\sin\theta\,d\theta \tag{17.61}
$$

と書ける．具体的には Legendre 関数の積分公式

$$
\begin{cases}
\displaystyle\int_0^{\pi}\left(\frac{P_l^1}{\sin\theta}\cdot\frac{P_{l'}^1}{\sin\theta}+\frac{dP_l^1}{d\theta}\,\frac{dP_{l'}^1}{d\theta}\right)\sin\theta\,d\theta\\
\qquad\qquad\displaystyle=\frac{2l^2(l+1)^2}{2l+1}\delta_{ll'}\\
\displaystyle\int_0^{\pi}\left(\frac{P_l^1}{\sin\theta}\,\frac{dP_{l'}^1}{d\theta}+\frac{P_{l'}^1}{\sin\theta}\,\frac{dP_l^1}{d\theta}\right)\sin\theta\,d\theta=0
\end{cases}
\tag{17.62}
$$

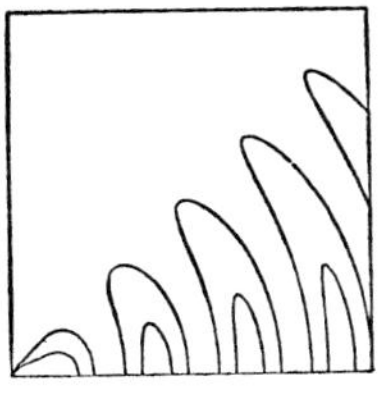

を使うと

$$\sigma_s = \frac{2\pi}{k_0^2}\sum_{l=1}^{\infty}(2l+1)(|b_l^E|^2 + |b_l^H|^2) \tag{17.63}$$

と求まる．

## 17.7 全断面積

散乱体が導電性媒質のときは入射電力の一部が散乱体に吸収される．この吸収電力 $P_a$ と入射電力密度 $P_i$ の比を**吸収断面積** (absorption cross section) といい $\sigma_a$ で表わす．

$$\sigma_a \triangleq P_a/P_i \tag{17.64}$$

そして散乱断面積と吸収断面積の和を**全断面積**(total cross section, extinction cross section) といい $\sigma_t$ で表わす．

$$\sigma_t \triangleq \sigma_s + \sigma_a \tag{17.65}$$

$\sigma_t$ を具体的に求めるには散乱体を囲む半径 $\boldsymbol{r}$ の球面にわたり Poynting ベクトルの $\boldsymbol{r}$ 成分を積分すればよい．この積分は球面から流出する電力，つまり散乱体の吸収電力に ⊖ 符号をつけたものに等しい．すなわち

$$-P_a = \frac{1}{2}\mathrm{Re}\int(\boldsymbol{E}_i + \boldsymbol{E}_s)\times(\boldsymbol{H}_i + \boldsymbol{H}_s)^* \boldsymbol{r}^2 \sin\theta\, d\theta\, d\varphi \tag{17.66}$$

これを次の三つの部分に分解する．

$$P_1 = \frac{1}{2}\mathrm{Re}\int(E_{i\theta}H_{i\varphi}{}^* - E_{i\varphi}H_{i\theta}{}^*)\boldsymbol{r}^2 \sin\theta\, d\theta\, d\varphi \tag{17.67}$$

$$P_2 = \frac{1}{2}\mathrm{Re}\int(E_{i\theta}H_{s\varphi}{}^* + E_{s\theta}H_{i\varphi}{}^* - E_{i\varphi}H_{s\theta}{}^* - E_{s\varphi}H_{i\theta}{}^*)\boldsymbol{r}^2 \sin\theta\, d\theta\, d\varphi \tag{17.68}$$

$$P_3 = \frac{1}{2}\mathrm{Re}\int(E_{s\theta}H_{s\varphi}{}^* - E_{s\varphi}H_{s\theta}{}^*)\boldsymbol{r}^2 \sin\theta\, d\theta\, d\varphi \tag{17.69}$$

$P_1$ は入射波だけの電力流の積分であり，半径 $\boldsymbol{r}$ の球の内部には入射波の源はないから $P_1=0$ である．$P_3$ は散乱波だけの電力流の積分で式 (17.61) の $P_s$ に等しい．したがって，式 (17.66) は

$-P_a = P_2 + P_s$　あるいは

$$-P_2=P_s+P_a \tag{17.70}$$

と書くことができ，式 (17.70) を $I_i$ で割ると

$$-\frac{P_2}{I_i}=\sigma_s+\sigma_a=\sigma_t \tag{17.71}$$

となり，$\sigma_t$ を求めるには式 (17.68) の $P_2$ を計算すればよい．Legendre 関数の直交式 (17.62) を使うと

$$\sigma_t=\frac{2\pi}{{k_0}^2}\sum_{l=1}^{\infty}(2l+1)\mathrm{Re}(b_l^E+b_l^H) \tag{17.72}$$

となる．上式と式 (17.59) を比べると

$$\sigma_t=\frac{4\pi}{{k_0}^2}\mathrm{Re}f_\theta(0) \tag{17.73}$$

この式は前方散乱振幅と全断面積の比例関係を示すもので**光学定理** (optical theorem) と呼ばれている．特に散乱体が無損失ならば $\sigma_t=\sigma_s$ であるから式 (17.63), (17.72) 両式を等値して

$$\sum_{l=1}^{\infty}(2l+1)(|b_l^E|^2+|b_l^H|^2)=\sum_{l=1}^{\infty}(2l+1)\,\mathrm{Re}\,(b_l^E+b_l^H) \tag{17.74}$$

の関係をうる．

散乱断面積と全断面積の比を**アルベド** (albedo)(3) といい，散乱の効率を示す．

$$\text{アルベド}\triangleq\frac{\sigma_s}{\sigma_t}=1-\frac{\sigma_a}{\sigma_t} \tag{17.75}$$

## 17.8 Rayleigh 散乱

以上の各節で球による散乱の一般事項について述べた．以下の節では特に興味深い特別な場合について考えよう．

まず本節では散乱球の半径が波長に比べて非常に小さい場合を扱う．このとき

$$\rho_0,\ \rho_1\ll 1 \tag{17.76}$$

となるので，$\rho\ll 1$ に対する近似式

(3) alba＝white, －do＝－ness, albedo＝白さ，散乱率

$$\begin{cases} u_l(\rho) \fallingdotseq \rho^{l+1}/\{1\cdot3\cdot5\cdots\cdots(2l+1)\} \\ v_l(\rho) \fallingdotseq -\{1\cdot3\cdot5\cdots\cdots(2l-1)\}\rho^{-l} \end{cases} \tag{17.77}$$

を式 (17.51), (17.52) に適用すると

$$\begin{cases} b_1^E = j\dfrac{2}{3}\rho_0{}^3\dfrac{n^2-1}{n^2+2} \\ b_1^H = j\dfrac{2}{3}\rho_0{}^3\dfrac{\mu-1}{\mu+2} \end{cases} \tag{17.78}$$

その他の $b_l$ は $\rho_0{}^5$ 以上の微小量となるので $b_1$ だけ考慮すれば充分である．ゆえに $P_1{}^1(\cos\theta)=\sin\theta$ に留意すると，式 (17.46) は

$$\begin{cases} U_s^E = -jk_0a^3\dfrac{n^2-1}{n^2+2}w_1^{(2)}(k_0r)\sin\theta\cos\varphi \\ U_s^H = \dfrac{-j}{Z_0}k_0a^3\dfrac{\mu-1}{\mu+2}w_1^{(2)}(k_0r)\sin\theta\sin\varphi \end{cases} \tag{17.79}$$

となる．

$U_s^E$ は

$$\boldsymbol{M}_e \triangleq 4\pi\varepsilon_0\frac{n^2-1}{n^2+2}a^3\boldsymbol{E}_i \tag{17.80}$$

の強さの電気双極子の Debye ポテンシャルに等しく，$U_s^H$ は

$$\boldsymbol{M}_m \triangleq 4\pi\mu_0\frac{\mu-1}{\mu+2}a^3\boldsymbol{H}_i \tag{17.81}$$

の強さの磁気双極子の Debye ポテンシャルに等しい．誘電体球では $\mu=1$ で $\boldsymbol{M}_m=0$ だから，電気双極子だけになる．

散乱断面積は式 (17.78) を式 (17.63) に代入して

$$\sigma_s = \frac{8}{3}(k_0a)^4\left\{\left(\frac{n^2-1}{n^2+2}\right)^2+\left(\frac{\mu-1}{\mu+2}\right)^2\right\}(\pi a^2) \tag{17.82}$$

すなわち，微小な散乱体による散乱は周波数の 4 乗に比例する．たとえば，空気による光の散乱は空気の分子や空気密度のゆらぎの微細な粒子構造によると考えられ，$a$ に当るものは 0.02 ミクロン以下で，可視光線の波長 0.4 ミクロンに比べてかなり小さい．したがって，空気による可視光線の散乱は周波数の 4 乗に比例して大きくなる．それで青い光 (0.4 ミクロン) は赤い光 (0.7 ミクロン) に比べて $(0.7/0.4)^4 \fallingdotseq 10$ 倍だけ強く散乱される．このようにして

Rayleigh は空の色が青いことを説明したので式 (17.82) の散乱を **Rayleigh の散乱** (Rayleigh scattering) という．

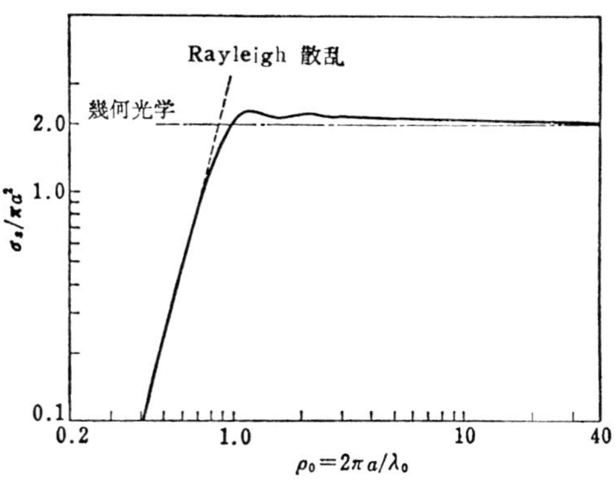


図 17.3　完全導体球の散乱断面積

なお，散乱球が完全導体のときは，電気力線は表面に垂直で，磁力線は表面に平行となる．このことは $n=\infty$，$\mu=0$ と等価であるから

$$\begin{cases} \boldsymbol{M}_e=4\pi\varepsilon_0 a^3\boldsymbol{E}_i \\ \boldsymbol{M}_m=-2\pi\mu_0 a^3\boldsymbol{H}_i \\ \sigma_s=\dfrac{10}{3}(k_0a)^4(\pi a^2) \end{cases} \tag{17.83}$$

をうる(4)．完全導体球の散乱断面積の周波数特性を図 17.3 に示す．

## 17.9 共 鳴 散 乱

本節では誘電率の大きい微小散乱球，つまり

$$n\gg\mu \text{ かつ } \rho_0=k_0a\ll 1 \tag{17.84}$$

である場合を扱う．

式 (17.23) を使うと式 (17.51) は

$$b_l^E=R_l^E/(R_l^E-jX_l^E) \tag{17.85}$$

と書ける．ただし

$$R_l^E\triangleq nu_l(\rho_1)u_l'(\rho_0)-\mu u_l(\rho_0)u_l'(\rho_1) \tag{17.86}$$

$$X_l^E\triangleq nu_l(\rho_1)v_l'(\rho_0)-\mu v_l(\rho_0)u_l'(\rho_1) \tag{17.87}$$

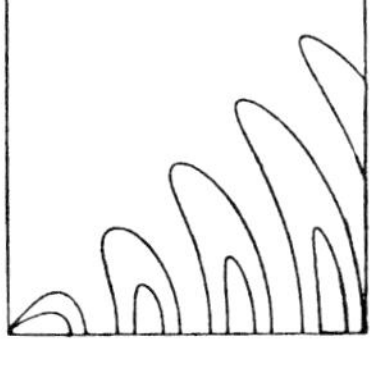

(4) 正式には式 (17.51)，(17.52) で $n=\infty$，$\rho_1=\infty$，$\rho_2\ll 1$ と置くべきであるが，同じ結果になる．

したがって

$$X_l^E=0 \text{ のとき } b_l^E=1 \tag{17.88}$$

となる．式 (17.84)，(17.77) に注意して，式 (17.87) を用いると $X_l^E=0$ の根は

$$u_l(\rho_1)+\frac{\mu\rho_0}{nl}u_l'(\rho_1)\fallingdotseq u_l\left(\rho_1+\frac{\mu\rho_0}{nl}\right)=0 \tag{17.89}$$

の根であり，$(\mu\rho_0/nl)\ll 1$ に注意すると，この根は

$$u_l(\rho_1)=0 \tag{17.90}$$

の根にきわめて近い．

しかし，式 (17.90) が成り立つ周波数に対しては

$$b_l^E=u_l(\rho_0)/w_l^{(2)}(\rho_0)\fallingdotseq-\rho_0^{2l+1}/[\{1\cdot3\cdot5\cdots(2l-1)\}^2(2l+1)]\ll 1 \tag{17.91}$$

となり，$\rho_1$ が式 (17.89) の根の付近でわずか変化しても $b_l^E$ は大幅に変化する．式 (17.85) は並列共振の式と似ているので $b_l^E$ は $X_l^E=0$ の付近で共振曲線を画くことがわかる．共振時には $b_n^E=1$，でその他の $b_n^E$，$b_n^H\ll 1$ となることと，式 (17.90) が式 (17.35) と同じであることから，散乱球の内部で球形空洞共振器の TE モードに似た電磁界が共振を起こしていることがわかる．物理的には散乱球内に透過した電波が球面で多重反射し，空洞共振器と同じ現象を生じているわけである．

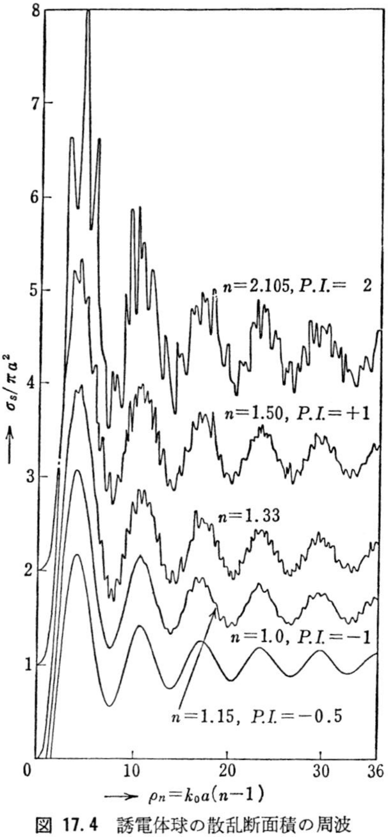


図 17.4　誘電体球の散乱断面積の周波数特性（$P.I.$ は縦軸の増分）

同様に $u_l'(\rho_1)=0$ を満足する周波数の付近では $b_l^H=1$ となり，TM モードの共振が起こる．

散乱球の屈折率の増加により，共鳴散乱が起こってくると散乱断面積の周波数特性が大幅に変化する．この様子は図 17.4 に示されている．

## 17.10 希薄で大きな散乱球

球の半径が波長に比べてきわめて大きくなると幾何光学の適用範囲に近づく．更に $|n-1|\ll 1$ のときは球面での反射，屈折が少なく，球内を伝わるときも位相の遅れだけが重要になる．したがって，散乱は前方散乱が主で，厳密な Mie 理論より，van de Hulst による近似理論の方が物理的意味をつかみ易い．本節ではこの近似理論を述べる．

上述のように入射波 $E_{ix}=\exp(-jk_0z)$ は，ほとんど屈折せず，そのままの方向に進む．したがって，散乱球中で $z$ 軸から $r$ だけ離れた所の波は

$$e^{-jkz-j(n-1)k_0(2\zeta)} \tag{17.92}$$

で与えられる．ここで $(2\zeta)$ は散乱球中の行路長である．

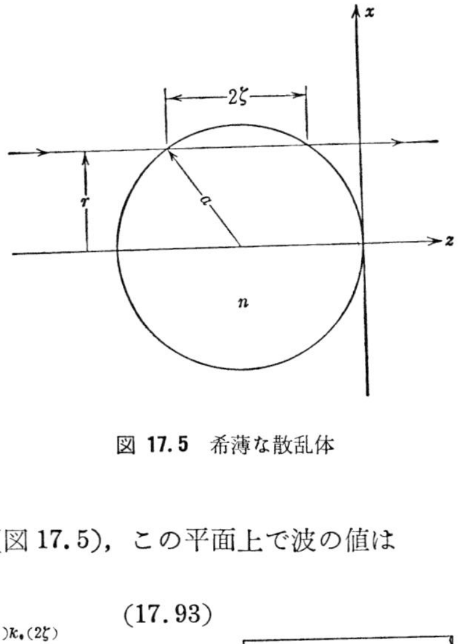


図 17.5 希薄な散乱体

球の直後の接平面を $z=0$ に選ぶと（図 17.5），この平面上で波の値は

$$z=0,\quad \begin{cases} r>a & E_x=1 \\ r<a & E_x=e^{-j(n-1)k_0(2\zeta)} \end{cases} \tag{17.93}$$

となる．そして，この値は入射波と散乱波の和であるから，散乱波は

$$z=0,\quad \begin{cases} r>a & E_{sx}=0 \\ r<a & E_{sx}=e^{-j(n-1)k_0(2\zeta)}-1 \end{cases} \tag{17.94}$$

で与えられる.

散乱電力は散乱波の電力流を $z=0$ の平面上で積分すれば求まり

$$P_s=\frac{1}{2Z_0}\int_0^a |E_{sx}|^2 2\pi r\,dr \tag{17.95}$$

散乱断面積は $P_s$ を入射波の電力密度 $1/2Z_0$ で割ればよく

$$\sigma_s=\int_0^a |E_{sx}|^2 2\pi r\,dr=2\pi\int_0^a |e^{-j(n-1)k_0(2\zeta)}-1|^2 r\,dr \tag{17.96}$$

ところが

$$r^2+\zeta^2=a^2 \text{ から } rdr=-\zeta d\zeta$$

となるので

$$\begin{aligned}\sigma_s&=2\pi\,\mathrm{Re}\int_0^a\{e^{-4k_0\zeta\,\mathrm{Im}\,n}-2e^{j2(n-1)k_0\zeta}+1\}\zeta\,d\zeta\\&=2\pi a^2\,\mathrm{Re}\Big[Q(4k_0a\,\mathrm{Im}\,n)\\&\quad-2Q\{-j2k_0a(n-1)\}+\frac{1}{2}\Big]\end{aligned} \tag{17.97}$$

ただし

$$Q(\eta)\triangleq\int_0^1 e^{-\eta\zeta}\zeta\,d\zeta=\frac{(1-e^{-\eta})}{\eta^2}-\frac{e^{-\eta}}{\eta} \tag{17.98}$$

したがって, $n$ が実数の場合には

$$\begin{aligned}&\sigma_s=\sigma_t=2(1-\rho_n^{-1}\sin 2\rho_n+\rho_n^{-2}\sin^2\rho_n)\pi a^2\\&\rho_n\triangleq k_0a(n-1)\end{aligned} \tag{17.99}$$

となる. このグラフは図 17.4 の $n=1.0$ の曲線で示されている.

$\rho_n\ll 1$ のときは式 (17.96) から直接

$$\begin{aligned}\sigma_s&=2\pi\int_0^a |2j(n-1)k_0\zeta|^2\zeta\,d\zeta\\&=2\pi a^2(k_0a)^2(n-1)^2=2\pi a^2\rho_n^{\,2}\end{aligned} \tag{17.100}$$

$\rho_n\gg 1$ のときは式 (17.99) から

$$\sigma_s=\sigma_t=2\pi a^2 \tag{17.101}$$

次に $n$ が複素数のときは損失があり, $z=0$ 面に到達する透過波の電力密度は式 (17.93) から

$$\frac{1}{2Z_0}E_xE_x^*=\frac{1}{2Z_0}e^{-4k_0\zeta\,\mathrm{Im}\,n}$$

となる．それゆえ散乱球に吸収された電力は

$$P_a=\frac{1}{2Z_0}\int_0^a(1-e^{-4k_0\zeta\,\mathrm{Im}\,n})2\pi r\,dr \tag{17.102}$$

となり，吸収断面積は

$$\sigma_a=2\pi\int_0^a(1-e^{-4k_0\zeta\,\mathrm{Im}\,n})\zeta\,d\zeta$$
$$=2\pi a^2\{(1/2)-Q(4k_0a\,\mathrm{Im}\,n)\} \tag{17.103}$$

$k_0a\,\mathrm{Im}\,n\ll1$ のときは式（17.103）より直接

$$\sigma_a=\int_0^a(4k_0\zeta\,\mathrm{Im}\,n)\zeta\,d\zeta$$
$$=(8\pi a^2/3)k_0a\,\mathrm{Im}\,n \tag{17.104}$$

$k_0a\,\mathrm{Im}\,n\gg1$ のときは式（17.103）より

$$\sigma_a=2\pi\int_0^a\zeta\,d\zeta=\pi a^2 \tag{17.105}$$

また $k_0a\,\mathrm{Im}\,n\gg1$ のとき式（17.96）から

$$\sigma_s=2\pi\int_0^a r\,dr=\pi a^2 \tag{17.106}$$

となり，無損失の場合の 1/2 になる．無損失の場合は $\sigma_a=0$ であるから，損失の有無に関せず $k_0a|n-1|\gg1$ のとき

$$\sigma_s+\sigma_a=\sigma_t=2\pi a^2 \tag{17.107}$$

そして

$$\text{アルベド}=\frac{\sigma_s}{\sigma_t}=\begin{cases}1 & \text{無損失散乱球}\\ 1/2 & \text{損失散乱球}\end{cases} \tag{17.108}$$

となる．$k_0a|n-1|\gg1$，$k_0a\,\mathrm{Im}\,n\gg1$，$|n-1|\ll1$ の条件で損失散乱球の吸収断面積が球の投影面積に等しいことは，この場合散乱球が完全黒体とみなせることを意味する．第 1 の条件は幾何光学の成り立つ条件，第 2 の条件は完全吸収の条件，第 3 の条件は無反射の条件であるから当然の結果といえる．

完全黒体でない場合はすべて $k_0a\to\infty$ で $\sigma_t/\pi a^2\to2$ となる．その理由は，反射電力と吸収電力の和が $\pi a^2P_i$ に等しく，影を作るのに必要な散乱波の電力がやはり $\pi a^2P_i$ に等しいため，全散乱電力は $2(\pi a^2)P_i$ となるためである．

# 第 18 章

# 周期構造を伝わる電磁波

## 18.1 まえがき

**周期構造**（periodic structure） とは，媒質定数あるいは境界条件が空間に関して周期的に変化している系で，図 18.1(a), (b)はその具体例である．図（a）は誘電体の板を等間隔で並べた系で，誘電率が周期的に変化する．図（b）は導体で作ったらせんで，境界条件が周期性をもつ．

周期構造は次のような特異な性質をもっている．

（i） 周期的伝送系は帯域濾波器の性質をもつ．

（ii） 周期的伝送系に伝わる波は，導波管や平行 2 線路と異なり，速波にも遅波にもなりうる．

(iii) 開放形（シールドのない）周期的伝送

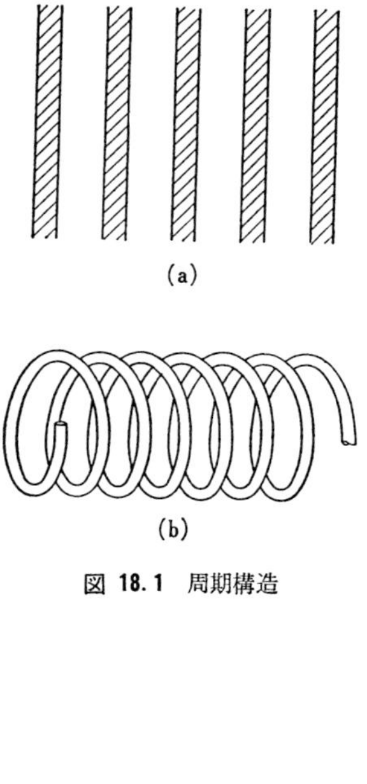

図 18.1 周期構造

系では，速波は漏洩波になり，遅波は表面波である．

(iv) 空間周期が波長の整数倍のとき特異現象が起きる．

( i ) の性質はマイクロ波濾波器に利用され，(ii) の性質は，進行波管や粒子加速器の遅波回路に利用され，(iii) の性質は，漏洩波アンテナや表面波アンテナに利用され，(iv) の性質は，回折格子に利用される．

## 18.2 Floquet の定理

周期構造に伝わる波の基本的性質を述べたものに次の定理がある．

**【定 理 1】** $z$ 方向に周期 $p$ をもつ周期構造を伝わる波は次のように表わせる．

$$u = u^+ + u^- \tag{18.1}$$

$u^+$，$u^-$ は，それぞれ $+z$，$-z$ 方向に伝わる進行波で，次の形をもつ．

$$\begin{cases} u^+ = e^{j(\omega t - \zeta z)} P^+(z) \\ u^- = e^{j(\omega t + \zeta z)} P^-(z) \end{cases} \tag{18.2}$$

ここで $P^+$，$P^-$ は，$z$ に関して周期 $p$ の周期関数である．

この定理を **Floquet の定理**といい，式 (18.2) の形の解を **Bloch 関数**という．

$P^\pm(z)$ は $z$ に関して周期 $p$ の周期関数であるから，これを Fourier 級数に展開すると

$$\begin{aligned} u^\pm &= e^{j(\omega t \mp \zeta z)} \sum_{n=-\infty}^{\infty} C_n^\pm \, e^{\mp jn2\pi z/p} \\ &= \sum_{n=-\infty}^{\infty} C_n^\pm \, e^{j(\omega t \mp \zeta_n z)} \end{aligned} \tag{18.3}$$

$$\zeta_n \triangleq \zeta + n(2\pi z/p)$$

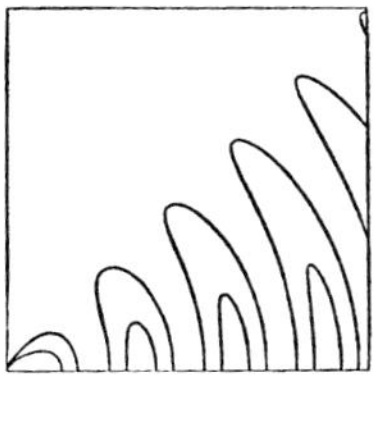

となる．上式の和の各項を**空間高調波** (space harmonic) と呼ぶ．$C_n^\pm$ は Fourier 係数であり，$z$ に無関係であるが，一般に $x$ と $y$ の関数である．

次に Floquet の定理を 1 次元の場合について証明する．

誘電率が $z$ の周期関数（周期 $p$）の場合を考えると，電界の $x$ 成分は次の波動方程式にしたがう．

$$\frac{\partial^2 E_x}{\partial z^2}-\mu\varepsilon(z)\frac{\partial^2 E_x}{\partial t^2}=0 \tag{18.4}$$

そこで

$$E_x=u(z)e^{j\omega t},\quad \omega^2\mu\varepsilon(z)=k^2(z)$$

と置くと，$u$ に対する方程式は

$$\frac{d^2u}{dz^2}+k^2(z)u=0 \tag{18.5}$$

$k^2(z)$ は $z$ について周期 $p$ の周期関数である．

式（18.5）は2階の常微分方程式であるから，二つの独立解をもつ．これを $u_1(z)$，$u_2(z)$ とすると

$$u(z)=a_1u_1(z)+a_2u_2(z) \tag{18.6}$$

いま

$$\frac{d^2u_1(z)}{dz^2}+k^2(z)u_1(z)=0 \tag{18.7}$$

の式で，$z$ を一周期 $p$ だけ増すと，$k^2(z+p)=k^2(z)$ であるから

$$\frac{d^2u_1(z+p)}{dz^2}+k^2(z)u_1(z+p)=0 \tag{18.8}$$

となる．ところが，この式は式（18.5）と同じ形をしているので，解は式（18.6）の形で表わせる筈である．すなわち

$$u_1(z+p)=a_{11}u_1(z)+a_{12}u_2(z) \tag{18.9}$$

となる定数 $a_{11}$，$a_{12}$ が存在する．

同様にして

$$u_2(z+p)=a_{21}u_1(z)+a_{22}u_2(z) \tag{18.10}$$

となる $a_{21}$，$a_{22}$ が存在し，次式が成り立つ．(1)

$$a_{11}a_{22}-a_{12}a_{21}=1 \tag{18.11}$$

次に適当な係数を用いて，進行波を表わす独立解 $u^+(z)$，$u^-(z)$ を作る．

$$\begin{cases} u^+(z)=b_{11}u_1(z)+b_{12}u_2(z) \\ u^-(z)=b_{21}u_1(z)+b_{22}u_2(z) \end{cases} \tag{18.12}$$

---

（1）式（18.5）$\rightarrow u_1''u_2-u_1u_2''=0\rightarrow u_1'u_2-u_1u_2'=$一定となることから．

係数の決め方は以下のようにする．まず，式 (18.9)，(18.10) を用いると

$$\begin{bmatrix} u^+(z+p) \\ u^-(z+p) \end{bmatrix} = \begin{bmatrix} b_{11} & b_{12} \\ b_{21} & b_{22} \end{bmatrix} \begin{bmatrix} a_{11} & a_{12} \\ a_{21} & a_{22} \end{bmatrix} \begin{bmatrix} u_1(z) \\ u_2(z) \end{bmatrix}$$
$$= \begin{bmatrix} b_{11} & b_{12} \\ b_{21} & b_{22} \end{bmatrix} \begin{bmatrix} a_{11} & a_{12} \\ a_{21} & a_{22} \end{bmatrix} \begin{bmatrix} b_{11} & b_{12} \\ b_{21} & b_{22} \end{bmatrix}^{-1} \begin{bmatrix} u^+(z) \\ u^-(z) \end{bmatrix} \tag{18.13}$$

$u^+$，$u^-$ が独立解であるためには $b_{11}b_{22}-b_{12}b_{21} \neq 0$ であればよく，そのほかの条件はいらない．ここでは更に次式を満足するように $b_{ij}$ を定める．

$$\begin{bmatrix} b_{11} & b_{12} \\ b_{21} & b_{22} \end{bmatrix} \begin{bmatrix} a_{11} & a_{12} \\ a_{21} & a_{22} \end{bmatrix} \begin{bmatrix} b_{11} & b_{12} \\ b_{21} & b_{22} \end{bmatrix}^{-1} = \begin{bmatrix} a^+ & 0 \\ 0 & a^- \end{bmatrix} \tag{18.14}$$

すると式 (18.13) から

$$\begin{cases} u^+(z+p) = a^+u^+(z) \\ u^-(z+p) = a^-u^-(z) \end{cases} \tag{18.15}$$

また式 (18.14) の両辺の行列式を計算して，式 (18.11) を代入すると，次式が求まる．

$$a^+a^- = 1 \tag{18.16}$$

そこで

$$\begin{cases} u^+(z) = e^{-j\zeta z}P^+(z) \\ u^-(z) = e^{j\zeta z}P^-(z) \end{cases} \tag{18.17}$$

と置くと

$$\begin{cases} P^+(z+p) = P^+(z), \quad a^+ = e^{-j\zeta p} \\ P^-(z+p) = P^-(z), \quad a^- = e^{j\zeta p} \end{cases} \tag{18.18}$$

の関係があれば，式 (18.17) は式 (18.15)，(18.16) の関係を満足することがわかり，Floquet の定理が証明された．

## 18.3 層 状 媒 質

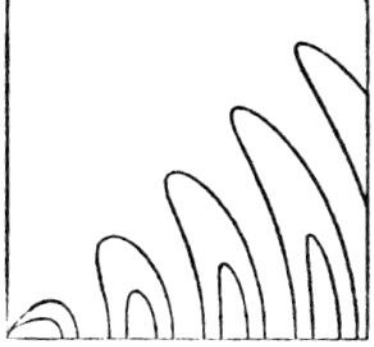

図 18.2 ( a ) の周期的層状誘電体中を $z$ 方向に進む TE

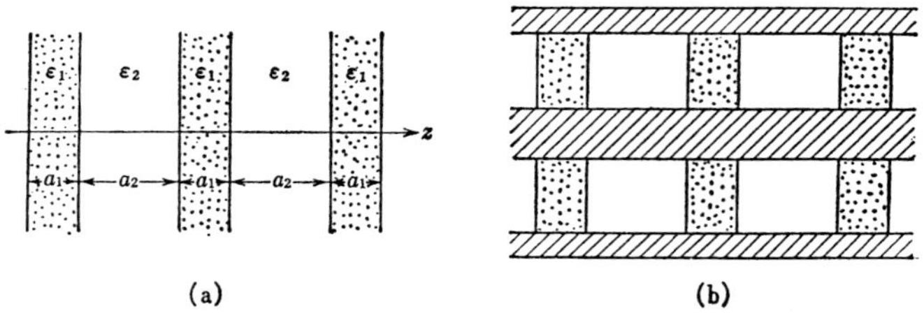


図 18.2 層状媒質

M波について考えよう．図(b)のように，誘電体円板で中心導体を支持している同軸ケーブル中の波も全く同じように扱える．

電界は $x$ 成分のみとし，2種類の媒質中の量を，添字1，2で区別する．各媒質中の波は，正負方向に進む進行波の和で表わせる．それゆえ，$l$ は1か2を表わすものとすると

$$\begin{cases} E=E_l^+e^{-jk_lz}+E_l^-e^{jk_lz} \\ H=\dfrac{E_l^+}{Z_l}e^{-jk_lz}-\dfrac{E_l^-}{Z_l}e^{jk_lz} \end{cases} \tag{18.19}$$

したがって，媒質 $l$ の中で，距離 $a_l$ だけ離れた点の電磁界の間には次の関係がある．

$$\begin{bmatrix} E \\ H \end{bmatrix}_z=\begin{bmatrix} A_l & B_l \\ C_l & D_l \end{bmatrix}\begin{bmatrix} E \\ H \end{bmatrix}_{z+a_l} \tag{18.20}$$

ただし

$$\begin{cases} A_l=\cos\xi_l, \quad B_l=-jZ_l\sin\xi_l \\ C_l=-(j/Z_l)\sin\xi_l, \quad D_l=\cos\xi_l \\ \xi_l=k_la_l \end{cases} \tag{18.21}$$

式(18.20)の行列 $\begin{bmatrix} A_l & B_l \\ C_l & D_l \end{bmatrix}$ は，4端子回路の縦続行列と同じもので，相反性の関係

$$A_lD_l-B_lC_l=1 \tag{18.22}$$

を満足している．

式(18.20)の関係を使うと

$$\begin{cases}\begin{bmatrix}E\\H\end{bmatrix}_{z=0}=\begin{bmatrix}A_1 & B_1\\C_1 & D_1\end{bmatrix}\begin{bmatrix}E\\H\end{bmatrix}_{z=a_1}\\ \begin{bmatrix}E\\H\end{bmatrix}_{z=a_1}=\begin{bmatrix}A_2 & B_2\\C_2 & D_2\end{bmatrix}\begin{bmatrix}E\\H\end{bmatrix}_{z=p}\end{cases}\tag{18.23}$$

したがって

$$\begin{bmatrix}E\\H\end{bmatrix}_{z=0}=\begin{bmatrix}A_1 & B_1\\C_1 & D_1\end{bmatrix}\begin{bmatrix}A_2 & B_2\\C_2 & D_2\end{bmatrix}\begin{bmatrix}E\\H\end{bmatrix}_{z=p}\tag{18.24}$$

一方，Floquet の定理により

$$\begin{bmatrix}E\\H\end{bmatrix}_{z=0}=e^{\mp j\zeta p}\begin{bmatrix}E\\H\end{bmatrix}_{z=p}\tag{18.25}$$

であるから，式 (18.24) と式 (18.25) から

$$\begin{bmatrix}A & B\\C & D\end{bmatrix}\begin{bmatrix}E\\H\end{bmatrix}_{z=p}=e^{\mp j\zeta p}\begin{bmatrix}E\\H\end{bmatrix}_{z=p}\tag{18.26}$$

$$\begin{cases}A=A_1A_2+B_1C_2, & B=A_1B_2+B_1D_2\\ C=C_1A_2+D_1C_2, & D=C_1B_2+D_1D_2\\ AD-BC=1\end{cases}\tag{18.27}$$

式 (18.26) は，行列の固有値問題であり，固有値は $e^{-j\zeta p}$ と $e^{+j\zeta p}$ である．行列の対角項の和は，固有値の和に等しいという定理があるので

$$\begin{aligned}\cos\zeta p&=(A+D)/2\\ &=\cos\xi_1\cos\xi_2-\frac{1}{2}\left(\frac{Z_1}{Z_2}+\frac{Z_2}{Z_1}\right)\sin\xi_1\sin\xi_2\end{aligned}\tag{18.28}$$

の関係をうる．

$|\cos\zeta p|\leqq 1$ ならば，$\zeta$ は実数となるから，波は減衰なしに伝わる．$|\cos\zeta p|>1$ だと $\zeta$ は虚数となり，波は導波管の遮断モードのように減衰する．遮断周波数は

$$\cos\xi_1\cos\xi_2-\frac{1}{2}\left(\frac{Z_1}{Z_2}+\frac{Z_2}{Z_1}\right)\sin\xi_1\sin\xi_2=\pm 1\tag{18.29}$$

という式から決まる．

さて，媒質 1，2 の屈折率をそれぞれ $n_1$，$n_2$ として

$$\begin{cases} \xi^+ \triangleq \xi_1+\xi_2=\omega(n_1a_1+n_2a_2)/c \\ \xi^- \triangleq \xi_1-\xi_2=\omega(n_1a-n_2a_2)/c \\ 1+2\Delta \triangleq \dfrac{1}{2}\left(\dfrac{Z_1}{Z_2}+\dfrac{Z_2}{Z_1}\right)=\dfrac{1}{2}\left(\dfrac{n_1}{n_2}+\dfrac{n_2}{n_1}\right) \end{cases} \tag{18.30}$$

と定義すると式（18.29）は

$$(1+\Delta)\cos\xi^+ - \Delta\cos\xi^- = \pm 1 \tag{18.31}$$

となる．

簡単のため $\Delta \ll 1$ の場合を考えると，解は $\cos\xi^+ \fallingdotseq \pm 1$ の付近にあり

$$\begin{cases} \xi^+ = m\pi \pm 2\sqrt{\Delta}\sin(\xi^-/2), & m=0,\ 2,\ 4\cdots \\ \quad = m\pi \pm 2\sqrt{\Delta}\cos(\xi^-/2), & m=1,\ 3,\ 5\cdots \end{cases} \tag{18.32}$$

$\Delta$ が大きい場合もだいたい同じ形になる．図 18.3 に $n_2/n_1=2$ の場合の数値例を示した．レンズ状の曲線が式（18.31）の解で，遮断周波数を与える．レンズ状領域の内部は遮断域に対応し，外部は通過域に対応する．遮断周波数を求めるには，式（18.30）から

$$\frac{\xi^-}{\xi^+}=\frac{n_1a_1-n_2a_2}{n_1a_1+n_2a_2} \tag{18.33}$$

を計算し，これが表わす直線を書き，レンズ状曲線との交点を求めればよい．図18.3 には $a_1/a_2=5$，$a_1/a_2=1$ の二つの場合を示してある．いずれの場合も通過域で始まり，減衰域がほぼ周期的に現われる．ただし，$a_1/a_2=1$ の場合には3，6，9，…… 番目の減衰域は現われないことが図からわかる．$a_1/a_2=5$ の場合には図では不明であるが，7，14…番目の減衰域が消える．

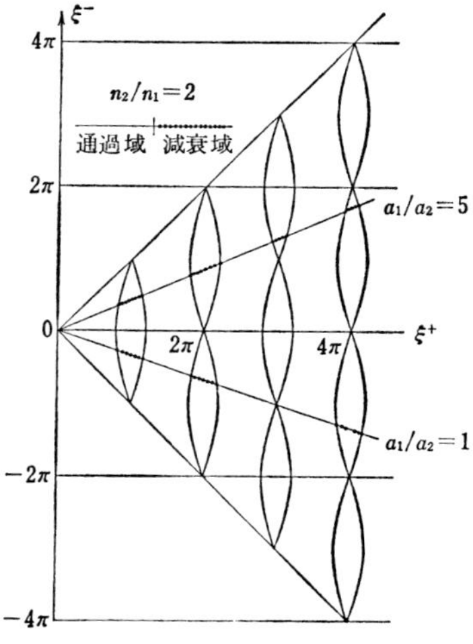


図 18.3　層状媒質の分散特性

なお媒質の平均屈折率 $\bar{n}$ と平均波長 $\bar{\lambda}$ を

$$\bar{n} \triangleq \frac{n_1a_1+n_2a_2}{a_1+a_2}, \quad \bar{\lambda} \triangleq \lambda_0/\bar{n} \tag{18.34}$$

で定義すると，式 (18.30) から

$$\xi^{+}=2\pi p/\bar{\lambda} \tag{18.35}$$

となる．図 18.3 を参照すると，遮断域は

$$2p=m\bar{\lambda},\ \ m=1,\ 2,\ 3\cdots \tag{18.36}$$

を満足する周波数を中心としていることがわかる．

## 18.4 らせん導体

らせんは直線や円より高級な基本図形で，次の特徴をもつ．

(i) らせんに沿って移動しても性質が変わらない．

(ii) 軸方向に周期性をもつ．

(iii) らせんに沿い一周すると，軸方向にピッチだけ移動する．

(iv) 右巻きと左巻きの 2 種類がある．

らせん導体に伝わる伝送波もこの特徴を反映し，

(i) 軸方向の位相速度が，光速より速い波と遅い波がある．

(ii) 速波は漏洩波あるいは管内波であり，遅波は表面波である．

(iii) 右回り，あるいは左回りの円偏波である．

などの性質をもっている．

このような性質をもつらせん導体の応用として次のものが考えられる．

(i) 進行波管用遅波回路

(ii) 広帯域遅延回路

(iii) 特性インピーダンスの大きい伝送線路

(iv) らせんアンテナ

(v) らせん導波管

(vi) 表面波線路

(vii) 濾波器

(viii) 共振器

**図 10.3** 送 信
(p. 249〜p. 51)

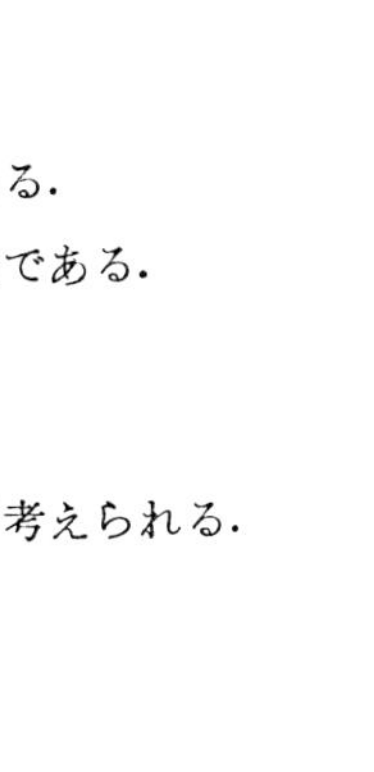

さて，実際のらせん導体は解析し難いので，いろいろの

理想化が行なわれているが，主なものは次のとおりである．

（i） ワイヤらせん：細い円断面の針金で作ったらせん

（ii） テープらせん：薄いテープ状導体で作ったらせん

（iii） スリットらせん：導体円筒に，らせん状のスリットをあけたもの．テープらせんの双対回路と考えられる．

（iv） 多重らせん：同一ピッチのらせんをいくつか同軸に配列したもの．

（v） シースらせん：らせん方向にのみ導電性をもつ円筒で，普通のらせん回路と異なり軸方向の周期性がない．（i）～(iv) のらせんの1次近似と考えることもできる．

（vi） 同軸のシールドや内部導体をもつもの．

ところで（i)～(vi) のらせんはすべて有限個あるいは無限個のワイヤらせんから成り立っていると考えることができるので，ワイヤらせんは最も基本的である．以下ワイヤらせんについて述べる．

### 18.4.1 らせん電流の作る電磁界

らせん導体に沿って伝わる波を考えるための第一段階として無限に細いらせん電流によって作られる電磁界を求めておく．らせん（図18.4参照）の半径を $a$，ピッチを $p$，らせん角を $\Psi$ とすると

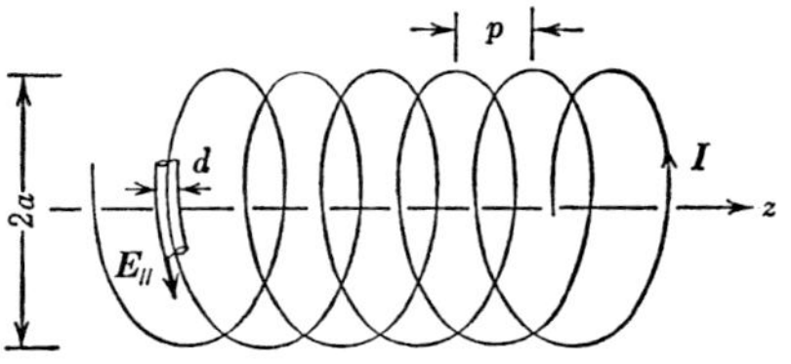


図 18.4 らせん電流

$$\cot\Psi = 2\pi a/p \tag{18.37}$$

の関係がある．

右巻きらせんを考えると，らせんの方程式は

$$\theta - 2\pi z/p = 0,\ \ r = a \tag{18.38}$$

で与えられる．

らせん電流を $\boldsymbol{I}$ とすると，$r=a$ の面における電流の面密度は

$$\boldsymbol{J} = \boldsymbol{I}\delta_p(\theta - 2\pi z/p) \tag{18.39}$$

と表わせる．ここで $\delta_p$ は $z$ について $p$（$\theta$ について $2\pi$）の周期をもつ周期的衝撃関数である．$\delta_p$ を Fourier 級数に展開すると

$$\boldsymbol{J}=(\boldsymbol{I}/p\cos\Psi)\sum_{n=-\infty}^{\infty}e^{jn(\theta-2\pi z/p)} \tag{18.40}$$

ここで（$1/p\cos\Psi$）という定数は

$$\int_0^p J_\theta dz=I$$

となることから生じた．

正弦波の電流を考え

$$\boldsymbol{I}=\boldsymbol{I}_0e^{j(\omega t-\zeta z)} \tag{18.41}$$

とすると，式（18.40）のらせん電流の作る電磁界のデカルト座標成分は

$$u=e^{j(\omega t-\zeta z)}\sum_{n=-\infty}^{\infty}[A_nI_n(\xi_n r)+B_nK_n(\xi_n r)]e^{jn(\theta-2\pi z/p)}$$

$$\xi_n\triangleq\sqrt{\zeta_n{}^2-k^2},\quad \zeta_n\triangleq\zeta+n(2\pi/p) \tag{18.42}$$

の形となる．有界性から，$r<a$ のとき $B_n=0$，$r>a$ のとき $A_n=0$である．

そこで，$r<a$ のときの電磁界成分を求めてみると，まずハイブリッド・モードであることに注意して

$$\begin{cases} E_z^i=\sum\limits_{n=-\infty}^{\infty}a_n^iI_n(\xi_n r)f_n \\ H_z^i=\sum\limits_{n=-\infty}^{\infty}b_n^iI_n(\xi_n r)f_n \end{cases} \tag{18.43}$$

$$f_n\triangleq I_0\exp j(\omega t+n\theta-\zeta_n z)$$

と置くと，他の成分は次式となる．

$$\begin{cases} E_r^i=\sum\left\{-\dfrac{j\zeta_n}{\xi_n}I_n'(\xi_n r)a_n^i-\dfrac{\omega\mu n}{\xi_n{}^2r}I_n(\xi_n r)b_n^i\right\}f_n \\ E_\theta^i=\sum\left\{\dfrac{n\zeta_n}{\xi_n{}^2r}I_n(\xi_n r)a_n^i-\dfrac{j\omega\mu}{\xi_n}I_n'(\xi_n r)b_n^i\right\}f_n \\ H_r^i=\sum\left\{-\dfrac{nk^2}{\omega\mu\xi_n{}^2r}I_n(\xi_n r)a_n^i+\dfrac{j\zeta_n}{\xi_n}I'_n(\xi_n r)b_n^i\right\}f_n \\ H_\theta^i=\sum\left\{-\dfrac{jk^2}{\omega\mu\xi_n}I_n'(\xi_n r)a_n^i-\dfrac{n\zeta_n}{\xi_n{}^2r}I_n(\xi_n r)b_n^i\right\}f_n \end{cases} \tag{18.44}$$

$r>a$ のときは式（18.43），（18.44）で

$$a_n^i\to a_n^o,\quad b_n^i\to b_n^o,\quad I_n\to K_n \tag{18.45}$$

と書き換えればよい．

$\{a_n, b_n\}$ は $r=a$ における電磁界の接続条件から決まる．すなわち $r=a$ にて

$$E_\theta^i=E_\theta^o,\qquad E_z^i=E_z^o$$

$$\left\{\begin{aligned}&H_\theta^i-H_\theta^o=J_z=\frac{\sin\Psi}{p\cos\Psi}\sum f_n\\&H_z^i-H_z^o=J_\theta=\frac{1}{p}\sum f_n\end{aligned}\right.\tag{18.46}$$

$\{f_n\}$ が $\theta$ に関する直交関数系であることを用いると

$$\left\{\begin{aligned}&a_n^i=\frac{j}{2\pi\omega\varepsilon}(k^2-\zeta\zeta_n)K_n(\xi_n a)\\&b_n^i=-\frac{\cot\Psi}{2\pi}\xi_n K_n{}'(\xi_n a)\\&a_n^o=\frac{j}{2\pi\omega\varepsilon}(k^2-\zeta\zeta_n)I_n(\xi_n a)\\&b_n^o=-\frac{\cot\Psi}{2\pi}\xi_n I_n{}'(\xi_n a)\end{aligned}\right.\tag{18.47}$$

以上により，らせん電流の作る電磁界が求まった．

### 18.4.2 ワイヤらせんを伝わる伝送波

円形断面の導体線で作られたらせんに伝わる伝送波を考える．ワイヤの直径 $d$ は，らせんの半径 $a$ およびピッチ $p$ に比べて充分小さいとする．

伝送波の電磁界は，らせん導体に流れる電流により作られたと考えることができ，ワイヤが細いことから，導体の中心線上に集中して流れる電流の作る電磁界と近似的に等しい．ただし，導体の表面で，電界の接線成分が 0 であるという条件が付加されるため，前節では一応任意であった伝搬定数 $\zeta$ の値が，特別な値（固有値）に制限される．この固有値を $\zeta_0$ と書くことにする．

導体上の境界条件を式で表わすために，まず $\zeta$ が任意の値をもつとき，らせんに沿う電界成分を求める．

らせんの一部を拡大して見れば，直線と一致してくるので，らせん上の1点

から同一の微少距離だけ離れた点の電磁界はほぼ等しい．そこで，$r=a$ にあるらせん電流から $d/2$ だけ離れた点での，らせんに平行な電界成分を $E_{/\!/}$ とすれば（図 18.4），これは $r=a'(\triangleq a-d/2)$，$\theta=2\pi z/p$ のところで計算しておけば充分である．すなわち

$$\begin{aligned} E_{/\!/} &= [E_\theta \cos\Psi + E_z \sin\Psi]_{\substack{r=a' \\ \theta=2\pi z/p}} \\ &= \frac{j(I_0 \sin\Psi)g(\zeta a)}{4\pi\omega\varepsilon a^2} e^{j(\omega t-\zeta z)} \end{aligned} \tag{18.48}$$

ただし

$$\left\{ \begin{aligned} & g(\zeta a) \triangleq (ka)^2 \cot\Psi \textstyle\sum_\theta - (\xi_0 a)^2 \textstyle\sum_z \\ & \textstyle\sum_\theta \triangleq \displaystyle\sum_{n=-\infty}^{\infty} [K_{n-1}(\xi_n a) I_{n-1}(\xi_n a') + K_{n+1}(\xi_n a) I_{n+1}(\xi_n a')] \\ & \textstyle\sum_z \triangleq 2 \displaystyle\sum_{n=-\infty}^{\infty} K_n(\xi_n a) I_n(\xi_n a') \end{aligned} \right. \tag{18.49}$$

ワイヤらせんに沿う伝送波に対しては，導体表面上で電界の接線成分 $E_{/\!/}$ が 0 でなければならないので，固有値 $\zeta_0$ は

$$g(\zeta_0 a) = 0 \tag{18.50}$$

から決まる．この式が，ワイヤらせんに沿う伝送波の分散式である．式（18.49）を用いて式（18.50）を陽に書くと次式となる．

$$\begin{aligned} & \frac{\displaystyle\sum_{n=-\infty}^{\infty} [K_{n-1}(\xi_n a) I_{n-1}(\xi_n a') + K_{n+1}(\xi_n a) I_{n+1}(\xi_n a')]}{2\displaystyle\sum_{n=-\infty}^{\infty} K_n(\xi_n a) I_n(\xi_n a')} \\ & = \frac{\xi_0^2 \tan^2\Psi}{k^2} \end{aligned} \tag{18.51}$$

### 18.4.3 伝搬定数の性質

分散式（18.51）から，伝搬定数と周波数の関係を知ることができる．この関係は，一般の伝送波の場合と同じく，横軸に $\zeta_0 a$，縦軸に $ka$ を目盛った平面上に画くのが便利である．この平面を図 18.5 のように

$$\zeta_0 a + n\cot\Psi \pm ka = 0, \quad n=0, \ \pm 1, \ \pm 2 \cdots \tag{18.52}$$

という直線群で分割し，◇形の領域に図示のような記号をつける．そして△形の領域を**遅波領域**，◇形の領域を**速波領域**と名づける．その理由は，式（18.

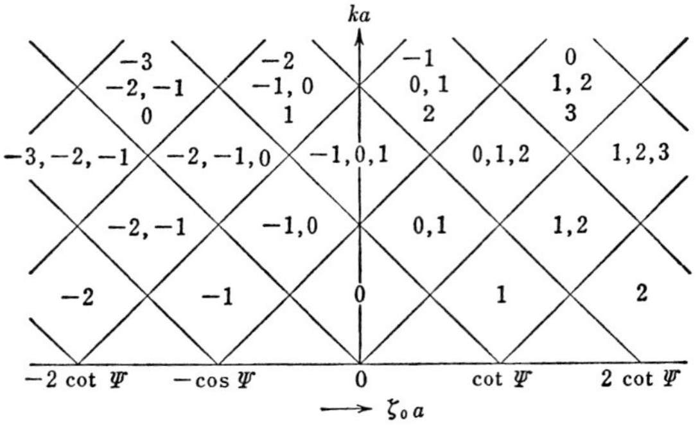


図 18.5　遅波領域と速波領域

52) を書き換えると

$$\zeta_n a \pm ka = 0 \qquad n=0,\ \pm 1,\ \pm 2,\ \cdots \tag{18.53}$$

となり，$\zeta_n$ と $k$ を実数と仮定すれば $\langle n \rangle$ と記された領域では

$$|\zeta_n| < k,\ \text{その他の } m \text{ に対し } |\zeta_m| > k \tag{18.54}$$

となり，第 $n$ 空間高調波が速波になる．同様に $\langle n, n+1 \rangle$ と記された領域では

$$|\zeta_n|,\ |\zeta_{n+1}| < k;\ \text{その他の } m \text{ に対し } |\zeta_m| > k \tag{18.55}$$

となり，第 $n$，第 $(n+1)$ の二つの空間高調波が速波になる．以下同様．また△形の領域では

$$\text{すべての } n \text{ に対して } |\zeta_n| > k \tag{18.56}$$

となり，すべての空間高調波が遅波になる．

本節で考えているワイヤらせんのように，外部シールドをもたない開放形の周期構造の場合には，速波領域の波は漏洩波となる．なぜならば，かりに第 $n$ 空間高調波が速波になったとすると式 (18.54) と式 (18.42) から $\xi_n$ が虚数になり，$r$ 方向へのエネルギー流を生ずるからである．実際にはこのときエネルギー保存の法則から，$z$ 方向のエネルギー流は減衰し，$\zeta_n$, $\xi_n$ はすべて複素数となる．

さて，表面波領域の中で，更に

$$|\zeta_0 a + n\cot\Psi| > ka + 1 \tag{18.57}$$

を満足する部分では，すべての空間高調波に対して

$$K_n(\xi_m a)I_n(\xi_m a')\fallingdotseq\frac{1}{2\xi_m a}e^{-\xi_m d/2} \tag{18.58}$$

という漸近展開が成り立つので，式 (18.51) は分母，分子が等しくなり

$$1=\frac{\xi_0{}^2\tan^2\Psi}{k^2} \tag{18.59}$$

となる．したがって，$z$ 方向の位相速度は

$$v_p=\pm c\sin\Psi \tag{18.60}$$

この式は，波がらせんに沿って光速度で伝わることを意味し，直観的な推測と一致している．

次に，ある $m$ に対して式 (18.57) が成立しないときは，この $m$ に対しては式 (18.58) が使えない．しかし，その他の $n(\neq m)$ に対しては式 (18.58) が使えるので，式 (18.51) は次式のように書ける．

$$\frac{K_{m-1}(\xi_m a)I_{m-1}(\xi_m a)+K_{m+1}(\xi_m a)I_{m+1}(\xi_m a)+2F}{2K_m(\xi_m a)I_m(\xi_m a)+2F}$$

$$=\frac{\xi_0{}^2\tan^2\Psi}{k^2} \tag{18.61}$$

$$F\triangleq\tan\Psi\sum_{n=1}^{\infty}\frac{1}{n}e^{-n\pi d/p}=-\tan\Psi\log(1-e^{-\pi d/p})$$

この式は図 18.5 で ⟨m⟩ と書いてある速波領域でも使えるが，このとき $\xi_m$，$\zeta_m$ は複素数となる．図 18.6 は分散特性の計算例で，細い直線とほぼ重なる曲線部分は $\zeta_0$ が実数となる表面波に対するもの，その他の曲線部分は $\zeta_0$ が複素数となる漏洩波に対する $\mathrm{Re}(\zeta_0 a)\tan\Psi$ である．

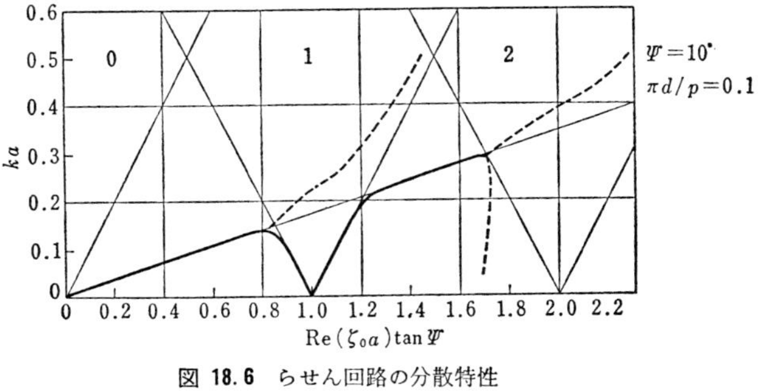


図 18.6 らせん回路の分散特性

遅延回路や進行波管の遅波回路では $|\zeta_0 a| \ll \cot\Psi$ の範囲を使う．これは式（18.61）で $m=0$ の場合に当る．すなわち

$$\frac{K_1(\xi_0 a)I_1(\xi_0 a)+F}{K_0(\xi_0 a)I_0(\xi_0 a)+F}=\frac{\xi_0{}^2\tan^2\Psi}{k^2} \qquad (18.62)$$

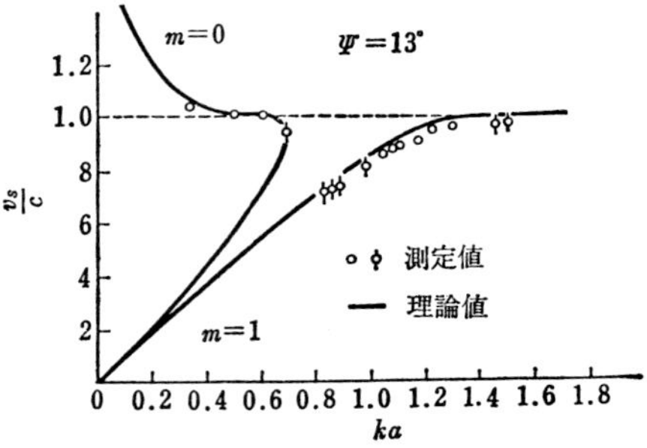


図 18.7　らせんに沿う位相速度 $v_s(\triangleq v_p/\sin\Psi)$ の周波数特性

また Kraus のらせんアンテナでは，軸方向の波長がピッチに等しい波を使い，これは $m=1$ の場合に当る．すなわち

$$\frac{K_0(\xi_1 a)I_0(\xi_1 a)+K_2(\xi_1 a)I_2(\xi_1 a)+2F}{2K_1(\xi_1 a)I_1(\xi_1 a)+2F}=\frac{\xi_0{}^2\tan^2\Psi}{k^2} \qquad (18.63)$$

式（18.62），（18.63）から $z$ 方向の位相速度を計算した例を図（18.7）に示す．

## 18.5　平面回折格子

回折格子は古くから光学においてスペクトル解析用として用いられてきたが，近年ミリ波やレーザ技術の発展にともない，濾波器その他の回路素子としての応用が着目されている．

回折格子にはいろいろのものがあるが，本節では図 18.8 に示すような，無数の幅 $a$ の導体ストリップが周期 $p$ で平行に配列している構造を考える．格子面に垂直に $x$ 軸を，ストリップに平行に $y$ 軸

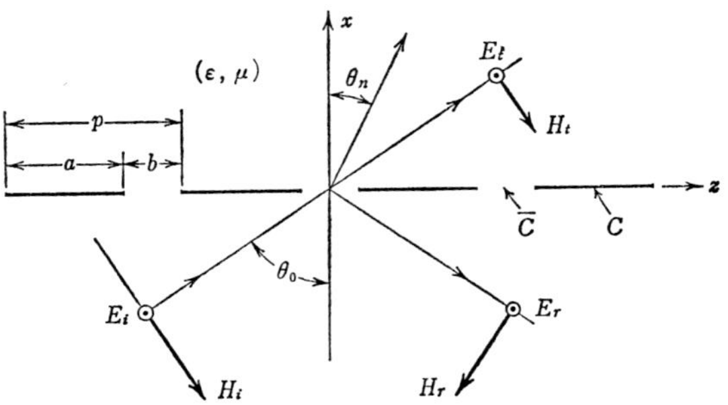


図 18.8　平面回折格子

をとり，格子面を $y$-$z$ 面にとる．ストリップの厚さは無限に薄く，長さは無限に長いという理想的な場合とし，$y$ 軸方向に電界をもつ平面波（$\boldsymbol{E}^i$, $\boldsymbol{H}^i$）が $\theta_0$ の入射角で格子に入射するときの回折問題を扱う．磁界が $y$ 軸方向を向く問題は，Babinet の原理から上記の問題に還元できる．

入射波の成分は

$$\begin{cases} E_y^i = \dfrac{1}{k\cos\theta_0} e^{j(\omega t - kx\cos\theta_0 - kz\sin\theta_0)} \\ H_z^i = \dfrac{1}{\omega\mu} e^{j(\omega t - kx\cos\theta_0 - kz\sin\theta_0)} \end{cases} \tag{18.64}$$

$E_x^i = E_z^i = H_y^i = 0$ であり，$H_x^i \neq 0$ であるが，問題を解くときには不必要で，必要があればすぐに求められる．

反射係数とか透過係数のような規格化された量は（$p/\lambda$）の関数となる（すなわち，$p$ を $\nu$ 倍し，$\lambda$ を $\nu$ 倍しても結果は変わらない）から，以後は便利のために $p=2\pi$ とするが，最後の結果で $2\pi/\lambda$ を $p/\lambda$ と書き変えれば，一般の場合にもどる．

Floquet の定理を使うと透過波（$\boldsymbol{E}^t$, $\boldsymbol{H}^t$），反射波（$\boldsymbol{E}^r$, $\boldsymbol{H}^r$）の成分は次のように書ける．

$$\begin{cases} E_y^t = e^{j(\omega t - kz\sin\theta_0)} \displaystyle\sum_{n=-\infty}^{\infty} a_n e^{-j(\xi_n x + nz)} \\ H_z^t = \dfrac{1}{\omega\mu} e^{j(\omega t - kz\sin\theta_0)} \displaystyle\sum_{n=-\infty}^{\infty} a_n \xi_n e^{-j(\xi_n x + nz)} \end{cases} \tag{18.65}$$

$$\begin{cases} E_y^r = e^{j(\omega t - kz\sin\theta_0)} \displaystyle\sum_{n=-\infty}^{\infty} b_n e^{j(\xi_n x - nz)} \\ H_z^r \triangleq \dfrac{-1}{\omega\mu} e^{j(\omega t - kz\sin\theta_0)} \displaystyle\sum_{n=-\infty}^{\infty} b_n \xi_n e^{j(\xi_n x - nz)} \end{cases} \tag{18.66}$$

$$\xi_n{}^2 = k^2 - (n + k\sin\theta_0)^2$$

$$\mathrm{Re}(\xi_n) > 0, \quad \mathrm{Im}(\xi_n) \leqq 0 \quad 〔x = \pm\infty \text{ での放射条件}〕$$

上式の $a_n$, $b_n$ は次の境界条件から決める．まず，導体ストリップ上の $z$ の集合を $C$, 窓上の $z$ の集合を $\overline{C}$ と書くと

$$E_y^i + E_y^r = E_y^t = 0 \qquad z \in C \tag{18.67}$$

$$E_y^i + E_y^r = E_y^t \qquad z \in \overline{C} \tag{18.68}$$

$$H_z^i+H_z^r=H_z^t \qquad z\in\overline{C} \tag{18.69}$$

式 (18.67), (18.68) から $(E_y^i+E_y^r-E_y^t)_{x=0}=0$ の関係は一周期にわたって成り立つことになるので, $(E_y^i+E_y^r-E_y^t)_{x=0}$ の Fourier 係数は 0 である. すなわち

$$\begin{cases}\dfrac{1}{k\cos\theta_0}+b_0-a_0=0\\ \qquad\qquad b_n-a_n=0 \quad (n\neq 0)\end{cases} \tag{18.70}$$

式 (18.67), (18.69) に式 (18.70) を代入して, $b_n$ を消去すると次の 2 式となる.

$$\begin{cases}\displaystyle\sum_{n=-\infty}^{\infty}a_n e^{-jnz}=0, & z\in C\\ \displaystyle\sum_{n=-\infty}^{\infty}\xi_n a_n e^{-jnz}=1, & z\in\overline{C}\end{cases} \tag{18.71}$$

この式は $a_n$ に関する無限次の連立方程式であって, 厳密解法はわかっていないが, 工学的には近似解で充分であり, いろいろな近似解法がある. いずれの場合も式 (18.71) を有限次の連立方程式で近似する点は共通している. そして, 近似を良くするためには少なくとも 100 元程度の連立方程式を解く必要があり, コンピュータを利用しなければならない. コンピュータの利用にもっとも適している解法の一つに点整合法 (point matching method) がある. 以下, これについて述べよう.

式 (18.71) は $z$ の連続値について成り立つのであるが, 点整合法においては, 適当な整数 $N$ を選び

$$z_\nu \triangleq \frac{2\pi}{2N+1}\nu, \quad \nu=0,\ \pm1,\ \pm2,\ \cdots\cdots \tag{18.72}$$

で与えられる等間隔の点 $z_\nu$ だけに着目する. すると式 (18.71) は $z$ に関して周期的だから $0\leqq z<2\pi$ の範囲の $(2N+1)$ 個の点だけが独立な式を与えることになる. そこで未知数の数も $(2N+1)$ 個におさえるため $|n|>N$ となる項を無視し

$$\begin{cases}\displaystyle\sum_{n=-N}^{N}a_n e^{-jnz_\nu}=0, & z_\nu\in C\\ \displaystyle\sum_{n=-N}^{N}\xi_n a_n e^{-jnz_\nu}=1, & z_\nu\in\overline{C}\end{cases} \tag{18.73}$$

という（$2N+1$）元の連立方程式を解くことによって近似解を求めることができる．

さて，式（18.65）によれば透過波の第 $n$ 空間高調波は

$$\begin{cases} E_n^t = a_n e^{j(\omega t - \xi_n x - \zeta_n z)} \\ H_n^t = \dfrac{\xi_n}{\omega\mu} E_n^t \end{cases} \tag{18.74}$$

$$\xi_n = \sqrt{k^2 - \zeta_n{}^2}, \quad \zeta_n = k\sin\theta_0 + n$$

で与えられ，進行方向と $x$ 軸のなす角 $\theta_n$(図 18.8 参照）は次式で計算できる．

$$\sin\theta_n = \frac{\zeta_n}{k} = \sin\theta_0 + \frac{n}{k} \tag{18.75}$$

入射角 $\theta_0$ と高調波次数 $n$ を一定として，周波数を変えると $\theta_n$ が変わる．このことを利用してスペクトル分析ができる．

また

$$\rho_t = \text{電力透過係数} = \frac{1\text{ 周期当りの透過電力}}{1\text{ 周期当りの入射電力}} \tag{18.76}$$

と定義すると

$$\rho_t = k\cos\theta_0 \sum_{\mathrm{Re}\,\xi_n} \xi_n |a_n|^2 \tag{18.77}$$

となる．ただし，和は $\xi_n$ が実数となる $n$ についてのみ行なう．$\rho_t$ の計算例を図 18.9 に示す．このような周波数特性は濾波器その他の回路素子として利用できるかもしれない．

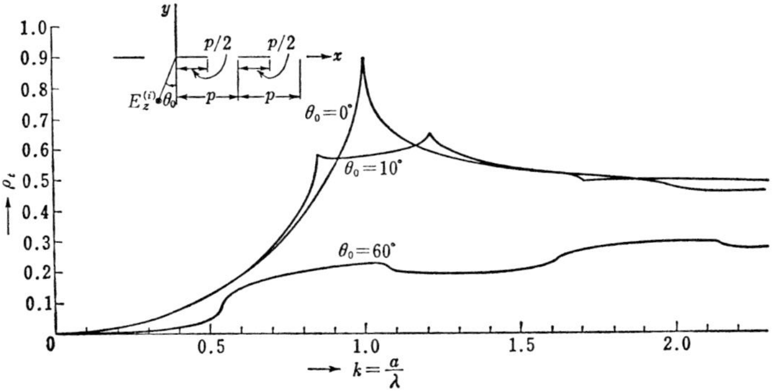


図 18.9

# 付　　　録

## I. ベクトルの公式

### ベクトルの恒等式

$$\boldsymbol{A}\cdot(\boldsymbol{B}\times\boldsymbol{C})\equiv\boldsymbol{B}\cdot(\boldsymbol{C}\times\boldsymbol{A})=\boldsymbol{C}\cdot(\boldsymbol{A}\times\boldsymbol{B}) \tag{I-1}$$

$$\boldsymbol{A}\times(\boldsymbol{B}\times\boldsymbol{C})\equiv(\boldsymbol{A}\cdot\boldsymbol{C})\boldsymbol{B}-(\boldsymbol{A}\cdot\boldsymbol{B})\boldsymbol{C} \tag{I-2}$$

$$\nabla\cdot\nabla\phi\equiv\nabla^2\phi \tag{I-3}$$

$$\nabla\times\nabla\phi\equiv 0 \tag{I-4}$$

$$\nabla\cdot\nabla\times\boldsymbol{A}\equiv 0 \tag{I-5}$$

$$\nabla\times\nabla\times\boldsymbol{A}\equiv\nabla\nabla\cdot\boldsymbol{A}-\nabla^2\boldsymbol{A} \tag{I-6}$$

$$\nabla(\phi\psi)\equiv\psi\nabla\phi+\phi\nabla\psi \tag{I-7}$$

$$\nabla\cdot(\phi\boldsymbol{A})\equiv\phi\nabla\cdot\boldsymbol{A}+\boldsymbol{A}\cdot\nabla\phi \tag{I-8}$$

$$\nabla\times(\phi\boldsymbol{A})\equiv\phi\nabla\times\boldsymbol{A}+(\nabla\phi)\times\boldsymbol{A} \tag{I-9}$$

$$\nabla\cdot(\boldsymbol{A}\times\boldsymbol{B})\equiv\boldsymbol{B}\cdot\nabla\times\boldsymbol{A}-\boldsymbol{A}\cdot\nabla\times\boldsymbol{B} \tag{I-10}$$

$$\nabla\cdot(\boldsymbol{A}\times\nabla\times\boldsymbol{B})\equiv\nabla\times\boldsymbol{B}\cdot\nabla\times\boldsymbol{A}-\boldsymbol{A}\cdot\nabla\times\nabla\times\boldsymbol{B} \tag{I-10'}$$

$$\oint_a\boldsymbol{A}\cdot d\boldsymbol{a}\equiv\int_v\nabla\cdot\boldsymbol{A}\,dv \tag{I-11}$$

$$\oint_c\boldsymbol{A}\cdot d\boldsymbol{l}\equiv\int_a(\nabla\times\boldsymbol{A})\cdot d\boldsymbol{a} \tag{I-12}$$

$$\oint_a\phi\,d\boldsymbol{a}\equiv\int_v\nabla\phi\,dv \tag{I-13}$$

$$\oint_a\boldsymbol{A}(\boldsymbol{B}\cdot d\boldsymbol{a})\equiv\int_v\boldsymbol{A}\nabla\cdot\boldsymbol{B}\,dv+\int_v(\boldsymbol{B}\cdot\nabla)\boldsymbol{A}\,dv \tag{I-14}$$

$$\oint_c\phi\,d\boldsymbol{l}\equiv-\int_a(\nabla\phi)\times d\boldsymbol{a} \tag{I-15}$$

### 直角座標，円筒座標，球座標における微分作用素

**傾　斜**

$$\nabla\phi=\boldsymbol{a}_x\frac{\partial\phi}{\partial x}+\boldsymbol{a}_y\frac{\partial\phi}{\partial y}+\boldsymbol{a}_z\frac{\partial\phi}{\partial z} \qquad (\text{I}-16)$$

$$\nabla\phi=\boldsymbol{a}_r\frac{\partial\phi}{\partial \boldsymbol{r}}+\boldsymbol{a}_\theta\frac{1}{\boldsymbol{r}}\frac{\partial\phi}{\partial\theta}+\boldsymbol{a}_z\frac{\partial\phi}{\partial z} \qquad (\text{I}-17)$$

$$\nabla\phi=\boldsymbol{a}_r\frac{\partial\phi}{\partial \boldsymbol{r}}+\boldsymbol{a}_\theta\frac{1}{\boldsymbol{r}}\frac{\partial\phi}{\partial\theta}+\boldsymbol{a}_\varphi\frac{1}{\boldsymbol{r}\sin\theta}\frac{\partial\phi}{\partial\varphi} \qquad (\text{I}-18)$$

**発　散**

$$\nabla\cdot\boldsymbol{A}=\frac{\partial A_x}{\partial x}+\frac{\partial A_y}{\partial y}+\frac{\partial A_z}{\partial z} \qquad (\text{I}-19)$$

$$\nabla\cdot\boldsymbol{A}=\frac{1}{\boldsymbol{r}}\frac{\partial(\boldsymbol{r}A_r)}{\partial\boldsymbol{r}}+\frac{1}{\boldsymbol{r}}\frac{\partial A_\theta}{\partial\theta}+\frac{\partial A_z}{\partial z} \qquad (\text{I}-20)$$

$$\nabla\cdot\boldsymbol{A}=\frac{1}{\boldsymbol{r}^2}\frac{\partial(\boldsymbol{r}^2A_r)}{\partial\boldsymbol{r}}+\frac{1}{\boldsymbol{r}\sin\theta}\frac{\partial(\sin\theta A_\theta)}{\partial\theta}+\frac{1}{\boldsymbol{r}\sin\theta}\frac{\partial A_\varphi}{\partial\varphi} \qquad (\text{I}-21)$$

**回　転**

$$\nabla\times\boldsymbol{A}=\boldsymbol{a}_x\left(\frac{\partial A_z}{\partial y}-\frac{\partial A_y}{\partial z}\right)+\boldsymbol{a}_y\left(\frac{\partial A_x}{\partial z}-\frac{\partial A_z}{\partial x}\right)+\boldsymbol{a}_z\left(\frac{\partial A_y}{\partial x}-\frac{\partial A_x}{\partial y}\right) \qquad (\text{I}-22)$$

$$\nabla\times\boldsymbol{A}=\boldsymbol{a}_r\frac{1}{\boldsymbol{r}}\left[\frac{\partial A_z}{\partial\theta}-\frac{\partial(\boldsymbol{r}A_\theta)}{\partial z}\right]+\boldsymbol{a}_\theta\left(\frac{\partial A_r}{\partial z}-\frac{\partial A_z}{\partial\boldsymbol{r}}\right)+\boldsymbol{a}_z\frac{1}{\boldsymbol{r}}\left[\frac{\partial(\boldsymbol{r}A_\theta)}{\partial\boldsymbol{r}}-\frac{\partial A_r}{\partial\theta}\right] \qquad (\text{I}-23)$$

$$\nabla\times A=\boldsymbol{a}_r\frac{1}{\boldsymbol{r}^2\sin\theta}\left[\frac{\partial(\boldsymbol{r}\sin\theta\,A_\varphi)}{\partial\theta}-\frac{\partial(\boldsymbol{r}A_\theta)}{\partial\varphi}\right]+\boldsymbol{a}_\theta\frac{1}{\boldsymbol{r}\sin\theta}\left[\frac{\partial A_r}{\partial\varphi}-\frac{\partial(\boldsymbol{r}\sin\theta\,A_\varphi)}{\partial\boldsymbol{r}}\right]+\boldsymbol{a}_\varphi\frac{1}{\boldsymbol{r}}\left[\frac{\partial(\boldsymbol{r}A_\theta)}{\partial\boldsymbol{r}}-\frac{\partial A_r}{\partial\theta}\right] \qquad (\text{I}-24)$$

ラプラシヤン

$$\nabla^2\phi=\frac{\partial^2\phi}{\partial x^2}+\frac{\partial^2\phi}{\partial y^2}+\frac{\partial^2\phi}{\partial z^2} \qquad (\text{I}-25)$$

$$\nabla^2\phi=\frac{1}{\boldsymbol{r}}\frac{\partial}{\partial\boldsymbol{r}}\left(\boldsymbol{r}\frac{\partial\phi}{\partial\boldsymbol{r}}\right)+\frac{1}{\boldsymbol{r}^2}\frac{\partial^2\phi}{\partial\theta^2}+\frac{\partial^2\phi}{\partial z^2} \qquad (\text{I}-26)$$

$$\nabla^2\phi=\frac{1}{r^2}\frac{\partial}{\partial r}\left(r^2\frac{\partial\phi}{\partial r}\right)+\frac{1}{r^2\sin\theta}\frac{\partial}{\partial\theta}\left(\sin\theta\frac{\partial\phi}{\partial\theta}\right)+\frac{1}{r^2\sin^2\theta}\frac{\partial^2\phi}{\partial\varphi^2} \qquad (\text{I}\,\text{-27})$$

## II．δ-関　　数

図 II -1 に示す関数は

$$D(x)=A \qquad |x|<1/2A$$
$$=0 \qquad |x|>1/2A$$

であり

$$\text{面積}=\int_{-\infty}^{\infty}D(x)\,dx=A/A=1$$

の性質をもつ．このような関数の仮想的極限として $A\to\infty$ の場合を考え，これを

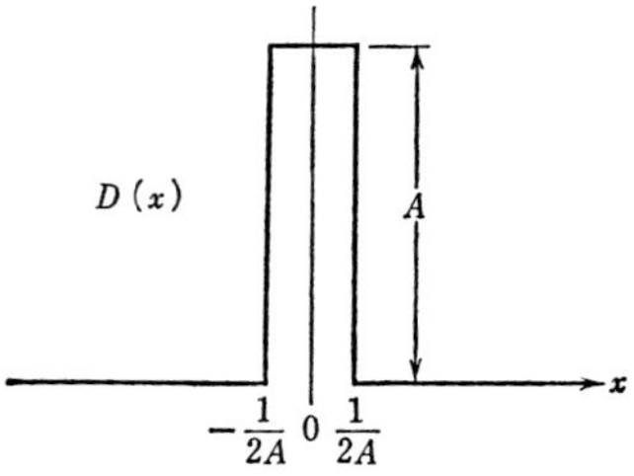


付録図 II-1　$\delta(x)=\lim_{A\to\infty}D(x)$

$\delta(x)$ と書き, Dirac の δ-関数と呼ぶ．この定義から δ-関数は次の性質をもつ．

$$\begin{cases}\delta(x)=\infty & x=0\\ \quad =0 & x\neq 0\\ \int_{-\infty}^{\infty}\delta(x)\,dx=1\end{cases} \qquad (\text{II}\,\text{-1})$$

$$\int_{-\infty}^{\infty}f(x)\,\delta(x)\,dx=f(0)$$

（$f(x)$ は $x=0$ で連続な任意の関数）　　(II -2)

式（II -1）および式（II -2）はそれぞれ δ-関数の定義であると考えてもよい．

その他の性質

$$\delta(x)=\delta(-x),\quad x\delta(x)=0,\quad \delta(ax)=(1/a)\delta(x) \qquad (\text{II}\,\text{-3})$$
$$(a>0),\quad \delta(x^2-a^2)=(1/2a)[\delta(x-a)+\delta(x+a)]$$

1 次元の δ-関数を使って 3 次元の δ-関数を定義する．

$$\delta(\boldsymbol{r})\triangleq\delta(x)\delta(y)\delta(z) \qquad (\text{II}\,\text{-4})$$

$$\iiint f(\boldsymbol{r})\,\delta(\boldsymbol{r})\,dv=f(0) \qquad (\text{II}\,\text{-5})$$

この 3 次元の δ-関数を用いると，点電荷の電荷密度を考えることができる．

すなわち，3次元空間のP点（$x_1$，$y_1$，$z_1$）にある $q$ (coulomb) の点電荷の電荷密度 $\rho_q(\boldsymbol{r})$ はP点で無限大であり，体積積分は $q$ になるべきであるから

$$\rho_q(\boldsymbol{r})=q\delta(x-x_1)\delta(y-y_1)\delta(z-z_1)=q\delta(\boldsymbol{r}-\boldsymbol{r}_1) \qquad (\text{Ⅱ-6})$$

と書ける．したがって，原点に置かれた点電荷の作る静電ポテンシャルに対する Poisson の方程式は

$$\nabla^2\phi=-\frac{q}{\varepsilon}\delta(\boldsymbol{r}) \qquad (\text{Ⅱ-7})$$

となる．一方，Coulomb の法則から

$$\phi=\frac{q}{4\pi\varepsilon \boldsymbol{r}} \qquad (\text{Ⅱ-8})$$

式（Ⅱ-7)，（Ⅱ-8）より

$$\nabla^2\left(\frac{1}{\boldsymbol{r}}\right)=-4\pi\delta(\boldsymbol{r}) \qquad (\text{Ⅱ-9})$$

の関係が求まる．

## III. Helmholtz の定理

〔定　理〕 任意のベクトル場 $\boldsymbol{F}$ は，$\nabla\cdot\boldsymbol{F}=d(\boldsymbol{r})$ と $\nabla\times\boldsymbol{F}=\boldsymbol{C}(\boldsymbol{r})$ が与えられると，一意に決まり，次の形で表わせる．

$$\boldsymbol{F}=-\nabla\Phi+\nabla\times\boldsymbol{A} \qquad (\text{Ⅲ-1})$$

ただし

$$\left\{\begin{aligned}\Phi&=\frac{1}{4\pi}\int\frac{d(\boldsymbol{r}')}{|\boldsymbol{r}-\boldsymbol{r}'|}dV'\\ \boldsymbol{A}&=\frac{1}{4\pi}\int\frac{\boldsymbol{C}(\boldsymbol{r}')}{|\boldsymbol{r}-\boldsymbol{r}'|}dV'\end{aligned}\right. \qquad (\text{Ⅲ-2})$$

（証） $\nabla^2\varphi=-\delta(\boldsymbol{r}-\boldsymbol{r}')$ は $\varphi$ が，$\boldsymbol{r}'$ に存在する単位点電荷のポテンシャルであることを示す方程式である（$\varepsilon\to 1$ としたときの）．ゆえに解は $\varphi=1/4\pi|\boldsymbol{r}-\boldsymbol{r}'|$ で，このことから $\nabla^2[1/4\pi|\boldsymbol{r}-\boldsymbol{r}'|]=-\delta(\boldsymbol{r}-\boldsymbol{r}')$ となる．したがって，任意のベクトル場 $\boldsymbol{F}$ に対して

$$\boldsymbol{F}(\boldsymbol{r})=-\int\frac{\boldsymbol{F}(\boldsymbol{r}')}{4\pi}\nabla^2\left(\frac{1}{|\boldsymbol{r}-\boldsymbol{r}'|}\right)dV'$$

$$=-\nabla^2\int\frac{\boldsymbol{F}(\boldsymbol{r}')}{4\pi|\boldsymbol{r}'-\boldsymbol{r}|}dV'$$

恒等式 $\nabla\times\nabla\times\equiv\nabla\nabla\cdot-\nabla^2$ を使うと

$$\boldsymbol{F}(\boldsymbol{r})=\nabla\times\nabla\times\int\frac{\boldsymbol{F}(\boldsymbol{r}')}{4\pi|\boldsymbol{r}'-\boldsymbol{r}|}dV'-\nabla\nabla\cdot\int\frac{\boldsymbol{F}(\boldsymbol{r}')}{4\pi|\boldsymbol{r}-\boldsymbol{r}'|}dV' \quad (\text{III-3})$$

となる．ゆえに

$$\Phi\triangleq-\nabla\cdot\int\frac{\boldsymbol{F}(\boldsymbol{r}')}{4\pi|\boldsymbol{r}-\boldsymbol{r}'|}dV'$$

$$\boldsymbol{A}\triangleq\nabla\times\int\frac{\boldsymbol{F}(\boldsymbol{r}')}{4\pi|\boldsymbol{r}-\boldsymbol{r}'|}dV'$$

と定義すれば式（Ⅲ-3）は式（Ⅲ-1）の形になる．

次に式（Ⅲ-2）を証明する．式（Ⅲ-1）の両辺の発散をとり，$\nabla\cdot\nabla\times\boldsymbol{A}\equiv0$ と $\nabla\cdot\boldsymbol{F}=d$ を代入すると

$$\nabla^2\Phi=-d(\boldsymbol{r})$$

これは Poisson の方程式であるから，解は

$$\Phi=\frac{1}{4\pi}\int\frac{d(\boldsymbol{r}')}{|\boldsymbol{r}-\boldsymbol{r}'|}dV'$$

同様に式（Ⅲ-1）の回転をとり，$\nabla\times\nabla\Phi=0$，$\nabla\cdot\boldsymbol{A}=0$，$\nabla\times\boldsymbol{F}=\boldsymbol{C}$ 等を考慮すると

$$\nabla^2\boldsymbol{A}=-\boldsymbol{C}(\boldsymbol{r})$$

ゆえに

$$\boldsymbol{A}=\frac{1}{4\pi}\int\frac{\boldsymbol{C}(\boldsymbol{r})}{|\boldsymbol{r}-\boldsymbol{r}'|}dV'$$

となって式（Ⅲ-2）が証明された．

**系 1**　$\nabla\times\boldsymbol{F}=0$ なら $\boldsymbol{F}=-\nabla\Phi$ なるスカラ場 $\Phi$ が存在し，$\nabla\cdot\boldsymbol{F}=0$ なら $\boldsymbol{F}=\nabla\times\boldsymbol{A}$ なるベクトル場 $\boldsymbol{A}$ が存在する．

（証）Helmholtz の定理で，$\boldsymbol{C}=0$ あるいは $d=0$ と置けば明らかである．

# IV. Fourier 解　析

## IV-1　Fourier 級数

関数 $f(t)$ が，区間 $(-T_1/2,\ T_1/2)$ で定義されていて，$|f(t)|$ が積分可能すなわち

$$\int_{-T_1/2}^{T_1/2}|f(t)|\,dt<\infty \qquad (\text{Ⅳ-1})$$

のとき，$f(t)$ は，つぎのように正弦波の和で表わすことができる．

$$f(t)=\frac{1}{T_1}\sum_{n=-\infty}^{\infty}C_n e^{j\omega_n t} \qquad (\text{Ⅳ-2})$$

ここに，$\omega_n \triangleq 2\pi n/T_1$ で，$n$ は正負の整数である．右辺の級数を Fourier 級数といい，式（Ⅳ-2）を $f(t)$ の Fourier 展開，$C_n$ を Fourier 係数，$T_1$ を基本周期という．係数 $C_n$ と $f(t)$ の関係を求めるには，$\{e^{j\omega_n t}\}$ の直交関係

$$\frac{1}{T_1}\int_{-T_1/2}^{T_1/2} e^{j\omega_m t}\cdot e^{-j\omega_n t}\,dt=\delta_{mn} \qquad (\text{Ⅳ-3})$$

（ここに，$\delta_{mn}$ は Kronecker のデルタといい，$m\neq n$ のとき $\delta_{mn}\triangleq 0$，$m=n$ のとき $\delta_{mn}\triangleq 1$ となる記号である）を用いればよい．すなわち式（Ⅳ-2）の両辺に $e^{-j\omega_n t}$ を乗じて，$\int_{-T_1/2}^{T_1/2}dt$ を行なうと

$$C_n=\int_{-T_1/2}^{T_1/2} f(t)e^{-j\omega_n t}\,dt \qquad (\text{Ⅳ-4})$$

と求まる．

## IV-2　Fourier 積分

前節の結果で，$T_1\to\infty$ とすると，$\omega_n=2\pi n/T_1$ は，区間 $(-\infty,\ +\infty)$ の中で密に分布するようになるので，これを連続変数 $\omega$ と考えてよい（$\omega$ の連続な関数を扱う限り）．このとき $C_n$ は $j\omega$ の関数となるから，これを $F(j\omega)$ と書くと（Ⅳ-4）は

$$F(j\omega)=\int_{-\infty}^{\infty} f(t)e^{-j\omega t}\,dt \qquad (\text{Ⅳ-5})$$

となる．また式（Ⅳ-2）は $\Delta\omega=\omega_{i+1}-\omega_i=2\pi/T_1$ に注意すると

$$f(t)=\frac{1}{2\pi}\sum_{n=-\infty}^{\infty}F(j\omega_n)e^{j\omega_n t}\Delta\omega$$

と書けるから，$T_1\to\infty$ のとき

$$f(t)=\frac{1}{2\pi}\int_{-\infty}^{\infty}F(j\omega)e^{j\omega t}d\omega \qquad (\text{Ⅳ-6})$$

となる．式（Ⅳ-5），（Ⅳ-6）の形の積分を Fourier 積分といい，$f(t)$ と $F(j\omega)$ を互いに他方の Fourier 変換と呼び，$\mathscr{F}[f(t)]=F(j\omega)$ と書く．

$$\mathscr{F}[f]=\mathscr{F} \to F\left[\frac{df}{dt}\right]=j\omega F \qquad (\text{Ⅳ-7})$$

ただし $a\to b$ は"$a$ なら $b$"という記号

（証）$\displaystyle\int_{-\infty}^{\infty}\frac{df}{dt}e^{-j\omega t}dt=\left[fe^{-j\omega t}\right]_{-\infty}^{\infty}+j\omega\int_{-\infty}^{\infty}fe^{-j\omega t}dt$

右辺第1項は零で，第2項は $j\omega\mathrm{F}(j\omega)$ に等しい（終）

式（Ⅳ-5），（Ⅳ-6）から直ちにわかるように

$$f(t)=0 \longleftrightarrow F(j\omega)=0 \qquad (\text{Ⅳ-8})$$

である．ただし，$a\longleftrightarrow b$ は"$a$ なら $b$，$b$ なら $a$"という記号である．

## V．1次元波動方程式の解

1次元の波動方程式

$$\frac{\partial^2\phi}{\partial z^2}-\frac{1}{u^2}\frac{\partial^2\phi}{\partial t^2}=0 \qquad (\text{Ⅴ-1})$$

の解を求めるために，$\phi(z, t)$ を時間に関して Fourier 積分表示する．すなわち

$$\Psi(z, j\omega)\triangleq\int_{-\infty}^{\infty}\phi(z, t)e^{-j\omega t}dt \qquad (\text{Ⅴ-2a})$$

$$\phi(z, t)=\frac{1}{2\pi}\int_{-\infty}^{\infty}\Psi(z, j\omega)e^{j\omega t}dt \qquad (\text{Ⅴ-2b})$$

式（Ⅴ-2b）を式（Ⅴ-1）に代入すると式（Ⅳ-7）により

$$\frac{1}{2\pi}\int_{-\infty}^{\infty}\left(\frac{d^2\Psi}{dz^2}+\frac{\omega^2}{u^2}\Psi\right)e^{j\omega t}dt=0$$

したがって式（IV-8）により

$$\frac{d^2\Psi}{dz^2}+\frac{\omega^2}{u^2}\Psi=0 \qquad (\text{V-3})$$

この式の一般解は

$$\Psi=F(j\omega)e^{-j\omega z/u}+G(j\omega)e^{j\omega z/u} \qquad (\text{V-4})$$

$F$ と $G$ は $j\omega$ の任意の関数である．式（V-4）を式（V-2b）に代入すると

$$\phi(z,\ t)=\frac{1}{2\pi}\int_{-\infty}^{\infty}F(j\omega)e^{j\omega(t-z/u)}d\omega$$
$$+\frac{1}{2\pi}\int_{-\infty}^{\infty}G(j\omega)e^{j\omega(t+z/u)}d\omega$$

$\mathscr{F}[f]=F$, $\mathscr{F}[g]=G$ とすれば

$$\phi(z,\ t)=f(t-z/u)+g(t+z/u) \qquad (\text{V-5})$$

となる．$F$, $G$ が $j\omega$ の任意関数であったから $f$, $g$ も任意の関数としてよい．ところで式（V-3）は，式（V-1）の $\phi$ を

$$\phi=\Psi(z)e^{j\omega t} \qquad (\text{V-6})$$

の形に仮定すれば直ちに出てくる．そして $\Psi$ が求まれば $\phi$ は Fourier 変換で直ちに求まるから，多くの場合 $\phi$ として式（V-6）の形のものだけを考えれば充分である．

## VI. 円 柱 関 数

波動方程式を円筒座標系で変数分離したとき現われる微分方程式

$$\frac{d^2R}{dr^2}+\frac{1}{r}\frac{dR}{dr}+\left(1-\frac{n^2}{r^2}\right)R=0$$

を Bessel の微分方程式といい，二つの基本解を次のように選ぶ(1)．

$$J_n(r)=\left(\frac{r}{2}\right)^n\sum_{m=0}^{\infty}\frac{(-1)^m(r/2)^{2m}}{m!(m+n)!}$$

$$N_n(r)=\frac{2}{\pi}J_n(r)(\log r-0.115\,93\cdots)$$

（1） 一般に $n$ は整数と限らないが，本節では $n$ を整数とする．

$$-\frac{1}{\pi}\left(\frac{r}{2}\right)^n\sum_{m=0}^{\infty}\frac{(-1)^m}{m!(m+n)!}\left(\frac{r}{2}\right)^{2m}\left[\sum_{\nu=1}^{m}\frac{1}{\nu}+\sum_{\nu=1}^{m+n}\frac{1}{\nu}\right]$$

$$-\frac{(1-\delta_{n0})}{\pi}\left(\frac{r}{2}\right)^{-n}\sum_{m=0}^{n-1}\frac{(n-m-1)!}{mr}\left(\frac{r}{2}\right)^{2m}$$

$J_n(r)$ を第1種円柱関数，または(狭義の) Bessel 関数，$N_n(r)$ を第2種円柱関数，または Neumann 関数という．

第1種および第2種の Hankel 関数は次式で定義される．

$$H_n^{(1)}(r)=J_n(r)+jN_n(r)$$

$$H_n^{(2)}(r)=J_n(r)-jN_n(r)$$

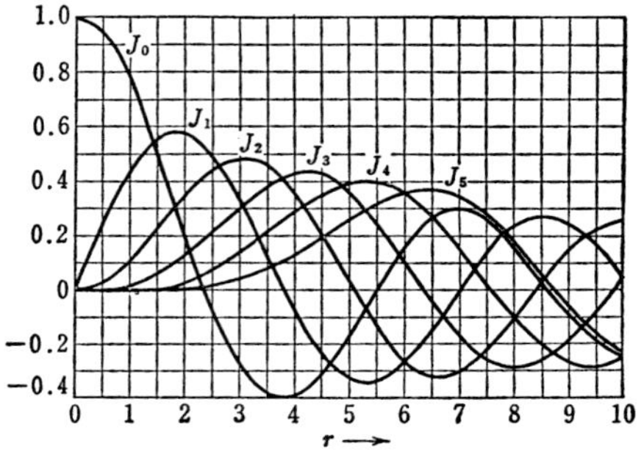


付録図 VI-1 $J_n(r)$

円柱関数の引変数が虚数の場合には，第1種および第2種の変形 Bessel 関数を用いる方が便利で，これらは次式で定義される．

$$I_n(r)\triangleq j^{-n}J_n(jr)$$

$$K_n(r)\triangleq\frac{\pi}{2}j^{n+1}H_n^{(1)}(jr)$$

変形 Bessel 関数は次の変形 Bessel 微分方程式

$$\frac{d^2R}{dr^2}+\frac{1}{r}\frac{dR}{dr}-\left(1+\frac{n^2}{r^2}\right)R=0$$

の基本解である．

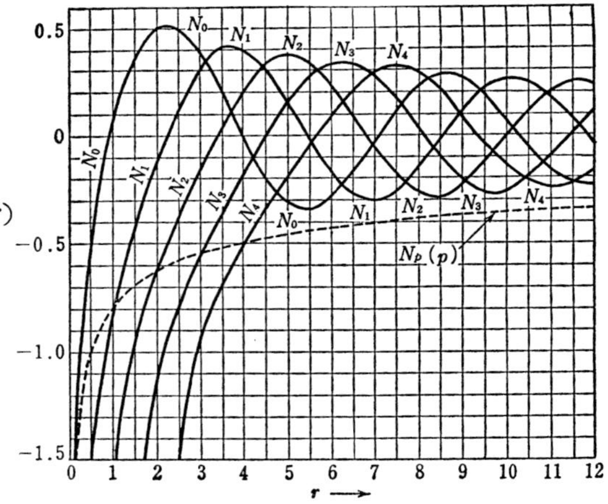


付録図 VI-2 $N_n(r)$

種々の円柱関数のグラフを図 VI-1～VI-4 に示す．

**漸化式**　$J_n$，$N_n$，$H_n^{(1)}$，$H_n^{(2)}$ はすべて同じ形の漸化式にしたがうので，これらを $Z_n$ で代表させる．

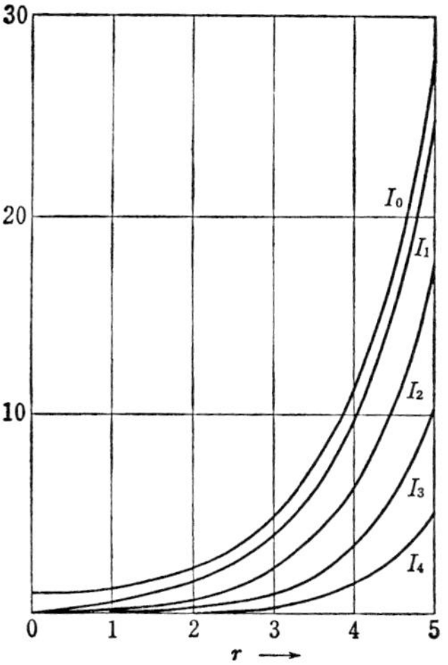


付録図 VI-3 $I_n(r)$

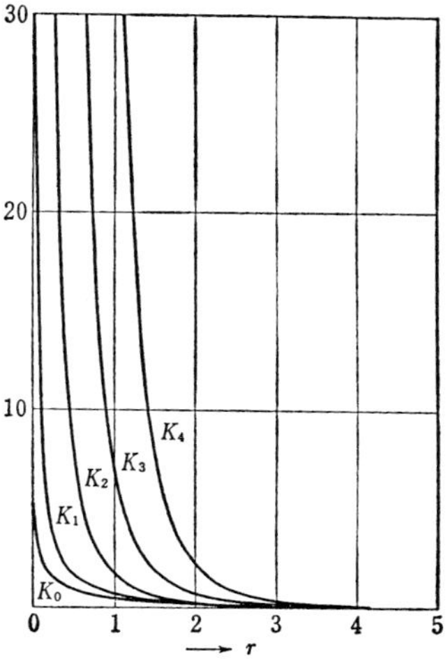


付録図 VI-4

$$\frac{2n}{r}Z_n = Z_{n+1} + Z_{n-1}$$

$$\frac{2n}{r}I_n = I_{n-1} - I_{n+1}$$

$$\frac{2n}{r}K_n = K_{n+1} - K_{n-1}$$

$$Z_{-n} = (-1)^n Z_n$$

**微分式** $d/dr$ を（′）で表わす．

$$Z_n' = -\frac{n}{r}Z_n + Z_{n-1} = \frac{n}{r}Z_n - Z_{n+1}$$

$$(r^n Z_n)' = r^n Z_{n-1}$$

$$I_n' = \frac{n}{r}I_n + I_{n+1} = -\frac{n}{r}I_n + I_{n-1}$$

$$K_n' = \frac{n}{r}K_n - K_{n+1} = -\frac{n}{r}K_n - K_{n-1}$$

$r \to \infty$ **のとき**

$$J_n(r) \to \sqrt{\frac{2}{\pi r}}\cos\left(r - \frac{\pi}{4} - \frac{n\pi}{2}\right)$$

$$N_n(r) \to \sqrt{\frac{2}{\pi r}}\sin\left(r - \frac{\pi}{4} - \frac{n\pi}{2}\right)$$

$$H_n^{(1)}(r) \to \sqrt{\frac{2}{\pi r}} e^{j(x-\pi/4-n\pi/2)}$$

$$H_n^{(2)}(r) \to \sqrt{\frac{2}{\pi r}} e^{-j(x-\pi/4-n\pi/2)}$$

$$I_n(r) \to \sqrt{\frac{1}{2\pi r}} e^{r}$$

$$K_n(r) \to \sqrt{\frac{\pi}{2r}} e^{-r}$$

$r \to 0$ のとき

$$J_0(r) \to 1$$

$$J_n(r) \to \frac{1}{n!}\left(\frac{r}{2}\right)^n$$

$$N_0(r) \to \frac{2}{\pi}(\log r - 0.115\,93)$$

$$N_n(r) \to -\frac{(n-1)!}{\pi}\left(\frac{2}{r}\right)^n, \quad n>0$$

$$I_0 \to 1$$

$$I_n(r) \to \frac{1}{n!}\left(\frac{r}{2}\right)^n$$

$$K_0(r) \to 0.115\,93 - \log r$$

$$K_n(r) \to \frac{(n-1)!}{2}\left(\frac{2}{r}\right)^n$$

積分公式

$$\int Z_1 dr = -Z_0$$

$$\int r^{n+1} Z_n dr = r^{n+1} Z_{n+1}$$

$$\int r Z_n^2(\alpha r) dr = \frac{r^2}{2}[Z_n^2(\alpha r) - Z_{n-1}(\alpha r) Z_{n+1}(\alpha r)]$$

積分表示

$$J_n(r) = \frac{j^{-n}}{2\pi}\int_0^{2\pi} e^{jr\cos\theta} e^{jn\theta} d\theta = \frac{j^{-n}}{\pi}\int_0^{\pi} e^{jr\cos\theta} \cos n\theta \, d\theta$$

# VII. Legendre 関数

波動方程式を球座標で変数分離したとき現われる微分方程式

$$(1-\xi^2)\frac{d\Theta}{d\xi^2}-2\xi\frac{d\Theta}{d\xi}+\left[l(l+1)-\frac{m^2}{1-\xi^2}\right]\Theta=0$$

を Legendre の陪微分方程式といい，二つの基本解を $P_l^m(\xi)$，$Q_l^m(\xi)$ で表わし，陪 Legendre 関数と呼ぶ(1)．$m=0$ のときは単に $P_l(\xi)$，$Q_l(\xi)$ と書き Legendre 関数と呼ぶ．本書では $Q_l^m(\xi)$ は使わないので，以下 $P_l^m(\xi)$ についてだけ述べる．

$l=3$ までの $P_l^m(\xi)$ を掲げる．$\xi=\cos\theta$ とする．

$$P_0(\xi)=1,\qquad P_1(\xi)=\xi=\cos\theta$$

$$P_2(\xi)=(1/2)(3\xi^2-1)=(1/4)(3\cos2\theta+1)$$

$$P_3(\xi)=(1/2)(5\xi^3-3\xi)=(1/8)(5\cos3\theta+3\cos\theta)$$

$$P_1^1(\xi)=(1-\xi^2)^{1/2}=\sin\theta$$

$$P_2^1(\xi)=3(1-\xi^2)^{1/2}\xi=3\sin\theta\cos\theta=(3/2)\sin2\theta$$

$$P_2^2(\xi)=3(1-\xi^2)=3\sin^2\theta=(3/2)(1-\cos2\theta)$$

$$P_3^1(\xi)=(3/2)(1-\xi^2)^{1/2}(5\xi^2-1)=(3/8)(\sin\theta+5\sin3\theta)$$

$$P_3^2(\xi)=15(1-\xi^2)\xi=(15/4)(\cos\theta-\cos3\theta)$$

$$P_3^3(\xi)=15(1-\xi^2)^{3/2}=15\sin^3\theta=(15/4)(3\sin\theta-\sin3\theta)$$

$m$ が負の場合は次式から求まる．

$$P_l^{-m}(\xi)=(-1)^m\frac{(l-m)\,!}{(l+m)\,!}P_l^m(\xi)$$

一般に

$$P_l(\xi)=\frac{1}{l!\,2^l}\,\frac{d^l}{d\xi^l}(\xi^2-1)^l$$

$$P_l^m(\xi)=(1-\xi^2)^{m/2}\frac{d^m}{d\xi^m}P_l(\xi)$$

## 直交性

(1) 一般に $l$, $m$ は整数と限らないが，本節では $l=0,\ 1,\ 2,\ 3,\ \cdots\cdots$; $|m|\leqq l$ とする。

$$\int_{-1}^{1} P_l^m(\xi) P_n^m(\xi)\, d\xi = \frac{(l+m)!\, 2\delta_{ln}}{(l-m)!\, (2l+1)}$$

$$\int_{-1}^{1} \frac{P_l^m(\xi) P_l^n(\xi)}{1-\xi^2} d\xi = \frac{(l+m)!\, \delta_{mn}}{(l-m)!\, m}$$

$$\int_0^{\pi} \left[ \frac{m^2}{\sin\theta} P_n^m(\cos\theta) P_l^m(\cos\theta) + \sin\theta \frac{dP_n^m(\cos\theta)}{d\theta} \frac{dP_l^m(\cos\theta)}{d\theta} \right] d\theta$$

$$= \frac{2(l+m)!\, l(l+1)}{(l-m)!\, (2l+1)} \delta_{ln}$$

$$\int_0^{\pi} \left[ P_n^m(\cos\theta) \frac{dP_l^m}{d\theta} + P_l^m(\cos\theta) \frac{dP_n^m}{d\theta} \right] d\theta = 0$$

## VIII. 行　　列

行列とは $m \times n$ 個の実数または複素数 $a_{ij}$ を $m$ 行，$n$ 列の方形に配列したもので，次のようないろいろな表わし方をする．

$$a \equiv [a] \equiv [a_{ij}] \equiv \begin{pmatrix} a_{11} & a_{12} & \cdots & a_{1n} \\ a_{21} & a_{22} & \cdots & a_{2n} \\ \cdots & \cdots & \cdots & \cdots \\ a_{m1} & a_{m2} & \cdots & a_{mn} \end{pmatrix}$$

二つの行列 $a$ と $b$ があり，いずれも $m$ 行 $n$ 列ならば両者の和は次式で定義される．

$$c = a + b \longleftrightarrow c_{ij} = a_{ij} + b_{ij}$$

行列 $a$ の列数が行列 $b$ の行数に等しいとき，両者の積は次式で定義される．

$$c = ab \longleftrightarrow c_{ij} = \sum_k a_{ik} b_{kj}$$

一般に

$$ab \neq ba$$

であり，特に $ab = ba$ ならば $a$ と $b$ は交換可能あるいは可換であるという．

積の結合則は成り立ち，一般に

$$a(bc) = (ab)c$$

一つの行列 $a$ から次のようにいろいろの行列が定義できる．

1. 転置（transpose）行列　$\tilde{a}$

$$\tilde{a} \equiv [\tilde{a}_{ij}] \triangleq [a_{ji}]$$

2. 逆（inverse）行列　$a^{-1}$

$$a^{-1}a = aa^{-1} = [\delta_{ij}]$$

3. 共役（conjugate）行列　$a^*$

$$a^* \triangleq [a_{ij}^*]$$

4. 随伴（adjoint）行列　$a^\dagger$

$$a^\dagger = [a_{ij}^\dagger] \triangleq [a_{ji}^*] = \tilde{a}^*$$

行列の性質により次のような名称が使われる

1. 対称（symmetric）行列　$\tilde{a} = a$
2. 逆対称（antisymmetric）行列　$\tilde{a} = -a$
3. 実（real）行列　$a^* = a$
4. 自己共役（self-adjoint or hermitian）行列

$$a^\dagger = a$$

5. ウニテール（unitary）行列　$a^\dagger = a^{-1}$
6. 直交（orthogonal）行列　$(a^* = a) \cap (\tilde{a} = a^{-1})$

　実ユニタリ行列

7. 単位（unit）行列　$I = [\delta_{ij}]$

# IX. MKSA 単位系

本書で採用した単位系は MKSA 単位系であり，基本単位としてメートル〔m〕，キログラム〔kg〕，秒〔s〕，アンペア〔A〕を採用する．そしてこれらの基本単位の操作的定義は次のように与えられている．

1〔m〕：　クリプトン86($^{86}$Kr)原子の準位 $2p_{10}$ と $5d_5$ との間の遷移に対応する光の真空中における波長の 1 650,763.73 倍に等しい長さ.（1960年）

1〔kg〕：　国際キログラム原器（白金 90 %，イリジウム 10 % の合金で作られ，直径，高さともほぼ 39 mm の円筒形のもの）の質量.（1889年）

1〔s〕:　セシウム133 ($^{133}$Cs)原子の $^2S_{1/2}$ の超微細準位 $F=4$, $M=0$ および $F=3$, $M=0$ の間の遷移に対応する放射の 9 192, 631. 770 周期の継続時間. (1967年)

1〔A〕:　無視できる円形断面をもち, 真空中に 1 m の間隔を保って平行に置かれている 2 本の長い直線状の導体を通過して, これらの導体の長さ 1 m につき 2/10 000 000 N の力を生じさせる電流の強さ. (1922年)

以上のうちで特にここで問題とするのは 1〔A〕の定義である, これは線状電流間に働く磁気力

$$F=\frac{\mu_0 I^2 l}{2\pi r} \quad (\text{IX}-1)$$

$\mu_0$ : 真空の導磁率,　$I$ : 電流,　$l$ : 導体の長さ,　$r$ : 導体の間隔

を基礎としている. 上の 1〔A〕の定義は, 式 (IX-1) でまず真空の導磁率を

$$\mu_0=4\pi\times10^{-7}$$

と先験的に決めた結果えられたものである. したがってこの単位系を MKS$\mu$ 単位系ということもある.

基本単位が決まると他の単位が定義できる. たとえば,

1〔C〕: 1〔A〕の不変電流によって 1 秒間に運ばれる電気量

1〔V〕: 1〔A〕の不変電流が流れる導体の 2 点間において消費される電力が 1〔W〕であるときに, その 2 点間の電圧

次に真空の誘電率は Coulomb の法則

$$F=\frac{q_1 q_2}{4\pi\varepsilon_0 r^2}$$

から実験的に決まる. すなわち $q_1=q_2=1$〔C〕, $r=1$〔m〕としたときの力 $F$ を測定すれば

$$\varepsilon_0=\frac{1}{4\pi F}=8.854\times10^{-12}$$

と求まる. しかし, Maxwell の理論により真空中の光速度 $c$ と $\varepsilon_0$, $\mu_0$ が

$$c=1/\sqrt{\varepsilon_0\mu_0}$$

で結ばれていることが認められた現在では

$$\varepsilon_0=1/(c^2\mu_0)$$

から $\varepsilon_0$ を決定している.

# 参　考　書

電磁波に関する参考書は非常に広範，多岐にわたり完全を期することは不可能であり，無意味でもある．以下は必ずしも標準的なものばかりではないが，本書の執筆に際して引用，参考させて頂いたものを中心に掲げた．（　）はだいたいの程度を示す．

## 歴　史

（1） 広重　徹：物理学史Ⅰ，Ⅱ
培風館．1968
単なる史実だけでなく，当時の人々の物理的考え方についても深みのある紹介．（学部）

（2） 現代教養百科事典（13）科学，暁教育図書，1968
科学の歴史と科学者の業績について簡潔で要領のよい説明．（学部）

## 全　般

（3） Slater, J. C. and N. H. Frank：Electromagnetism, McGraw-Hill, 1947
柿内　訳：電磁気学，丸善
電磁波にかなりの比重を置いた簡明な電磁気学の名著．（学部）

（4） Ramo, S. and J. R. Whinnery：Fields and Waves in Modern Radio, John Wiley and Sons, 1953
振動，波動の基礎概念から電磁波までを初等数学で懇切に解説した良書．（学部）

（5） Stratton, J. A.：Electromagnetic Theory, McGraw-Hill, 1941

電磁場の全分野を数式的に整理して述べた名著．応用数学の勉強にもなる．（学部，大学院）

(6) Panofsky, W. K. H. and M. Phillips : Classical Electricity and Magnetism, Addison-Wesley, 1962

林，西田，天野　訳：電磁気学（上，下），吉岡書店

数学的方法論より物理的内容に重点を置いた電磁気のすぐれた教科書．相対論 特に運動電荷の取扱いに詳しい．（学部，大学院）

(7) Landau L. D. and E. M. Lifshitz : Electrodynamics of Continuous Media, Addison-Wesley, 1960

井上，安河内，佐々木　訳：電磁気学（全2巻）

物質と電磁場の相互作用という物理的立場から電磁気学を扱ったユニークな名著．（大学院）

(8) Jones, D. S. : The Theory of Electromagnetism, Pergamon Press, 1964

電磁界の数学的取扱いについて幅広い深みのある解説を行なった大著．応用数学の勉強にもなる．（大学院）

(9) Papas, C. H. : Theory of Electromagnetic Wave Propagation, McGraw-Hill, 1965

電波望遠鏡への応用など普通とやや異なる観点から電磁波を解説している．（学部，大学院）

(10) Johnson, C. C. : Field and Wave Electrodynamics, McGraw-Hill, 1965

マイクロ波工学の基礎となる電磁気学をすっきりとした数式で解説．（学部，大学院）

## 光　学

(11) 吉原：物理光学，共立出版，1969

歴史的発展にしたがって光学をスカラ波的に解説し，Maxwell の式を

知らなくとも読んでゆける．（学部）

(12) Stone, J. M. : Radiation and Optics, McGraw-Hill, 1968

光の電磁気的理論の本質的な点をわかり易く，物理的に説明した良書．（学部）

(13) Born, M. and E. Wolf : Principle of Optics, Pergamon, 1964

光学の全分野をかなり詳しく解説した大著．（大学院）

(14) Goodman, J. W. : Introduction to Fourier Optics, McGraw-Hill, 1968

ホログラフィーなど光による図形の情報処理を Fourier 解析の立場から述べた本．（大学院）

## 相対論

(15) Pauli, W. : Theory of Relativity, Pergamon, 1967

1921年に著者が21才の頃書いたものであるが，現在でも最もよい相対論の教科書の一つといえる．（大学院）

(16) Mϕller, C. : The Theory of Relativity, Oxford Univ Press, 1952

永田，伊藤　訳：相対性理論，みすず書房

相対論に関する標準的教科書で，数式と共に物理的内容を懇切に述べている．（大学院）

## その他

(17) Collin, R. E and F. J. Zucker : Antenna Theory I, II, McGraw-Hill, 1969

最近のアンテナ理論を19人のすぐれた専門家が分担執筆した大著．（大学院）

(18) David, P. and J. Voge : Propagation of Waves, Pergamon, 1969

フランス語から訳された本であるが，電波伝搬に関する最近までの研究

結果をほとんど数式を使わず説明し，しかもすぐに使えるよう配慮してある好著.（学部，大学院）

(19) Kerker, M : The Scattering of Light, Academic Press, 1969

電磁波（特に光）の散乱について最近の成果まで述べている大著. 応用は物理化学的なものに重点がある.（大学院）

(20) Van Vleck, J. H. : The Theory of Electric and Magnetic Susceptibilities, Clarendon Press, 1932

小谷，神戸　訳：物質の電気分極と磁性，吉岡書店

物質の電磁気的性質を古典的および量子論的に論じた名著.（大学院）

(21) Pauling, L. and E. B. Wilson : Introduction to Quantum Mechanics, McGraw-Hill 1935

桂井，坂田，玉木，徳光　訳：量子力学序論，白水社

エンジニヤのための実用向き量子力学の入門書としてきわめてすぐれている. 波動問題のほとんどすべての近似解法が同時に学べるのも魅力.（学部，大学院）

(22) Harrington, R. F. : Field Computation by Moment Methods, Macmillan, 1968

コンピュータを用いて電磁界の数値解析を行なう最もよい方法であるモーメント法について，平易に具体的に述べた良書.（学部，大学院）

(23) Gartenhaus, S. : Elements of plasma Physics, Holt, Rinehart and Winston, 1964

標準的ではないが，プラズマ物理の基本的考え方と取扱い方について系統的に簡潔に述べた良書. 各章の終りに標準的参考書が掲げてある.（大学院）

(24) 高橋秀俊：振動と回路，岩波講座，現代物理学 V. B. 岩波書店，1954

電気回路の知識は電磁波の理解に本質的役割をする. この小冊子は回路の基本的性質を軽妙に説明したもので，一読をおすすめする.（学部）

## 便利な表と公式

(25) 林　桂一：高等関数表
岩波書店，1958
科学技術者に必要なほとんどの数表が手頃な桁数で与えられている．コンピュータを用いて，誤りの大部分が訂正されている．

(26) 東京天文台編：理科年表，丸善
天文，気象のほか物理定数が詳しく出ている．一冊手もとに置くと便利（学部）

(27) 森口，宇田川，一松：数学公式，Ⅰ，Ⅱ，Ⅲ，岩波書店，1960
初等から高等にわたり詳しく，懇切な公式集．便利である．（学部，大学院）

## 数　学

(28) 寺沢：自然科学者のための数学概論（全2冊）岩波書店，1972
初版は1931年でかなり古いが，その後，増改訂をし，応用編が追加された．物理的素養の深い著者により書かれているので大著のわりに読み易い．（学部，大学院）

(29) Sommerfeld, A：Partial Differential Equations in Physics, Academic Press, 1949
増田　訳：物理数学，講談社
原著は独語でしるされた6巻よりなる理論物理学講座の最終巻である．境界値問題の解法を物理学者の立場から解説したユニークな本．他の5巻は“力学”“変形体の力学”，“電磁気学”，“光学”，“熱力学および統計力学”でいずれも名著であり，講談社から訳本が出ている．（学部，大学院）

# 索　　引（五十音順）

## あ　行



## か　行

## さ 行

## た　行

## な　行



## は　行

## ま　行



## や　行



## ら　行

**著　者　略　歴**

細野　敏夫（ほその・としお）

1922年　東京に生まれる

1943年　日本大学工学部電気工学科卒業

日本大学名誉教授

工学博士



電磁波工学の基礎［POD版］



2015年2月5日　発行

著　者　細野　敏夫

発行者　森北　博巳

発　行　森北出版株式会社
〒102-0071
東京都千代田区富士見1-4-11
TEL　03-3265-8341　FAX　03-3264-8709
http://www.morikita.co.jp/

印刷・製本　ココデ印刷株式会社
〒173-0001
東京都板橋区本町34-5

ISBN978-4-627-74399-1　Printed in Japan